いやでも物理が面白くなる〈新版〉

「止まれ」の信号はなぜ世界共通で赤なのか？

志村 史夫 著

ブルーバックス

●カバー装幀／芦澤泰偉・児崎雅淑
●カバーイラスト／星野勝之
●本文デザイン・図版制作／鈴木知哉＋あざみ野図案室

はじめに

本書は、2001年に上梓したブルーバックス『いやでも物理が面白くなる』に大幅に加筆・修正を施した〈新版〉である。旧版では未収録だった「電気」をテーマとする第2章と、「重力波の発見」という大ニュースのあった相対性理論に関する第5章を新たに書き下ろし、その他の章も構成を見直したうえで新たに編成し直した。

旧版は初版刊行以来、12年間で13刷を重ねた。出版物の「いのち」が日増しに短くなっている昨今、拙著がこれほどまでに長い期間、読み継がれ、いまこうして新たな「いのち」を吹き込まれる機会を得たことを著者として素直に嬉しく思う。

本書の主旨が、「誰でも物理が好きになれる、物理をちょっとでも学ぶと日常生活、さらには人生がとても楽しく豊かになる」ということを知ってもらうためのものであることは旧版と同じである。

私が長いあいだ、理工系の大学で物理系の科目を担当した経験からいえば、「物理は難しい、物理は面白くない」と思っている学生が圧倒的に多い。事実、物理系の科目は必修でなければ受ける学生が少ないし、物理系の研究室は卒業研究生にあまり人気がない。さらには、高校で物理を勉強してくる学生は年々減っているというし、理工系の大学ですら物理を勉強したことがないという学生が少なくないのである。

また、私はときどき「生涯学習」「市民大学」のような場で一般社会人に話をするが、一般社会人の「物理」に対する気持ちも、そのような学生の気持ちとあまり変わらないようだ。

もちろん、「物理はやさしい」とは思わないまでも、「物理は面白い」と思う学生や一般社会人がいないわけではないが、一般的に、特に自分のことを「文系」と思っている人に、物理はあまり人気がないのは否めないだろう。

しかし、私は声を大にして申しあげたい。

こうした事態は「学校で教わる物理」が面白くなく、その結果、「物理は難しい」と多くの人に思わせてしまったのであり、「物理」そのもののせいではないのである。確かに、自分自身のことを振り返ってみても、学校で習った物理は、それが難しかったかどうかは別にして、大して面白くはなかったと思う。しかし、さらに振り返ってみると、その「学校」は中学校、高校、大学であり、小学校の理科は結構面白く、楽しかったような気がする。同じような感想の読者も少なくないのではないだろうか。

結局、「面白くない物理」「難しい物理」の元凶は、学校の試験、入学試験だったと思われる。

なにも物理に限ったことではないが、「試験のための物理」に要求される最も重要なことは、事項や公式を理屈抜きに暗記し、「問題」の「答え」（それは必ずある！）を機械的に、そして限られた時間内に見つける（実際は「思い出す」）ことである。

しかし、「事項や公式を理屈抜きに暗記する」のは、物理を含む自然科学を学ぶ、究極的には楽しむうえで「最も避けなければならない態度」なのである。

詳しくは、本書の姉妹編である『いやでも数学が面白くなる』（講談社ブルーバックス。2019年4月刊行）で述べるが、まったく同じことが、数学を学ぶ、究極的には楽しむうえでもいえる。

自然科学を学ぶ第一歩は「自然に接すること」だが、そのとき、最も重要なことは、理屈抜きに感動すること、そして「なぜだろう？」と不思議に思うことである。事項や公式の理屈抜きの暗記は、せっかくの貴重な感動や不思議に思う気持ちを阻害してしまうのだ。

自然科学の楽しみは「理屈を考えること」にある。人間の智慧（ちえ）と比べれば自然はきわめて雄大、かつ深遠であり、「答えが機械的に見つかる」ことなどないのだ。

日常生活に密接に関係する「面白い物理」は少なくない。

また、日常生活で不可欠になっているさまざまな電気製品（たとえばＩＨ（加熱器））やＩＴ機器の原理も知りたくならないだろうか。

本書では、それらの具体例を通して、「なぜだろう?」や「どうなっているのだろう?」を考えたいのである。それがすなわち「物理」だからだ。

たとえば、あなたは、交通信号の「止まれ」の色はなぜ赤なのか、ということを考えたことがあるだろうか? 生まれたときからずっと、交通信号の「止まれ」の色は赤に決まっている! あまりにも「当たり前のこと」であり、「なぜ赤なのか」などと考えたことがないのが普通だ。あえて「なぜ?」と問われれば、「う〜ん、赤は血の色で、人はそれを見るとびっくりするからかなあ」などと答えるかもしれない。

世界にはさまざまな民族、さまざまな文化・伝統を持つ人々がおり、「同じ行為」でも、それが意味することは正反対であることが少なくない。

たとえば、闘牛士が「ムレータ」とよばれる赤い布をヒラヒラと揺すり、それを見て興奮して突進する牛との決死的闘いを楽しむ闘牛を国技としているスペインなどでは、交通信号の「進め」の色が赤でもよいはずだ。また、赤旗を掲げ「いざ進め!」と勢いよく行進する中国や北朝鮮などの国でも、「進め」は赤が似合いそうな気がする。

ところが、交通信号の「止まれ」の色が赤であることは、私が知るかぎり、世界共通なのである。そこには、異民族、異国間の文化や伝統を超えた自然科学的・物理的な理由があるに違いない。この理由については、本文を楽しみにしておいていただきたい。

冒頭で述べたように、本書は、こうした身近な事例を物理的に考えてみることによって、誰でも物理に興味を持てる、物理が面白くなる、物理が好きになる、そして、物理をちょっとでも学ぶと日常生活ひいては人生がとても楽しく、豊かになる、ということを知ってもらうためのものである。

また、日常生活に直接関係することはないが、私たちの好奇心をかき立ててくれるミクロ世界、宇宙、時空の世界をも垣間見（かいまみ）ていただきたいと思う。そのような深遠な世界を覗（のぞ）き見ることは、日々煩雑な社会生活を送っている者にとっての、一服の清涼剤になるだろう。

contents

第5章 「時間」と「空間」を考え直す——「絶対」から「相対」へ 246

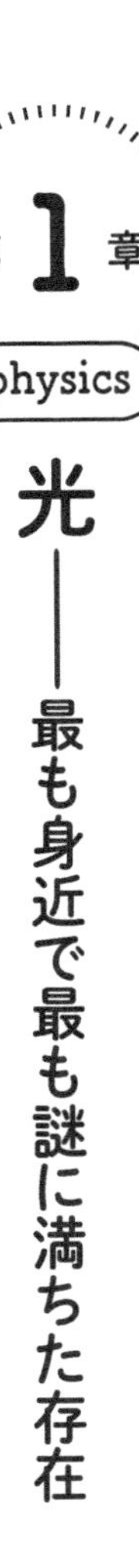

第1章 physics

光――最も身近で最も謎に満ちた存在

光は、私たちにとって、空気や水と同様に身近なものである。

大昔は、太陽や星の光、炎の光、稲妻の光など、私たちの周囲には〝自然の光〟しかなかったが、現代人は電灯やレーザー光、ＬＥＤ（発光ダイオード）など、さまざまな〝人工の光〟にも囲まれている。カーボン電球が発明されたのは１８５４年のことだから（ちなみに、エジソンの電球発明は１８７９年）、全人類史から見れば、人類が初めて〝人工の光〟を手に入れたのはそれほど昔のことではないのだが、いまや〝人工の光〟なくして、私たちの生活は成り立たないだろう（それだけ、現代の私たちの生活が〝不自然〟ということでもある）。

ところで、光とは「何」だろうか?

日常生活においては、まったくたわいのない質問であろう。もちろん、言葉のアヤまで含めれば、「光」にはさまざまな意味があるが、ここでいう光は「目に明るく、あるいは眩しく感じられるもの」である。

ところが、「光とは何ものか」、つまり「光の本質は何か」という物理的質問となると、その答えは容易には得られない。正直に告白すれば、このような本を書いている私自身、光のことを本当に理解しているという確信がないのである。事実、光の正体は長いあいだ謎であったし、「光とは何か」という疑問が物理学の発展を推進してきたともいえるのである。「光」はまた、現代物理学の舞台で主役を演じる役者の一人でもある。

「光の本質」を突き詰める話は章末に掲げる参考図書などに任せ、本章ではさらりと通り抜けることにする。そして主に、〝日常的な光〟の話をしたいと思う。

1-1 光は「過去を伝える」使者

影絵と月食——光の性質を知る

誰でも〝影絵〟で遊んだことがあるだろう。図1-1に示すように、影絵は手と指、切り抜き絵などの影を電灯によってスクリーンや壁、障子などに映し出す遊びである。私も小さい頃、手や指をさまざまに組み合わせて、鳥やキツネ、カニ、ウサギ、やかんなどの影絵を映して遊んだものである。

図1-1　影絵

地球を取り巻く宇宙空間で、時折見られる〝月食〟という現象も一種の影絵である。特に皆既月食は図1－2に示すように、太陽、地球、月が一直線上に並び、月が地球の影の中にすっぽりと入ってしまう現象である。

最近では、2018年1月31日に、日本各地で見られた皆既月食が壮観であった。私も防寒具を手に庭に出て、21時前から23時30分頃までのおよそ2時間半にわたり、刻々と変化する神秘的な月の姿と色に酔いしれた（後述するように、色も変化する）。

月面に映し出された地球の影を見て、あらためて地球が丸いことを実感したし、宇宙空間が真空であることも垣間見た。さらに、地球の影にすっぽりと被（おお）われた月面は真っ暗にはならず、赤くなる（57ページ参照）ことを自分の目で確かめることもできた。まさに宇宙の大ロマンをまのあたりにして、私は感動した。

さて、図1－1に示したように、影絵は光を遮った物体と同じ形の影がスクリーン上に映し出されたものである。このことからまず、光は透明でない物体によって遮られる（物体を透過できない）ものであることが明らかである。さらに、光は直進するものであることもわかる。光が直進しないのであれば、物体と同じ形の影絵は得られないからである。日常生活の中で光を観察していればいうまでもないことかもしれないが、そういうことをきちんとしておかないと気がすまないのが「物理学」の習性の一つなのである。

また、後述するように、図1－1で光が遮られていない部分のスクリーンが明るく見えるのは、そこで光が反射しているからである。光は反射するものでもある。私たちは、光が反射することを、日常的に鏡を見ることで知っている。

このように、透明でないものに遮られたり、直進したり、スクリーン上で反射したりする光の性質を利用したのが映画やスライドなどである。

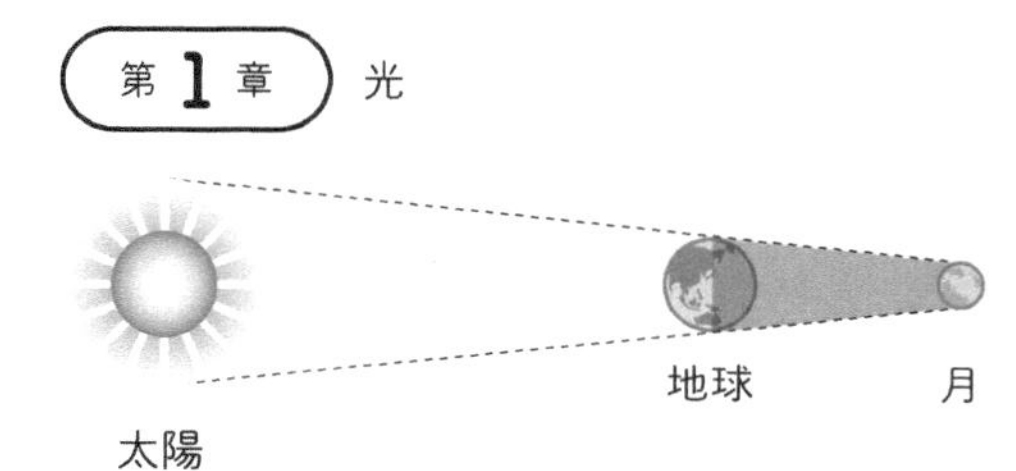

図1-2　皆既月食

光はどう伝わるのか

ある思考実験について考えてみよう。

岬に立つ灯台は航行する船舶にとって重要な存在であり、遠くまで届くサーチライトでさまざまな情報を送っている。私は船と海が好きで、しばしば船旅に出かけているが、船から岬の灯台を眺めるたびに、思わず「ご苦労さん」と呼びかけたくなる。

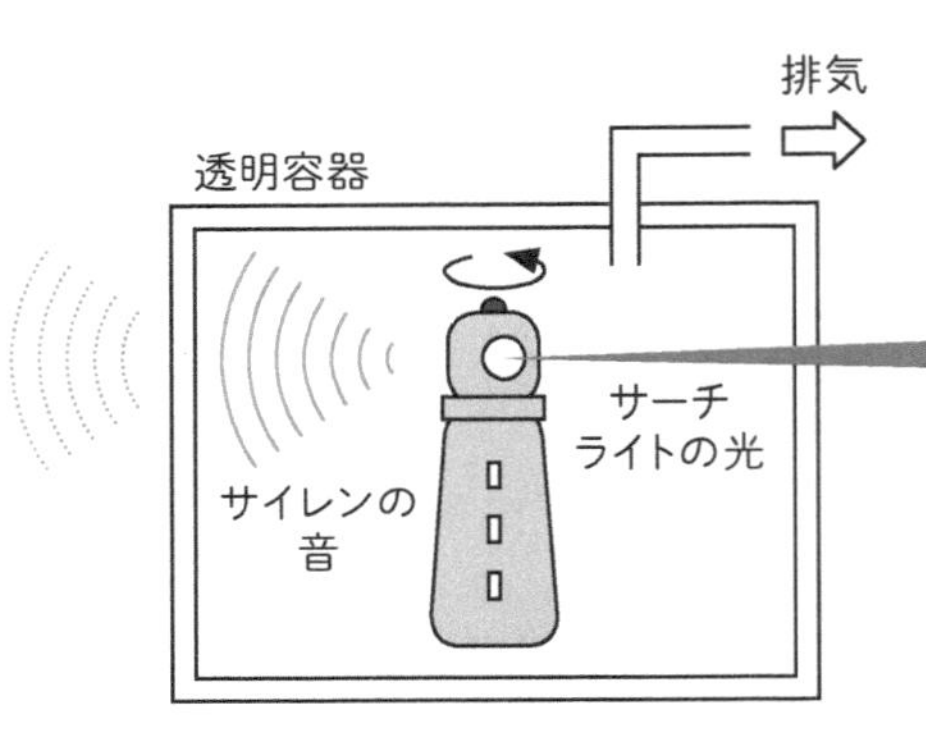

図1−3　音と光の伝播の思考実験

図1－3に示すように、サーチライト（光）とサイレン（音）で情報を送る灯台を巨大な透明容器の中にすっぽりと入れ、空間に浮かせてみる。この状態で、光と音の情報は船舶に届くだろうか？　サーチライトの光もサイレンの音も、容器の壁に吸収される分だけ弱まるが、いずれも外の船舶に届くだろう。

次に、この巨大な容器の中を徐々に排気する。中が真空になるとどうなるだろう？　船舶にサーチライトの光やサイレンの音は届くだろうか。

音は空気（媒質）の振動であり、それが空気の疎密波となって伝わっていく現象が音波である。したがって、灯台が入った容器の中が真空になれば、音を伝えてくれる媒質がなくなるため、容器の外はもとより中でも音は聞こえない。つまり、サイレンの音は船舶には届かない。

しかし、太陽の光が真空の宇宙を通り抜けて地球に届いていることから明らかなように、サーチライトの光は容器の外に出ることができる。つまり、光は「真空中でも伝わるモノ」「伝わるのに媒質を必要としないモノ」なのである。

じつは、音であれ光であれ熱であれ、伝わるものが何であれ、それを伝える媒質・媒体なしに伝わることなど考えにくいことなので（身のまわりにある〝伝わるもの〟のことを考えていただきたい）、つい100年くらい前までは、光に対して〝エーテル〟とよばれる架空の媒質が宇宙空間に存在すると考えられていた。

光の速さ――この宇宙の上限速度

光は、真空中をも伝わるモノであるが、その速さはどれくらいなのだろう？

暗闇の中で、遠くの物を見ようとして懐中電灯のスイッチを入れると、瞬時にそれが照らし出されることから判断すれば、光がものスゴイ速さで伝わることは間違いない。

実際、人類史のほとんどの期間、光速は無限大、つまり光は瞬時に伝わるものと考えられていた。現代の私たちの日常生活においても、そのように考えてなんら支障はない。

古来、数多くの科学者、実験家が光速の測定を試みたと思われるが、記録に残る最初の人物はガリレイ（1564～1642）だろう。読者のみなさんなら、どのような方法で光速を測ろうとするだろうか？　ガリレイは、十分に離れた丘にランプを持った助手を立たせ、自分のランプの光を見たらすぐにランプの覆いをはずさせることによって光速を測ろうとした。しかし、光は速

光	300,000
地球の公転	30
アポロ宇宙船	11
超音速飛行機	0.78(マッハ2.3)
新幹線「のぞみ」	0.08(時速300km)
投手の最速球	0.05(時速169km)
最速人間	0.01(100m9.58秒)

表1-1　速さの比較　単位はkm/秒

すぎて、この方法で光速を得ることはできなかった。

最初に実効的な光速の値を得たのは、デンマークの天文学者・レーマー(1644〜1710)である。レーマーは天文学者だけあって、ガリレイの地上の実験を宇宙のスケールに置き換えた。つまり、42・5時間の周期で木星のまわりを公転する衛星イオ(1610年にガリレイによって発見されたものである)を観測することによって、秒速約22万kmの光速を得た。

この値は、現在知られている光速と比べれば27%ほどの誤差をもつが、17世紀末に、科学的な方法で初めて光速を得たという意義はきわめて大きい。

地上の実験室で光速の測定に初めて成功したのは、フランスの物理学者・フィゾー(1819〜96)である。彼は1849年に、秒速31万3300kmの値を得た。その後、幾多の科学・技術的発展により、現在では、真空中の光速(c)は、c=29万9792・458km/秒と定義されている。秒速30万kmと記憶しておくとよい。昔からいわれているように「1秒間に地球7周半」の速さである(念のために書き添えておくが、光は直進するので地球を回ることはない)。

光速は無限大ではなかったが、あらゆるものの速さの上限であることが、第5章で述べるアインシュタイン（1879〜1955）の特殊相対性理論（1905年）によって証明されている。つまり、この宇宙に、光より速いものは存在しないのである。

表1－1で、さまざまなものの速さを比較してみよう。光が、いかに、と、て、つ、もなく速いモノであるかがわかるはずだ。

タイム・マシンは不可能ではない

「過去や未来の世界にいけたらいいなあ」と思ったことがないという人は、多分いないだろう。私は、未来の世界にいきたいとは思わないが、過去の世界にいけたらなあ、といつも思っている。歴史上の事象を自分の目で見てみたいし、歴史上の人物に直接訊ねたいことがたくさんある。

時間の流れを越えて、過去や未来に旅行（タイム・トラベル）するための便利な機械がタイム・マシン（〝航時機〟と訳されている）である。もちろん架空の装置で、SF小説の元祖といわれるイギリスの作家・ウェルズ（1866〜1946）が1895年に書いた同名の小説に登場するものだ。同作中でタイム・マシンに乗った主人公は、西暦802701年の未来世界に到達する。その未来の世界は……。文庫本で読むことができるので、興味のある方はどうぞ。

タイム・マシンはＳＦ小説中の話であるが、私たちが未来や過去を〝見る〟ことは不可能なのだろうか。じつは、不可能ではないのである！

ＳＦの世界の話でも、あるいは「超能力者」に限られた話でもない。いま、この本を読んでいるあなたにも、過去を実際に見ることができるのである。残念ながら、未来世界を「見る」ことができるのは「予言者」や「超能力者」に限られているようだが（もちろん私は、未来を物理的に見ることができるというような「予言力」や「超能力」を信じてはいない）。

図1−4　アンドロメダ星雲

図１−４を見ていただきたい。地球から２５０万光年のかなたにあるアンドロメダ星雲の望遠鏡写真である。「光年」は、天文学的な距離を扱うときに使われる長さの単位で、光が真空中を１年間に進む距離が「１光年」である。

光は１秒間に30万km進むから、１年間（３１５３万６０００秒）では約１００００００００００００００（≒10^{13}）km進む。つまり、１光年≒10^{13}（10兆）kmで、アンドロメダ星雲は地球からおよそ10^{13}（km／年）×２×10^{6}（年）＝２×10^{19}（km）の距離にあることになる。

まさに天文学的な数字がいくつか並んだが、要は、図1－4の写真は250万光年離れたアンドロメダ星雲の写真であり、それは250万年前にアンドロメダ星雲を発した光の像ということだ。つまり、図1－4は250万年前のアンドロメダ星雲の姿を示すものなのである。私たちはタイム・マシンの力を借りずに、250万年前の過去の姿を見ているのだ！

そして、それから250万年を経た〝いま〟この瞬間も、アンドロメダ星雲が存在しているという保証はない。アンドロメダ星雲の〝いま〟のようすは、250万年後になってみなければわからない。

最近、百数十億光年先の宇宙のようすを写し出すハッブル望遠鏡の像が新聞などに掲載されることがしばしばあるが、そこに写っているのは、百数十億年前の過去の宇宙の姿である。地球が誕生した46億年前、地球に生命が誕生した40億年前よりはるか大昔の過去を、いま私たちは望遠鏡の像を通して見ている。なんと気が遠くなる話ではないか。そして、雄大で、胸がわくわくするようなロマンティックな話ではないか。ちなみに、この地球上に人類が現れたのは700万年ほど前のことである。

なお、太陽と地球とのあいだの距離はおよそ1億5000万㎞なので、太陽を発した光が地球に届くまで、およそ8分20秒を要する。つまり、私たちが地上から見る太陽は8分20秒前の姿である。また、月までの距離はおよそ38万4000㎞で、私たちはおよそ1・3秒前の月の姿を見ていることになる。

さらに、いま、あなたが見ているすべての物や人やこの本も、厳密にいえば〝いま〟のものではない。まさに〝ほんのチョット〟ではあるが、〝過去〟のものなのである。

1-2 知れば知るほど謎だらけ――賢人泣かせの「光の正体」

よくわからない!!

本章の冒頭で「光とは何ものか」「光の本質は何か」という物理的質問には容易に答えられない、と述べた。事実、光の正体はほんとうに長いあいだ謎であったし、いまもその謎が完全に解けているとは思えない。

こんなことを書くと、読者は「えっ? 光の正体がまだわかっていないの? 学校では、すべてわかっているような感じで教わった記憶があるけどなあ」と思うかもしれない。確かに、私の記憶でも、学校で教わった「光」はすべてわかっているような感じであった。

しかし、その後の数十年にわたって「物理」分野で仕事をした私にとっては、「光の正体」がだんだんわからなくなってきた、むしろ不思議さが増してきた、というのが正直なところである。学校の先生や物理学者はみな「光の正体」がわかっているのだろうか、わからないのは私だけなのだろうか、と不安な気持ちになっていた頃、たいへん勇気づけられる本に出合った。
ブルーバックスの『相対論対量子論』(メンデル・サックス著、原田稔訳、1999年。原著は"Dialogues on Modern Physics", 1998)である。そこでは、互いに親友である3人の物理学者が「現代物理」の核心と思われるさまざまなテーマについて「対話」形式で論じ合っている。「対話」形式は、深遠な内容の話を読者にわかりやすく伝えるため、古代ギリシアのプラトン以来用いられている有効な方法である。日本では、浄土宗の開祖・法然(1133~1212)が説法に好んで用いた。

さて、この本の一章(第二週)が「光の正体について」なのであるが、この中の女性物理学者・ジャッキーの「発言」に、私は大いに勇気づけられた次第である。マニー、モーという2人の物理学者がジャッキーに「光の正体」についていろいろ説明(それは私自身が「学校」で教わったようなことである)してくれるのだが、ジャッキーは「あなたたちの話を聞いても、光の正体がいったいどんなものなのか、まったく見当がつかないのよ」(傍点は筆者)『光』という名前で呼ばれているものが太陽から私たちのところに伝わってきているわけだけど、その正体は何なのかしら?」「私はまだ、あなたたちが光のことを言うとき、それがどんな実体を指すのかがわからないわ。光が伝播すると言うとき、いったい何が伝播しているというの?」「やっぱり私には、光が一秒間に三〇万キロメートルも進むということが理解できないわ。つまり、そんなスピードで進むものがいったい何なのか、という問題よ」というような、思わず拍手したくなるようなことをいってくれる。私は、すっかりジャッキーのファンになってしまった。

そして、3人の物理学者は「光の問題を完全に解決したわけではなかったが、かなり満足した気分で」この日の「対話」を終えるのである。現時点における「光の正体」についての当代一流の物理学者間の理解度（「学校の物理」の「理解度」とは異なるであろう）の一端を読者に知っていただければ幸いである（その詳細については、前掲の本をぜひ読んでいただきたい）。

生涯をかけて「光」について研究した、あの大天才のアインシュタインが「光については、目に映る以上のものがある」と語ったように、光の正体を突き止めるのは容易ではないのである。

光の姿をとらえる

しかし、光がどういうものであるかについては、現代の私たちは先人たちの努力の積み重ねのおかげでさまざまな〝事実〟を知っている。以下、簡単に述べてみたい。

光（太陽光）に対し、最初に〝科学的スポット・ライト〟を当てたのは、あの大天才・ニュートン（1643～1727）である。ニュートンは、世界中の誰もが認める近代科学の祖、大物理学者である。詳しくは後述するが、ニュートンはプリズムを使って、太陽光の〝中味〟を明らかにし、光の〝源〟を〝発火物質から放出される微小な物質〟と考えた（1672年）。これが後年、「光の粒子説」とよばれるものである。

この光の粒子説は、近代化学の祖・ラヴォアジエ（1743〜94）にも支持された。ラヴォアジエが、〝化学史上の金字塔〟〝化学革命の書〟といわれる『化学原論』を刊行したのは1789年（なんとフランス革命の年！）であるが、その中に、当時知られていた水素や酸素など33種の元素が記載されており、その第一番目に〝光（Lumière）〟が掲げられているのだ。近代化学の祖も、光を自然界の物質を構成する元素、つまり「粒子」と考えていたのである。

ところが1801年、イギリスのヤング（1773〜1829）が、実験によって〝光の粒子性〟を見事に「否定」した。図1-5に示すように、ヤングは近接した2個のスリットA、Bをあけた板に光を当てたのである。14ページ図1-1に示した影絵を思い出しながら、後方に置いたスクリーン上にどのような像が現れるか考えていただきたい。

もし光が、ニュートンのいうように微小な物質（粒子）ならば、図1-6ⓐに示すようにスリットA、Bを通過した光の粒子のみがスクリーンに達するから、影絵の場合と同様、ⓑのように2本の明線がスクリーン上に現れるはずである。

ところが、スクリーンに現れたのは、図1-7に示すような明

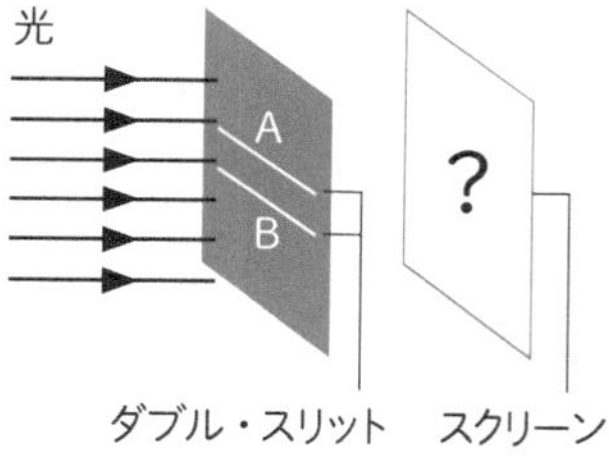

図1-5　ヤングのダブル・スリットの実験

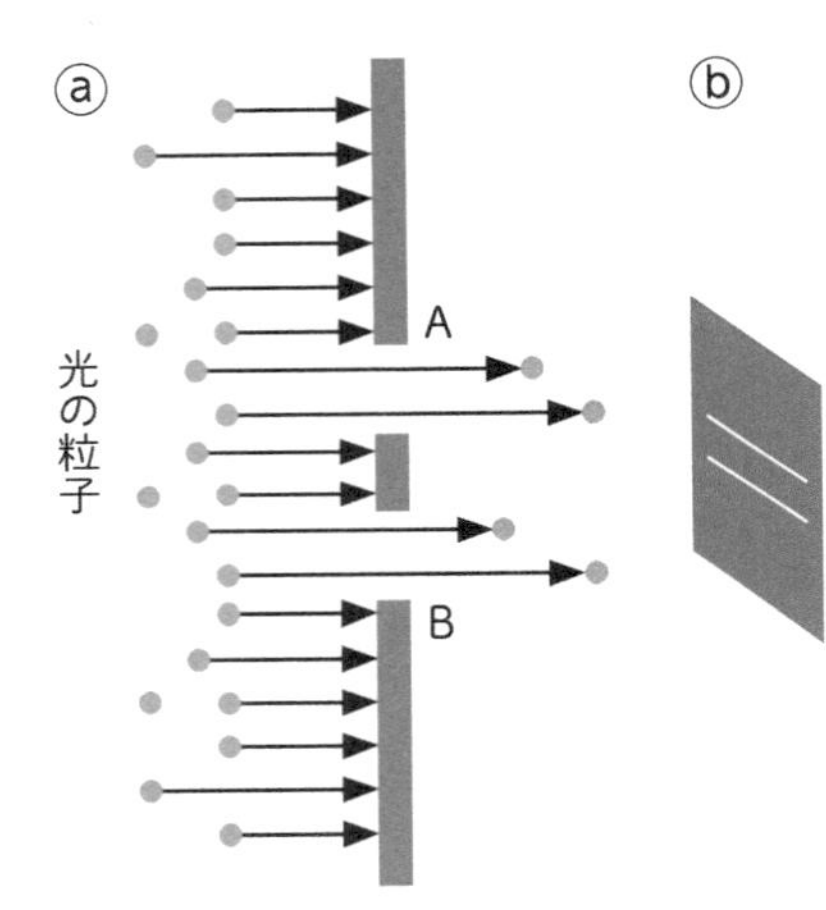

図1-6　光が粒子だとすれば…

暗の縞だった。このような明暗の縞の出現は、〝光の粒子説〟を断固「否定」するものである。文字や表記法に敏感な読者は、なぜ私が〝否定〟にわざわざ「　」をつけているのか、気になるかもしれない。じつは、この「否定」の「　」が意味深長なのであるが、そのわけは続く第2章までお待ち願いたい。

さて、粒子でないとすると、光は何なのだろうか？

結論を先にいおう。光は、〝波〟なのである。

じつは、図1-7の明暗の縞は、複数の波が重なり合うことによって強め合ったり弱め合ったりする波ならではの現象である「干渉」によって生じたもので、このような縞を「干渉縞」とよぶ。逆にいえば、干渉縞を生じさせるようなものは波である、ということである。

「光とは何ものか」という問いに対する一つの答えは「光は波である」といえよう。しかし、波とは「振動が伝わる現象」であり、一般的には、振動が伝わるためには媒質（物質）が必要である。

だが、16ページ図1－3に示した思考実験でも述べたように、光は、何もない真空中でも伝わる。媒質を必要としないのだ。それでも「光は波である」といえるのだろうか？　困ってしまうが（先ほどの物理学者・ジャッキーの言葉を読み直していただきたい）、光が干渉し合うという性質を持つ以上、それを波とよばないわけにはいかないのである。

やはり、光は波なのだ。いや、より正確には「光は波の性質を持ったモノである」というべきだろう。この点については、〝光の粒子説〟の「否定」の「　」の意味とともに、後述する。

図1–7　ヤングの実験で現れた明暗の縞（干渉縞）

マルチ人間・ヤング

ところで、図1－5は物理のどんな教科書にも載っている「ヤングの光の干渉実験」とよばれるものである。このヤングについて少々触れておきたい。「光の実験」の前後談がたいへん興味深いからである。

ヤングは、一般には「光の干渉実験」や物質特有の弾性定数である「ヤング率」で知られる物理学者だが、じつは多方面に輝かしい実績を遺す驚くべきマルチ人間である。『岩波理化学辞典』によれば、「イギリスの医者、物理学者、考古学者」である。古典語、古代東方語、数学、自然科学を修めたのち、ロンドンで開業医となったヤングが、光、光学の研究に取り組んだのは、医者の立場から人間の視覚に関心を抱いたからである。その結果の一つが、「光の干渉実験」による〝光の粒子説〟の「否定」だった。そして、色覚に関する〝三色説〟を唱えたのも、乱視を発見したのもヤングである。

ニュートンの〝光の粒子説〟を「否定」する結果となった「光の干渉実験」の後、ヤングはイギリスの学界で袋叩きにあってしまった。あの偉大なニュートンの権威を傷つけるとは何事か！ということであったろう。程度の差こそあれ、「学界」と称する場ではどこにでもある話である。

〝マルチ人間〟ヤングらしいのは、そんな騒動に嫌気がさしたのか、さっさと光の研究から足を洗い、古代エジプト文字およびパピルスの研究に転じ、象形文字の解読に多大の貢献をしたことである。古代エジプトに関わる考古学といえば必ず登場するのが、1822年にシャンポリオン（1790〜1832）によって解読された「ロゼッタ石」であるが、その解読の基礎を築いたのが、エジプト学者としてのヤングだったのである。

ヤングのような〝マルチ人間〟を見るにつけ痛感することだが、総じて昔の科学者は一人で広範囲の仕事をしている。それに比べ、近年の「学者」の〝守備範囲〟は非常に狭くなってしまった。科学も技術も「進歩」すればするほど、より細分化され、その内容も専門的で「高度」なものになる。そして必然的に、体系あるいは〝自然〟の全体を把握するのが困難になるのだ。これは、〝木〟ばかり見て〝森〟が見えなくなるという重大な問題につながる、と私は思っている。

1-3 〝見える〟ということ――「可視光」の不思議

光と色

光と、切っても切れない関係にあるのが〝色〟である。光がない真っ暗闇の中では、私たちには色が見えない（それ以前に、物体の形が見えないが）からである。

四季折々の、色とりどりの花々を思い浮かべれば誰でも思うことだが、私たちの心や気持ちは、さまざまな色によってなごまされ、また癒されるものである。室内を見渡したとき、取り囲むすべての生活用品が黒や白、灰色だったなら、私たちの心も灰色になってしまうかもしれない。交通信号機に見られるような、社会にとって不可欠な色もある。

一方で、「色とは何か」と深く考える機会はそう多くないだろう。「物の色」は単純に「物の色」、と思っているからである。

しかし、実際には、「物には色がない」のである！「そんなバカな」と思うだろう。当然である。現に、目の前にあるすべての物に色がついている。

本節では「色」について深く考えてみたい。目から鱗が何枚も落ちるに違いない。

可視光にひそむ不思議

まず、「〝見える〟とはどういうことなのか」から考えてみたい。

なんでもいいから目の前の物体、たとえば時計を見ていただきたい。

時計が〝見える〟。まぶたを閉じると、それまで見えていた時計が（そして周囲にあるほかの物体も）見えなくなる。——なぜだろうか？

「どうしてそんな当たり前のことをいってるんだ」とバカバカしく思われるかもしれない。だが、〝見える〟ということの本質を考えるために、どうしても通らねばならないステップなのである。ここに、重要なヒントがあるのだ。

私たちの目に、物体が〝見える〟メカニズムについて考えてみよう。

図1-8に示すように、物体に光（より一般的にいえば電磁波）が照射されると、その一部は物体に吸収され、一部は透過し、一部は反射する。物体から反射された電磁波のうち、可視光（73ページ図2-4参照）が私たちの目のレンズを通り、網膜の感覚細胞、視神経を刺激し、その刺激を大脳が認識することで〝見える〟のである。可視光以外の電磁波は、私たちの感覚細胞、視神経を刺激しないので〝見えない〟。いい方を換えれば、私たちの感覚細胞、視神経を刺

激する電磁波を可視光（光）とよぶのである。

図1－9のように、真っ暗闇のなかにある時計を懐中電灯で見られるのは、懐中電灯を発した光が時計に当たり、時計に反射した可視光が目に届いて網膜の感覚細胞、視神経を刺激するからである。まぶたを閉じると物体が見えなくなるのは、たとえ物体からの反射可視光が目の位置に届いても、それが閉じられたまぶたに遮られて網膜に到達しないからである。

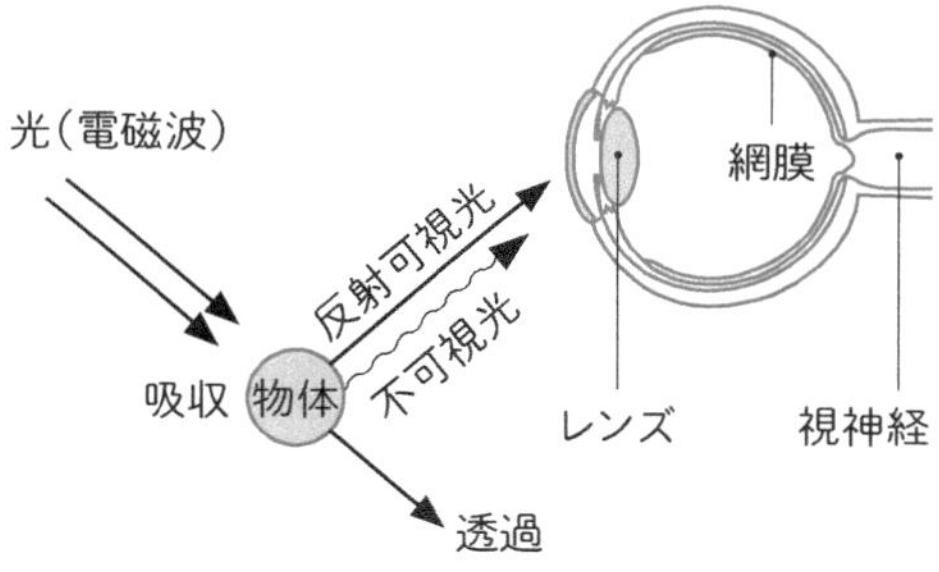

図1−8　物体が“見える”メカニズム

人間の可視光は、全電磁波の中できわめて狭い領域に限られてはいるが、じつは、地表に届く太陽光のうち、光度が最も大きい波長領域にある光でもある。それは、決して単なる偶然ではない。太陽から届くさまざまな電磁波のうち、強い（明るい）光が〝見える〟生物だけが生存競争に耐えたことが考えられ、人間もまた、そのような生物の一種であったのだ。

つまり、人間の可視光の波長領域は、そうなるべくしてそうなったものである。

私たちの周囲には、私たちには見えない電磁波が無数に飛びかっている。そのこと自体、その通りであって、なんら不思議ではない。

ところで、身近にある人工の物体（ペンでも机でも本でもよいが）を手で触ってみる。その物体に、徐々に手を近づけていって、手が「触れた」と感じる位置（それは当然、物体の表面である）と目が認識する位置とは同じである。つまり、物体の形や大きさは、人間の目に見える〝可視光〟による認識と合致している。このことは、それらの物体を人間が自分の目で見てつくったのであるから当然である。

私にとって不思議でならないのは、自然の造形物の形と大きさである。自分の身体でも、木でも花でも、動物でも虫でもなんでもよいから、人工の物体を触った場合と同じように、徐々に手を近づけて触れてみるのである。このときも、人工の物体に触った場合と同じように、手が「触れた」と感じる位置と目が認識する位置とのあいだにズレがない。つまり、自然の造形物の形と大きさもまた、なぜか「人間の可視光」による認識と合致しているのである。

図1−9　暗闇のなかの時計の観察

人間の可視光は、自然界に存在する（宇宙を駆けめぐる）電磁波の中できわめて狭い範囲にすぎず、それはたまたま（もちろん、偶然ではないことは前述の通りだが）人間の可視光にすぎない。自然界のものが形成されるとき、人間の可視光など気にする必要はないはずだが、それにもかかわらず、自然界の造形物がなぜ、人間の可視光で認識されるままの形と大きさであるのか？

私が感じている「不思議」が「まっとうなもの」なのかどうかよくわからないが、読者のみなさんもぜひ、この「不思議」について考えてみていただきたい。

虫の目と「超能力」

人間の〝可視光〟は、前述のとおりそうなるべくしてそうなったものである。地球上の他の生物にとっても事情は同じだから（というより、人間は地球上の無数の生物種の中の一種にすぎない）、他の生物の〝可視光〟も同様の波長領域にある。しかし、生活習慣や環境の違いから、人間とは若干異なる可視波長領域を持っている生物もいる。

たとえば、ハチやチョウなどの昆虫の可視波長領域は、人間の約0・4〜0・8μmとは少々ズレており、約0・3〜0・7μmである。つまり、昆虫には、人間にはまったく見えない紫外線が〝見える〟ことになる。

図1-10ⓐは、人間の可視光で見た花の写真で、花芯、花びらはほぼ一様なコントラストになっている。ところが、紫外線だけを通す特殊なフィルターを使って同じ花を撮影するとⓑのよう

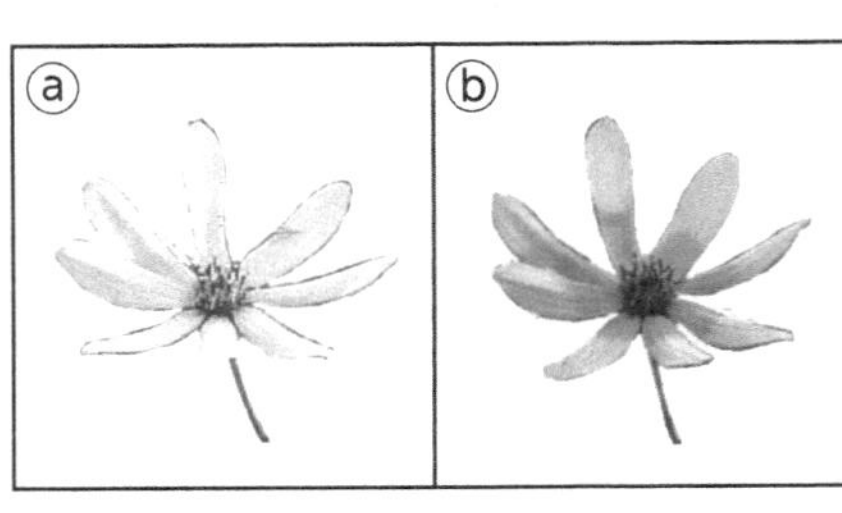

図1−10　ⓐ可視光で見た花と、ⓑ紫外線で見た花（写真提供：日本放送協会放送技術研究所）

な像が得られる。つまり、ハチやチョウの目には、花がⓑのように〝見える〟わけである。

図1－10ⓑの花芯（花筒の奥）や花びらに見られる濃いコントラストの場所は、蜜が豊富な場所である（蜜が紫外線を吸収するということを意味する）。

つまり、ハチやチョウの目は、蜜のありかを容易に見つけることができるのだ。このような可視領域のズレは、明らかに「シンカ」の結果である（「進化」ではなく「シンカ」と記す理由については、拙著『生物の超技術』講談社ブルーバックスを参照していただきたい）。ハチやチョウにとって、蜜のありかを容易に見つける能力は死活に関わる問題だからだ。人間も、花の蜜に頼る（ただし、自分自身で採取する）生活を何世代も続ければ、いつの日か紫外線が見えるようになるかもしれない。

話はちょっと飛ぶが、時折、「あなたに背後霊がとりついているのが見える」というようなことをいって人を脅かす「超能力者」が登場する。おそらくインチキだが、たとえば、特別の生活環境で暮らした先祖を持ったために、可視波長領域がちょっと長波長側にズレた人間（〝超能力者〟）がいるとすれば、それはあながちインチキではないかもしれない。その〝超能力者〟には、図1-11のような「背後霊」が実際に見える可能性があるからだ。

しかし、残念ながら、これは背後霊でもなんでもない。その人物の体表から発している熱線（電磁波の一種）で、73ページ図2-4に示される赤外線なのである。その〝超能力者〟には、一般的な可視光よりもいくぶん長波長のこの赤外線が〝見えた〟のである。人を象（かたど）ったような像が〝見える〟であろうことは間違いないが、それを「背後霊」だというのはやはりインチキだ。

図1－11　背後霊?

〝超能力者〟以外の普通の人間には赤外線は見えないが（じつは、私はタンザニアで「マサイの人は赤外線が見えるのではないか」と思わざるを得ない経験をしたことがある）、赤外線を感知するセンサーは、電気製品のリモコンや一般家庭のアラームや非接触自動スイッチ、あるいはジェット機追撃ミサイルなどの兵器に多用されている。また、〝赤外線カメラ〟は、可視光線をカットし、赤外線のみを発射する赤外線フラッシュや特殊な感光剤が塗布された赤外線フィルムや赤外線センサーを用いるものである。

これらを使えば、人間の目には何も見えない真っ暗

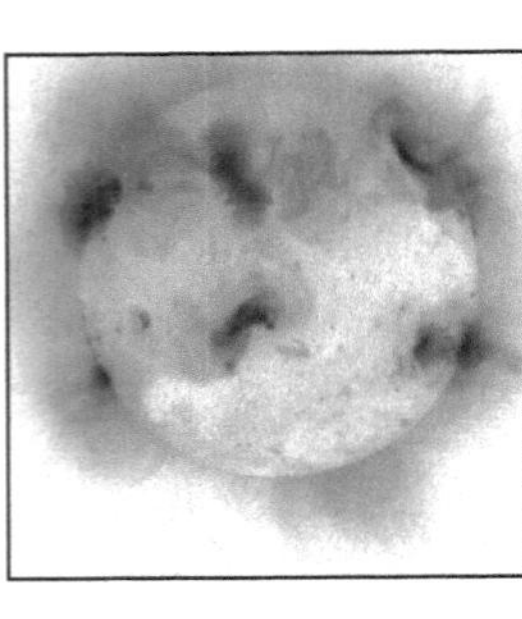

図1−12　太陽のX線像（写真提供：文部科学省宇宙科学研究所）

闇の中でも、はっきりとした赤外線像を得ることができる。暗闇の夜行性動物の生態観察や夜の公園などの……の観察に威力を発揮する。

肌を焼く〝天然〟あるいは〝人工〟の紫外線や、レントゲン撮影に使われるX線が私たちの目に見えないのは、それらの波長が可視波長領域の外にある（可視波長より短い）からである（図2−4参照）。

テレビの特別番組などに「超能力者」や「超常識者」が登場しても、ちょっとした物理を知っていれば、それらがインチキ、マジックの類なのか、ほんものなのかが判断できる。私は、現代の科学で説明できないものはすべてインチキ、というつもりは毛頭ないが、それらのほとんどはインチキかマジックの類であろう。

さて、先述のように、私たちの目はX線も見ることができない。

可視光で太陽を観察すると一様なコントラストの〝光球〟が見られるが、X線を感知する〝X線カメラ〟で観察すると、図1−12に示すような像が得られる。灰色の雲のような像はX線の像であり、その濃さは太陽から発せられるX線の相対的な強度に比例している。このような〝X線カメラ〟（実際は〝X線望遠鏡〟）を使うことで、可視光による観察では得られない、太陽に関する貴重な情報を得ることができる。現在は、X線望遠鏡のほかにも、電波望遠鏡や赤外線望遠鏡などを使って日夜、宇宙が観察・観測されている。

1-4 太陽がつくり出す光の芸術――虹の物理学

スペクトル――光を「分ける」

太陽光線をガラスでできた三角柱状のプリズムに通すと、美しい虹色の帯（スペクトル）が現れることは誰でも知っているだろう。学校で、そのような〝実験〟をした経験があるはずだ。そして、そのスペクトルの美しさに感動したのではないだろうか。私自身、あの太陽光の虹色のスペクトルを見ると、いまでも感動を覚える。ほんとうに美しいと思う。

プリズムを通して光をスペクトルに分けることを「分光」というが、記録に遺るかぎり、太陽光線を最初に分光したのは、あのニュートンである（1672年）。天才というのは、ほんとうにいろいろなことで歴史に名前を遺すものだ、とつくづく感心する。

ニュートンはまず、小さな穴を通した太陽光線をガラスのプリズム①に導き入れた（図1-13）。すると、スクリーン①上に振れ角の順に赤、橙、黄、緑、……、紫の、いわゆる〝虹色〟のスペクトルの帯が現れた。続いて、その中の一つの色、たとえば赤色の光だけをスリットで選

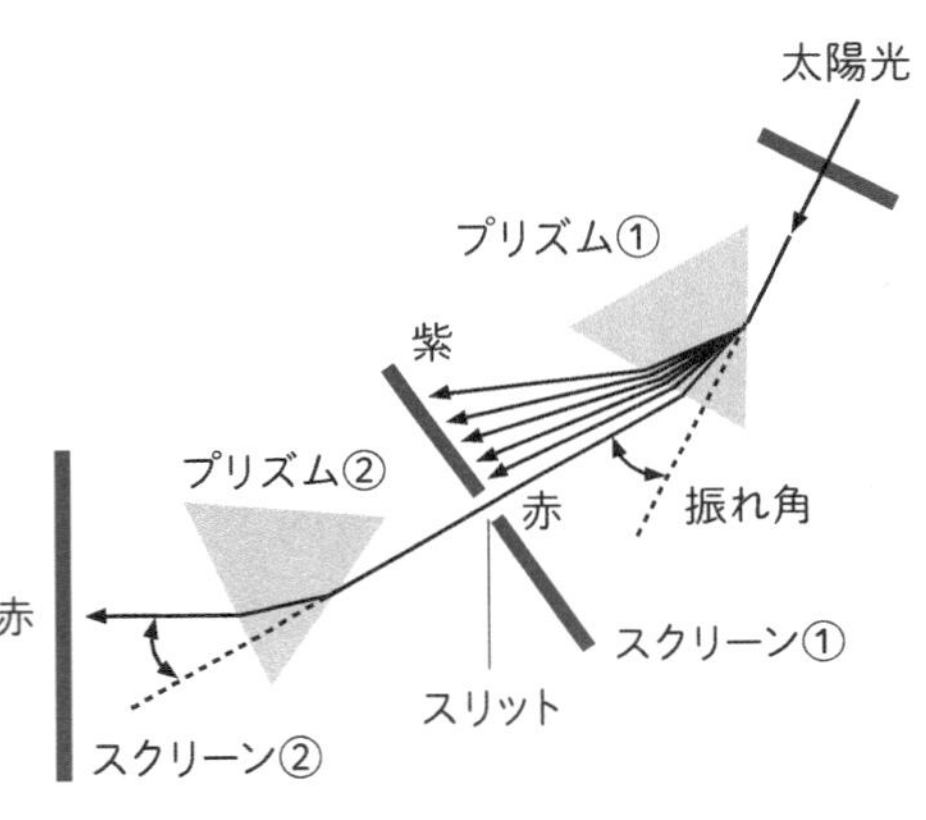

図1-13　ニュートンによる太陽光の分解実験

び出してプリズム②に通すと、プリズム①の場合と同じ振れ角で曲がり、スクリーン②上には同じ赤色のみが映された。つまり、スクリーン①上のようなスペクトルの帯は現れなかったのである。

この実験・観察結果から、どのような結論が導き出されるだろうか？

ひとまず、太陽光は屈折性（振れ角）が異なるさまざまな光線からなり、各光線はそれぞれの色を持っている、ということがいえそうである。

じつは、ニュートン自身、それぞれの光線の〝源〟を〝微小な物質（粒子）〟と考えていた（光の粒子説。24ページ参照）。ヤングによって一度は「否定」された（25ページ参照）光の〝粒子説〟は、アインシュタインの〝光子説〟によってふたたび脚光を浴びるのだが、光子はあくまでも電磁波であり、それはニュートンが考えたような〝微小な物質〟ではない。

太陽光は、さまざまな電磁波や赤から紫までの無数の色の可視光線からなる光の束だが、無数の色が合わさった太陽光自体は色を持たないので「白色光」とよばれる（〝白〟自体も〝色〟なので、本来は〝無色光〟とよばれるべきだろう）。換言すれば、無数の色の光が合わさると白色光になるということである。

ところで、光の色（波長）によって振れ角が異なるのはなぜか、という疑問が生じると思われるが、それについては割愛する。どうしても知りたいと思う（そういう気持ちはとても大切で、私は大いに敬意を表したい）読者は、章末の参考図書3や6を読んでいただきたい。ここでは、波長が短い光ほど振れ角が大きい、あるいは散乱されやすい（進路をジャマされやすい）、ということだけ頭に入れておいてほしい。

虹はどうできるのか

雨上がりの後、太陽が空の一部で輝くと、美しい半円状のスペクトル、すなわち「虹」が現れることがある。大きな滝の前面に見える虹も美しい（私は、昔見たナイアガラの滝の前面の虹をいまでもはっきりと憶（おぼ）えている）。また、夏の日、庭にホースで水をまいているときなどにも小さな虹を見ることがある。

虹は、どのようにしてできるのだろうか？　誰もが知っている虹ではあるが、そのメカニズムは簡単ではない。

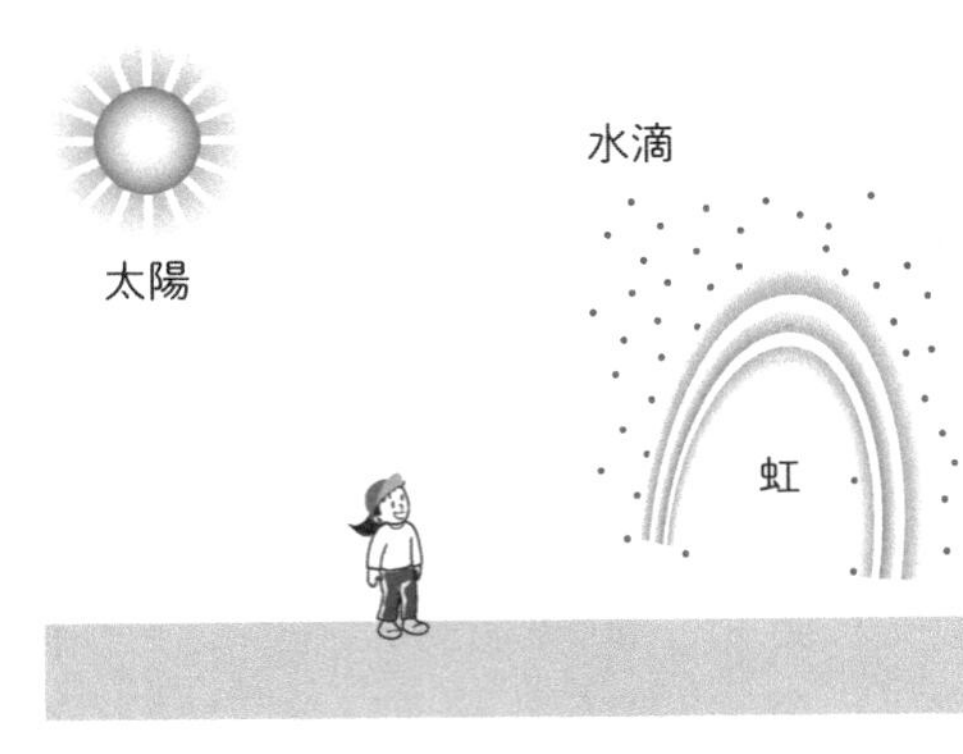

図1−14　虹の見え方

虹を初めて科学的に説明したのは、近世哲学の祖、解析幾何学の創始者といわれるデカルト（1596〜1650）と考えられており、1637年に公刊された『方法序説』の中に絵入りで説明されている。デカルトは、「われ思うゆえにわれあり」の言葉で有名な、ニュートンより一世代前のフランスの天才である。

さて、虹ができる（正確には、虹が私たちに、あのように見える）メカニズムを考えてみよう。虹は、①空中に無数の水滴があり、②太陽を背にしたときに見える（図1-14）。この二つの条件が満たされなければ虹は決して見えないから、虹に水滴と太陽光が深く関わっていることは確かである。

〝最初のタネ〟を明かせば、虹は、三次元空間に浮遊する無数の水滴の一粒一粒が、それぞれプリズムのはたらきをした結果の現象である。図1-13で示したように、太陽光がプリズムを通ると分光されて虹色のスペクトルが現れることを考えれば、「ああそうか、水滴がプリズムの役割を果たすのか」と、虹のメカニズムがなんとなくわかるような気がするだろう。そこで、図1－13の一部をあらためて図1－15のように描いてみる。

図中のスクリーンが曇りガラスのようなものでできているとすれば、スクリーン上の〝虹〟をAの位置からもBの位置からも見ることができる。確かに、スクリーン上に〝虹〟が見えるのだが、この虹の形は〝ほんものの虹〟のように半円状にはなっていない。また、〝ほんもの〟の場合と決定的に異なるのは、実際の空中にはスクリーンのようなものなどないということである。

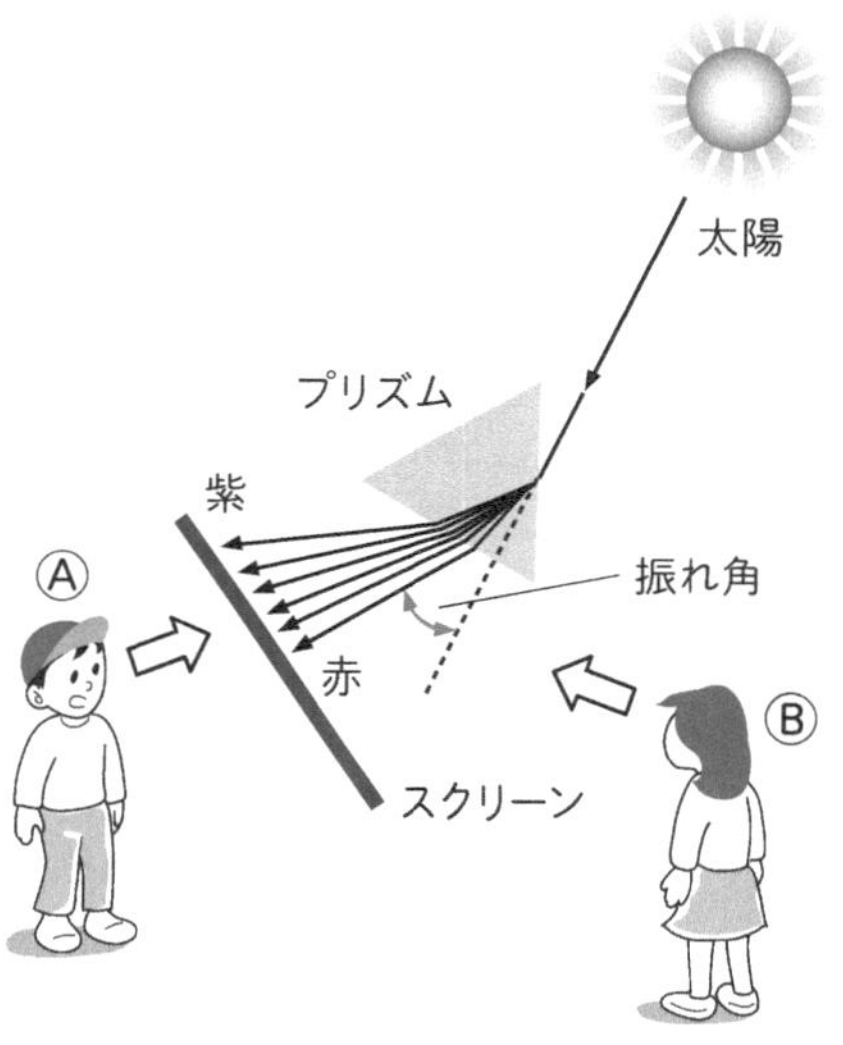

図1－15　プリズムによる虹

つまり、図1－15で〝ほんものの虹〟を説明することはできない。虹が空中に図1－14のように半円形の美しいスペクトルとして見えるメカニズムを説明するのは、それほど簡単なことではないのである。なにせ、あの天才・デカルトですら相当に苦労したのだ。

でも、心配は無用だ。以下の説明を読めば、虹のメカニズムを完全に理解でき

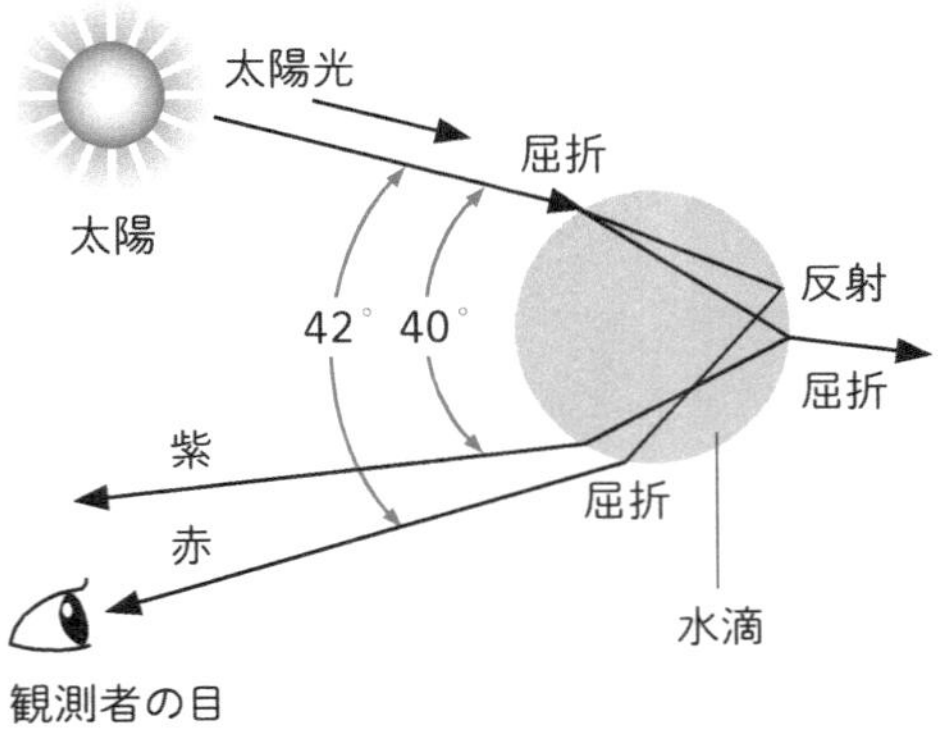

図1－16　1個の水滴による太陽光の分散

る。

虹が半円形になることはさておき、まず、空中に光のスペクトルが帯状に〝見える〟メカニズムについて考えてみよう。

図1－16に示すように、1個の水滴（三角柱状のガラスのプリズムとは異なり、球状である）に太陽光線が入射する場合のことを球の断面で考える。光の一部は〈屈折―屈折〉を経て水滴を通過し、一部は〈屈折―反射―屈折〉を経て入射側に出てくる。

光が〈屈折―反射―屈折〉を経て外側に出てくるとき、図1－13で述べたように、光の波長（色）によって振れ角（より正確にいえば屈折率）が異なるため、最も大きく曲がる紫（入射光と反射光のなす角度40度）から最も曲がりが小さい赤（同42度）まで、可視光の色のスペクトルに分散する（図1－13、図1－15で説明した通り）。

このような1個の水滴からのスペクトルを観測すると、観測者の目には一つの色しか見えな

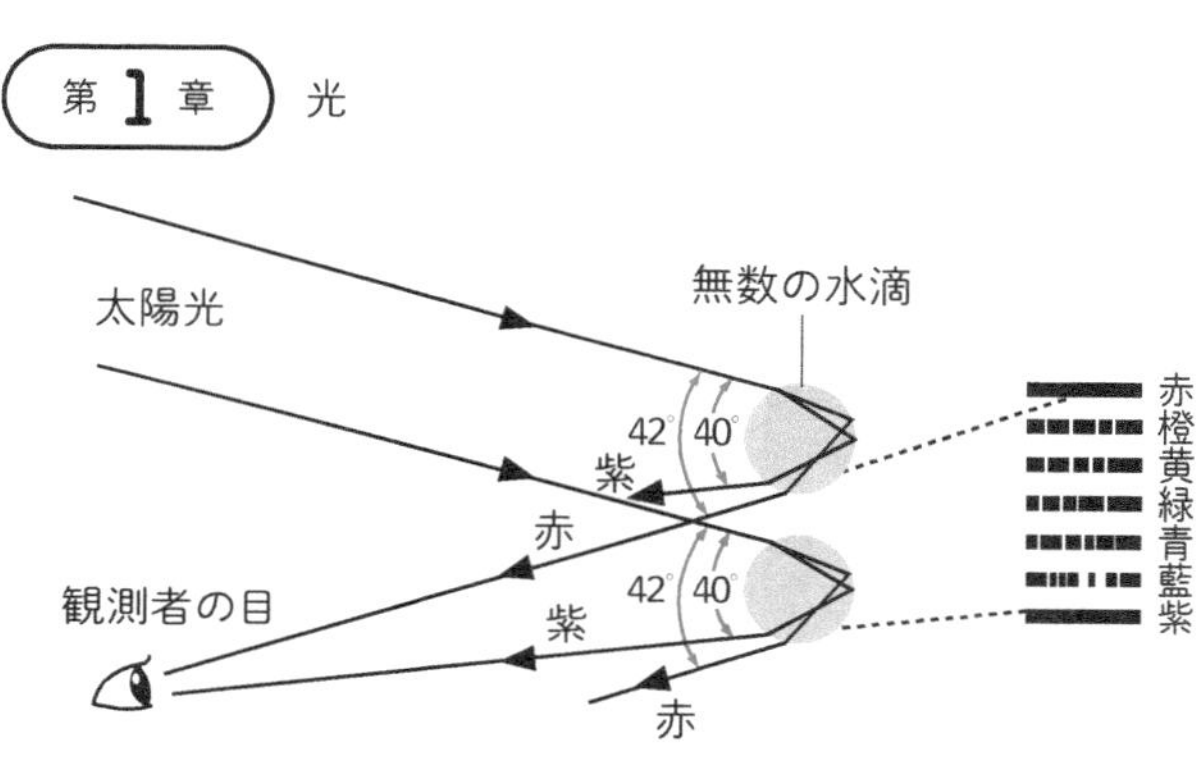

図1－17　無数の水滴によって形成される色のスペクトル

い。図1－16には赤しか見えない場合が描かれているが、見える色が目あるいは水滴の位置（高さ）に依存することは理解できるだろう。

しかし、空中には無数の水滴が浮遊しており、観測者には、結果的に赤から紫までの色のスペクトルが帯状に見えることになる（図1－17）。観測者の目には、水滴を経たさまざまな色の太陽光が直接、飛び込んでくるわけで、図1－15に示されるようなスクリーンは不要なのである。あるいは、水滴の一つ一つが微小なスクリーンだと考えることもできよう。これで、虹が帯状の色のスペクトルに見える理由が理解できたと思う。

次の謎は、虹がなぜ半円形（円弧状）になるのか、である。この解明は結構厄介だ。

赤色の光が観測者に見えるメカニズムは図1－16に示した通りだが、こんどはそれを、立体的に実際の三次元空間で考える（図1－18）。水滴①から42度の角度で反射（実際は〈屈折―反射―屈折〉）した赤色の光は観測者の目に届くが、水滴①の場

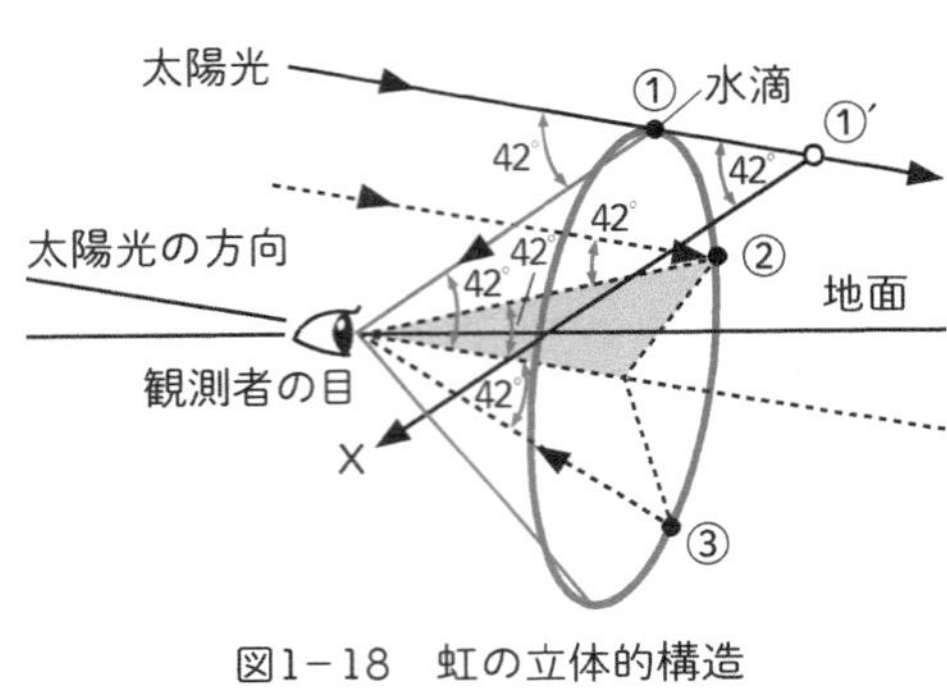

図1−18　虹の立体的構造

合、同じ42度で反射しても、それはXの方向にいってしまい観測者の目には届かない。しかし、水滴②や③のように太陽光の入射方向に対し〝42度の条件〟を満たす水滴からの反射光は、赤色の光として観測者の目に届く。結局、三次元空間に浮遊する無数の水滴のうち〝42度の条件〟を満たす水滴は、頂角84度（42×2）の円錐の底（①②③……）の円周（太線）上にある。ほかの色の光の場合も頂角の大きさが異なるだけで（紫色の場合なら、頂角80度＝40×2）、事情は同じである。

　したがって虹は、空間的には、頂角の大きい赤を外側にした円形のスペクトルとして見えることになる（通常の虹の外側にひとまわり大きい副虹が見られることがあるが、副虹の色の順番は逆になる）。しかし、地上で観測する場合は、地面より下の部分は見えない（地面より下では虹ができないから）ので半円状に見えることになる。飛行機の上などから虹を見れば、それは円形になっているはずである。実際、私は一度、機上から円形の虹を見たことがある。

　ところで、「虹の色は何色（なんしょく）か」と聞けば、ほとんどの日本人は「七色」と答えるに違いない。

私たち日本人は小さい頃から「虹は七色」と教わってきているし、国語辞典で「虹」を調べれば、例外なく「七色の円弧状の帯」という説明がされているからであろう。その七色というのは、図1-17に示した赤・橙・黄・緑・青・藍・紫である。しかし、「虹の色は何色か」という質問に対する、物理的に正しい答えは「無数」である。

1-5 色はどこにある？——色彩の物理と心理

光には色がない

太陽光によってつくられる美しい虹の話をする際、〝赤色の光〟というような言葉を使った。また、「虹の色は何色(なんしょく)か」という問いに対する正しい答えは「無数」であると書いたばかりである。それなのに、光には色がないなどというと、詐欺のように思われてしまうだろうか。しかし、事実として、〝光自体には色がない〟のである。

図1-19は1968年、初めて有人月周回軌道に乗ったアポロ8号が撮影した、月面越しの宇宙空間に〝浮かぶ〟地球の写真である。地球も月面も、ともに右上方からの太陽光に照らし出されているのだが、その太陽光が〝走る〟宇宙空間は無明の闇である。太陽光自体が色を持っているのであれば、宇宙空間にその色が見えるはずだ。図1-19に示される宇宙空間には、太陽光は

図1−19　月周回軌道から見た、月面越しの宇宙空間に浮かぶ地球（写真提供：NASA/NSSDC）

もとより、さまざまな電磁波が間違いなく存在しているのだが（地球と月が、それに照らし出されている！）、その宇宙空間は真っ暗闇である。理由は、光（電磁波）に色がないからである。

ニュートンは、１７０４年に出版した著書『光学』の中で「光線には色がついていない」という有名な言葉を述べている。ならば、私たちが見る、あの美しい虹の色のスペクトルはなんなのか？　ここでもう一度、31ページ図１－８を見ていただきたい。

私たちに物体が〝見える〟ということは、物体から反射された可視光が網膜の感覚細胞、視神経を刺激し、その刺激を大脳が認識するということだった。〝色〟も同様である。

色とは、光が目に入り、大脳にその刺激が伝えられたときに生じる〝感覚〟である。いわば、光は、そのような〝感覚〟を生じさせるものにすぎない。もう少しまともないい方をすれば、そのような〝感覚〟を生じさせるエネルギーが光である。

そして、そのエネルギーの大きさは77ページ式２・２で示されるように、光の波長（λ）に依存する。つまり、たとえば波長0・8μmの光のエネルギーは、大脳に〝赤いという感覚〟を生じさせ、波長0・4μmの光のエネルギーは、大脳に〝紫という感覚〟を生じさせるのである。それぞれの〝色感覚〟に対して、〝赤〟とか〝紫〟とかいう人間の言葉が当てはめられているわけである。したがって、厳密にいえば、〝赤い光〟は〝赤いという感覚を大脳に生じさせる光〟とよばれるべきである。他の色の光に対しても同様である。

光（電磁波）に満ちた宇宙空間が真っ暗闇なのは、光自体に色や形がないことのほかに、光を反射し、その反射光を観察者の目に届ける物質が何もない、つまり真空だからでもある。

物にも色がない

この見出しは、さらにショッキングだろう。だって、目の前にあるさまざまな物には、それぞれとりどりの色がついているではないか。ファッションに限らず、さまざまな物品のデザインにおいて、色は最重要な要素ではないか。

それでも、物にも色がない、のである。最もわかりやすい例として、色つきガラスのことを考えてみよう。

図1-20に示すように、白色光（太陽光）を青く見せる青いガラスは、単純にいえば、青色光（正確には、前述のように〝青いという感覚を大脳に生じさせる光〟）のみを通過あるいは反射さ

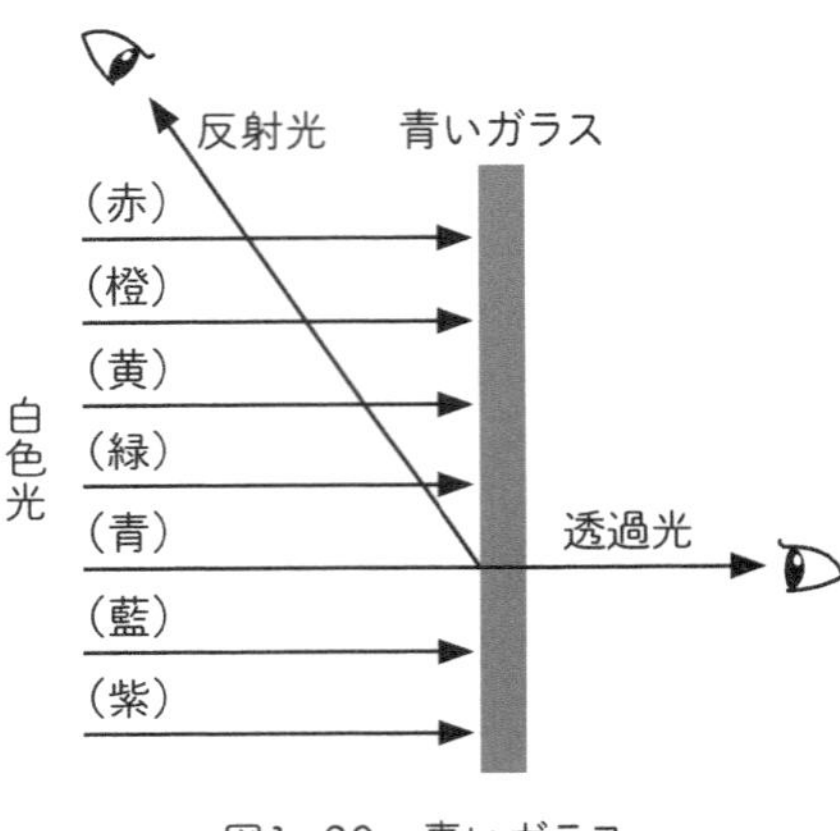

図1−20　青いガラス

せ、他の光は吸収するという性質を持っている。なぜそのような性質を持っているのかといえば、そのガラスがそのような性質の物質からできているからである。さらに、物質のそのような性質は、なぜそのような性質なのか、については第4章で述べたいと思う。

いずれにせよ、青いガラスが青いのは、そのガラスが青いからではない。そのガラスが青という色を持っているから、ではない。私たちに青いガラスを青と感じさせるのは、そのガラスが発する（通過、あるいは反射する）〝青いという感覚を大脳に生じさせる光〟なのである。

次に、一般的な〝物の色〟について考えてみよう。例として、赤いチューリップの花を思い浮かべてほしい。葉は緑色である。

チューリップの花が赤く〝見える〟のは、花弁が、照射される白色光のうち赤色光（正確には〝赤いという感覚を大脳に生じさせる光〟）のみを反射し、他の光を吸収してしまうからである。〝赤い花〟は、〝私たちに赤く見える花〟なのであって、その花自体が赤いわけではない。緑色の葉も同様である。緑色の葉は、私たちに緑色に見える光を反射し、他の光は吸収しているのである。

さて、図1－21は、動物園でも人気の高いパンダの写真である。パンダの人気の理由の一つは、白と黒のコントラストが可愛い顔にあるだろう。同じ〝毛〟でも、白い部分の毛はすべての色の光（白色光）を反射する物質を成分に持ち、黒い部分の毛はすべての色の光を吸収する物質を成分に持っているということである。白い毛が白いわけではないし、黒い毛が黒いわけでもない。繰り返しいうように、物には色がないのだ。

私たちに色を感じさせるのは、あくまでも「光」である。特定の色を感じさせるのは特定の波長、つまり特定のエネルギーをもった光なのである。

図1−21　パンダ

光のトリック――肉屋の肉はなぜ美味しそうに見える？

肉屋（スーパーマーケットの肉売り場）で買ったときの肉はとても新鮮そうな赤色で美味しそうに見えたのに、家に帰って包みを開くとなんだか鮮度が落ちたような、ややくすんだ暗赤色に見えた、という経験のある読者は少なくないだろう。買い物にいくたびに、そのような〝肉の色の変化〟を経験している私は当初、家に帰るまでのあいだに（たいした時間は経っていないのだが）、肉の鮮度が落ちるのだと思っていた。

しかし、物理学をちょっと勉強したいまは、そうではないことを知っている。やはり、物理学を勉強するのはよいことだ。

前項で述べたように、光と物がなければ〝色〟は存在しないのだが、光自体、物自体が〝色〟を持っているわけではない。〝色〟は、あくまでも光が大脳に生じさせる〝感覚〟である。つまり、〝色〟の主体は光であり、照射される光が違えば、同じ物でも異なった色に見えるのが道理である。

肉屋やスーパーマーケットの肉売り場へいったときには、肉が並べられているケースの〝天井〟の電灯を見てほしい。まず例外なく、赤味がかったピンク系の色の電灯がついているはずだ。つまり、そのような色の光で肉を照らすと、肉はより赤味がかり、新鮮に見えるのである。家に帰ってそれを白っぽい蛍光灯の下で見れば、赤味が減ってややくすんだ暗赤色に見える、というわけである。肉屋の肉がより新鮮に見えたのは光のトリックのなせる業（わざ）なのである。

髪を茶色や黄色などの色に染めたり、顔に化粧をしたりする人は誰でも経験していることだろうが、室内の蛍光灯下で見る色、輝きは、太陽光の下で見るのとは異なる。実際には、太陽光の下で自分の姿を鏡に映して見る、ということはあまりないので自分では気づいていないかもしれないが、確かにそう、、なのである。オレンジ色の電灯（ナトリウム灯）で照らされたトンネル内の自動車の色が違って見えるのも同じことである。同様に、暗い部屋で見る色、輝きも異なる。暗がりで見たときは、とても美しい人だったのに、明るい所で見たら、そう、、でもなかった、ということはしばしばあるらしい（私自身は、そのあたりのことはよく知らないが）。たとえば、酒の影響などがないとすれば、これも、光のトリックの仕業かもしれない。

最近は、夜になると城や五重塔、橋やタワーなどの建造物、さらには雪祭りの雪像や滝などが、さまざまな色の光で〝ライトアップ〟され、暗闇の中の幻想的な姿を楽しませてくれる。それらの姿、印象は、昼間のものと大違いである。このような場合は、〝光のトリック〟ではなく〝光の芸術〟とよばれている。劇場における〝光の演出〟は、〝光の芸術〟そのものであろう。

空はなぜ「青い」のか

晴天の日の昼間の真っ青な空は、私たちをじつに清々しく、快い気持ちにさせてくれる。心も自然に晴れやかになってくる。曇天の空は、これとはまったく逆である。

ここまでの話で想像がつくと思うが、じつは、晴天の日の昼間の空が青く見えるのは、地球上、、から眺めた場合、、、、、の話であって、空自体が青に〝着色〟されているわけではない。

最近は、地球上を周回する国際宇宙ステーションからの地球や宇宙の映像をテレビを通して見られる機会が少なくないが、光り輝く太陽の背景は決して青空ではなく、真っ黒である。46ページ図1-19に示したように、月面越しに眺める空も〝青空〟ではなく〝真っ黒空〟である。

1961年、人工衛星・ヴォストークで人類初の宇宙飛行を行ったのはソ連（当時）のガガーリン（1934〜68）であるが、そのときの彼の言葉「地球は青かった」は有名である。ガガーリンが見たように、宇宙から眺める地球は青く美しいが（このように書く私自身が、まだそれを自分の目で見たことがないのがまことに残念！　宇宙飛行士が羨（うらや）ましい！）、これも、地球から眺めた空が青いことと深い関係がある。

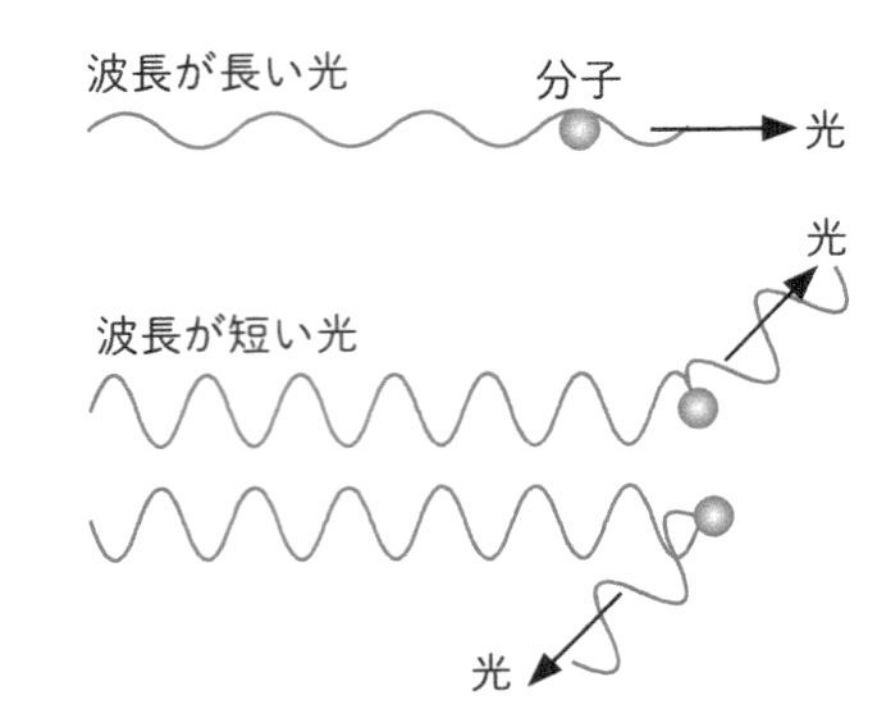

図1-22　光の散乱の波長依存性

ところで、宇宙から眺めた地球が青く見えるのは、空が青いからではなく、地球表面の約7割を占める海が青いからではないか、と思う読者がいるかもしれない。だが、海が青いのは空が青いからであり、海の色、つまり海水自体が青いわけではない。

さて、地球の空はなぜ青いのか？

先に述べた「波長が短い光ほど振れ角が大きい、あるいは散乱されやすい」(38ページ図1-13参照) ことを思い出していただきたい。光や粒子が多数の小さな粒子に当たって、方向が不規則に変わり、散らされる現象を、物理学では「散乱」という。散乱の度合いは、波長が短い光(紫、青寄りの光) ほど大きく、波長が長い光 (赤寄りの光) ほど小さい (図1-22)。散乱させる粒子の大きさにも依存するが、ざっといえば、散乱の度合いは、波長の4乗 (λ^4) に反比例する。

地球は、厚さ1000kmほどの大気層に被われている。太陽を発し、真空中を飛んできた太陽光は、地球の大気層に突入すると、大気層を形成するさまざまな粒子によって散乱されることになる。もし、散乱が皆無だとすれば、光は直進するので、昼間でも太陽の方向のみが明るく、空全体が明るくなることはない。

太陽光は、散乱によって方向が不規則に変えられるが、図1-13に示したように、太陽光(白色光) にはさまざまな波長 (色) の光が含まれており、散乱のされ具合は波長 (色) によって異なる。前述のように、波長が短い青寄りの光ほど散乱の程度が大きく (図1-22)、何度も方向を変えて飛散するので、空 (大気層) 一面に青寄りの光が満ちることになる。その結果、空は青くなる (正確には「青く見える」) のである。

朝日や夕日はなぜ「赤い」？

元日の朝、初日の出を拝もうと山や海に詣でる日本人は少なくない。古来、〝日出る国〟とよばれる（自らよんだ？）日本に住む人々は、日の出に特別の想いがあるようである。また、水平線や地平線に沈む太陽の美しさにも、格別のものがある。このような太陽を見るたびに、私は「充実した一日をありがとう」と、思わず合掌してしまう。

私たちが、朝方に昇ってくる太陽（朝日）と夕方に沈みゆく太陽（夕日）に特別の想いを寄せるのは、その〝大きさ〟とともに、あの〝真っ赤に燃える〟ような色のためであろう。では、朝日や夕日はどうして赤いのか？　その理由がわかるだろうか。

昼間の太陽は決して赤くはない。太陽光が白色光とよばれるように、昼間の太陽は白くまぶしく輝いている。しかし朝日、夕日によって、その方向が朝焼け空、夕焼け空になる。昼間の太陽も、朝日や夕日も同じ太陽なのに、どうして色が違うのか？　いや、色が違うというのは正しくなかった。正しくは、どうして違う色に見えるのか？

朝日、夕日が赤く見えるのもやはり、地球を取り囲む大気層の〝仕業〟なのである。

いま、地球上のA地点に立っているとする（図1 - 23）。太陽光は地球を取り囲む大気層を通過してA地点に届くが、昼間（正午）と朝方、夕方では、通過する大気層の距離（厚さ）が大きく異なる。このことが〝謎〟を解く鍵である。みなさんも、いままで述べてきたことを参考にして、この謎解きに挑戦していただきたい。

まず、いま自分がいるA地点が、昼間から夕方を経て夜になるまで、徐々に暗くなる理由を考えてみよう。夜になれば太陽光は届かなくなるので、月明かり、星明かりだけの「暗闇」になる。朝方から夕方まで、A地点の明るさは徐々に明るくなった後に徐々に暗くなっていくが、これはA地点に届く太陽光の量が徐々に増し、そして徐々に減るからである。

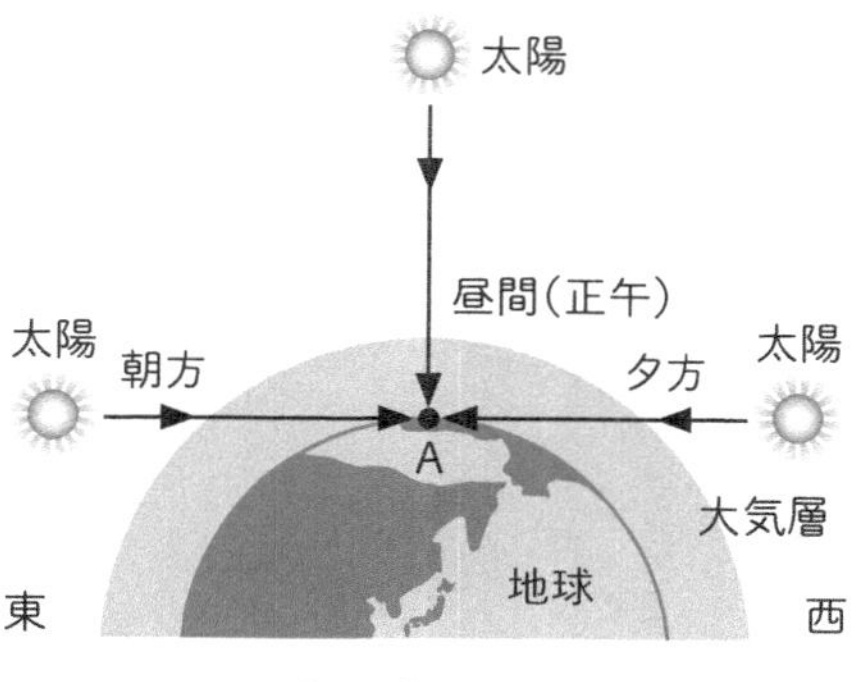

図1−23　昼間(正午)と、朝方・夕方の太陽の位置

それではなぜ、A地点に届く太陽光の量が徐々に変化するのか。たとえば、自動車のヘッドライトや懐中電灯の明るさが遠くへいくほど減じられるのは日常的に経験することだが、太陽・地球間の距離は一日を通し、基本的に変わらないはずだ。

太陽光は、A地点に届くまでに大気層に存在する物質(空気や水蒸気や塵埃(じんあい))に吸収されたり散乱されたり、つまり大気層にジャマされて、いずれにせよその量が減らされる。しかし、図1−23に示されるように、一日を通して太陽光が通過する地球の大気層の厚さが変化するので、A地点に届く太陽光の量が変化するのである（つまり、A地点の明るさが変化する）。

何度も述べたように、太陽光は、波長が短い紫から波長が長い赤までの可視光の〝束〟からなる白色光である。図1-22に示したように、波長が長い赤寄りの光は大気層の物質にジャマされる度合いが小さいために届きやすいが、波長が短い青寄りの光はジャマされる度合いが大きいので届きにくい。このため、太陽光が長い距離の大気層を通過してくる朝方や夕方は、波長の短い青寄りの光の多くがA地点に届くまでに失われ、A地点に届く太陽光のほとんどが波長の長い赤寄りの光だけになってしまうのである。このように、A地点に届くまでに太陽光が通過する大気層の厚さが変化することによって、A地点の明るさが変化するのだが、単に明るさが変化するだけではなく、その明るさの〝中味〟、すなわち〝色〟も変化するのである。

その結果、朝日や夕日は赤く見えるのである。それに対し、太陽光が通過する大気層の距離が短い昼間は、ほとんどすべての波長の可視光がA地点に届くため、〝白色〟に見えるというわけだ。日の出から日没までの太陽の移動にともなって、太陽光が通過する大気層の厚さは連続的に変化するから、太陽の色も赤から〝白〟、そして赤へと連続的に変化することになる。赤い太陽光に照らされた空は赤く〝染められ〟、朝焼けや夕焼けになる一方、すべての波長の太陽光が降り注ぐ昼間は、最も散乱の度合いが大きい青い光が空一面に拡がり、空は青く〝染められる〟のである。

なお、注意深く観察すると朝日と夕日の色は微妙に異なる。それは、大気層の状態（湿度や温度）が朝と夕方とでは異なり、太陽光の散乱や屈折の仕方に微妙な違いが生じるためである。

ところで、昭和の大歌手・美空ひばりに「真赤な太陽」という歌がある。1967年に発表された曲だが、この歌のリズムも、歌う美空ひばりの姿（衣装、動き）も、それまでの美空ひばり調とはまったく異なる斬新（ざんしん）なものだったので、ファンはびっくりしたものである。その中に軽快なリズムに乗って歌う「まっかに燃えた〜、太陽だからぁ〜、真夏の海は〜、恋の季節なの〜」という一節がある。この歌を聞いた当時、私は、その〝場面〟を〝真夏の真昼〟のように思ったものだが、太陽が真っ赤に燃えていたとすれば、いまにして思えば、それは朝方か夕方だったのだ。真昼に、少なくとも地球上から見える太陽が〝真っ赤に燃える〟ことはあり得ない。

14ページで、皆既月食の際に地球の影にすっぽりと被われた月面が、真っ暗にはならずに赤くなった、と述べた。この現象が生じる理由について、ここまで読んできた知識をもとにして考えていただきたい。

このような〝赤い月〟は、地球の大気を通り抜けた波長の長い赤寄りの太陽光が回折して入り込み、月面を照らした結果である。「まっかに燃えた〜」というほどではないが、〝赤い月〟にも、私は皆既月食を見ながら大いなる宇宙のロマンを感じた次第である。

交通信号「止まれ」はなぜ赤か?

交通信号に使われている色が赤、黄（橙）、青（緑）の三色であることは誰でも知っている。世界にはさまざまな国があり、それらの国の文化、習慣も多種多様である。同じ動作や行為であっても、国によっては意味することがまったく逆になってしまうことも少なくない（たとえば、日本の「おいでおいで」というジェスチャーは、アメリカでは「あっちへいけ」となってしまう）。

ところが、交通信号の〝青（緑）〟は「進め」、〝橙〟は「注意」、〝赤〟は「止まれ」であることは万国共通である。世界広しといえども、〝青〟が「止まれ」で〝赤〟が「進め」という国は存在しない。

よく考えてみれば、じつに不思議なことではないだろうか。

私たちは生まれたときから、〝青〟は「進め」、〝赤〟は「止まれ」に慣れ切っているから、それらをあまりにも当然のことと思っているが、世界のさまざまな文化、習慣の違いを考えれば、〝青〟が「止まれ」で、〝赤〟が「進め」というような国があってもよさそうなものである。「はじめに」でも指摘したように、闘牛士がムレータとよばれる赤い布をヒラヒラ揺すり、それを見て興奮した牛との決闘を楽しむ闘牛を国技としているスペインなどでは、〝赤〟が「進め」でもおかしくない。赤旗を掲げて「いざ進め！」と勢いよく行進する中国や北朝鮮などの共産主義・社会主義の国でも、「進め」には〝赤〟が似合いそうである。しかし、それらの国を含め、世界中どこの国でも、交通信号の「止まれ」は〝赤〟で、「進め」は〝青〟なのである。

この事実は、〝赤〟＝「止まれ」、〝青〟＝「進め」が、文化的、社会的、あるいは主義（イデオロギー）・主張によって決められたものではなく、その背景に何か物理的な理由が隠されていると考えねばならない！　まず、交通信号がドライバーあるいは歩行者に与えるメッセージとして、「止まれ」と「進め」のどちらがより重要かということから始めよう。

交通信号の本来の役目は、交差点などにおける交通の流れを整理し、円滑に進めることである（日本に初めて導入された大正時代の末には「交通整理器」とよばれていた）。しかし、交通の安全性のことも考えれば、いうまでもなく「止まれ」のメッセージのほうが重要である。交差点で衝突事故が起きれば、交通は円滑には進まない。

交通信号機は屋外に設置されるものであるから、雨の日でも雪の日でも、埃（ほこり）が舞う強風の日でも、メッセージを確実にドライバーや歩行者に伝えなければならない。そして、「止まれ」のメッセージがより重要だとすれば、それには、いかなる悪条件下でもドライバーや歩行者により伝わる色を使うべきである。

ここまでくれば、「止まれ」に〝赤〟が使われる理由は明白であろう。前項で述べたように、可視光の中で、雨滴や雪や埃などの〝粒子〟に最も散乱（ジャマ）されにくく、ドライバーや歩行者の目に届きやすいのが、波長の長い〝赤〟だからである。

また、私たちの周囲にある一般的な物体の中で、〝赤〟が最も目立ちやすい色であることも理由の一つに挙げてよいだろう。

いずれにせよ、交通信号機の「止まれ」に〝赤〟が使われるのは、主として、それが最も散乱されにくく、遠くまで届きやすい可視光である、という物理的な理由によるのである。

1-6 ハイテクがつくり出す光

カラーテレビの色は何色？

テレビといえば、もはや〝カラー〟が当たり前で、あえて〝カラーテレビ〟という必要もないのだが（映画の場合も同様で、カラーの映画が出始めた頃は〝総天然色映画〟と特別によばれた）、日本でカラーテレビの本放送が開始されたのは１９６０年のことである。若い人たちは〝白黒テレビ〟なるものを一度も見たことがないだろうが、私の小さい頃は〝白黒テレビ〟が当たり前で（それ以前に、テレビそのものが珍しかった）、よほどの金持ちでなければカラーテレビなど持っていなかった（白黒テレビ自体も決して安いものではなかった）。

初めてカラーテレビを見たとき（いまから考えれば、その頃のカラーテレビの〝色〟は、いまのテレビのように鮮明ではなかったが)、テレビの画面に〝色がつく〟ことが、私には不思議で仕方なかった。技術の進歩のおかげで、現在のテレビの画質はきわめて向上し、実物以上の像を見ることもできる。テレビの画面には無数の色が映っているのだが、このような無数の色は、いったいどのようにしてつくり出されているのだろう?

スイッチを入れて、テレビの画面を見ていただきたい。そこには、無数の色からなる映像が映し出されている。そして、次にその画面をなるべく高い倍率の虫メガネで見ていただきたい。何が見えるだろうか?

びっくり。そこには、〝無数の色〟など存在しない。細く黒い線で縁どられた赤、緑、青色の画素とよばれる小さな長方形(機種によっては円形)が規則正しく無数に並んでいるのが見えるはずである。カラーテレビの〝無数の色〟(正確にいえば、私たちの目にとって無数の色)からなる画像は、これら三色の小さな画素の組み合わせでつくられているのである。

太陽光のスペクトルについて説明する際に、無数の色の光が合わさると白色光になると述べたが(39ページ参照)、じつは、カラーテレビの画素の赤、緑、青色の三色を重ね合わせただけでも白色光が得られる。また、これら三色の明るさを変えて重ね合わせることによって、黒を含む〝無数の色〟をつくり出すことができるのだ(〝黒〟は光がない状態)。〝無数の色〟の中でも、赤、緑、青は特別な色で、これらは「光の三原色」とよばれる。ちなみに、絵の具やインクの三原色はマゼンタ（赤紫）、黄、シアン（青緑）で、これらを混ぜ合わせることによって、白を除くすべての色をつくり出せる（〝白〟は色がない状態）。

カラーテレビの場合、三原色の画素が実際に重なり合うわけではないが、画素一つ一つの大きさが人間の目には識別できないほど小さいために、実質的に重なり合ったことと同じになり、隣り合う三原色の画素一つ一つの明るさを変えることによって〝無数の色〟からなる画像をつくり出せるのである。これらの画素の大きさが小さければ小さいほど高画質の画面になる。テレビの画質は「解像度（画面のきめの細やかさ）」で表される。

２０１２年４月からテレビ放送が完全デジタル化され、それまでのアナログ放送と比べると高画質のＨＤ（High Definition：高精細）テレビとなったが、この解像度が「２Ｋ（約２００万画素）」とよばれるものであった。２０１８年12月からは、２Ｋの４倍の解像度である「４Ｋ（約８００万画素）」の衛星放送が始まった。さらには、２Ｋの16倍の解像度「８Ｋ（約３３００万画素）」が実用段階に入っている。

人工の光——レーザー

技術・工学分野に限れば、20世紀最大の発明は「トランジスター」と「レーザー」だと私は思う。

トランジスターは、大雑把にいえば、発振、増幅、スイッチングなどの作用を行う、従来の真

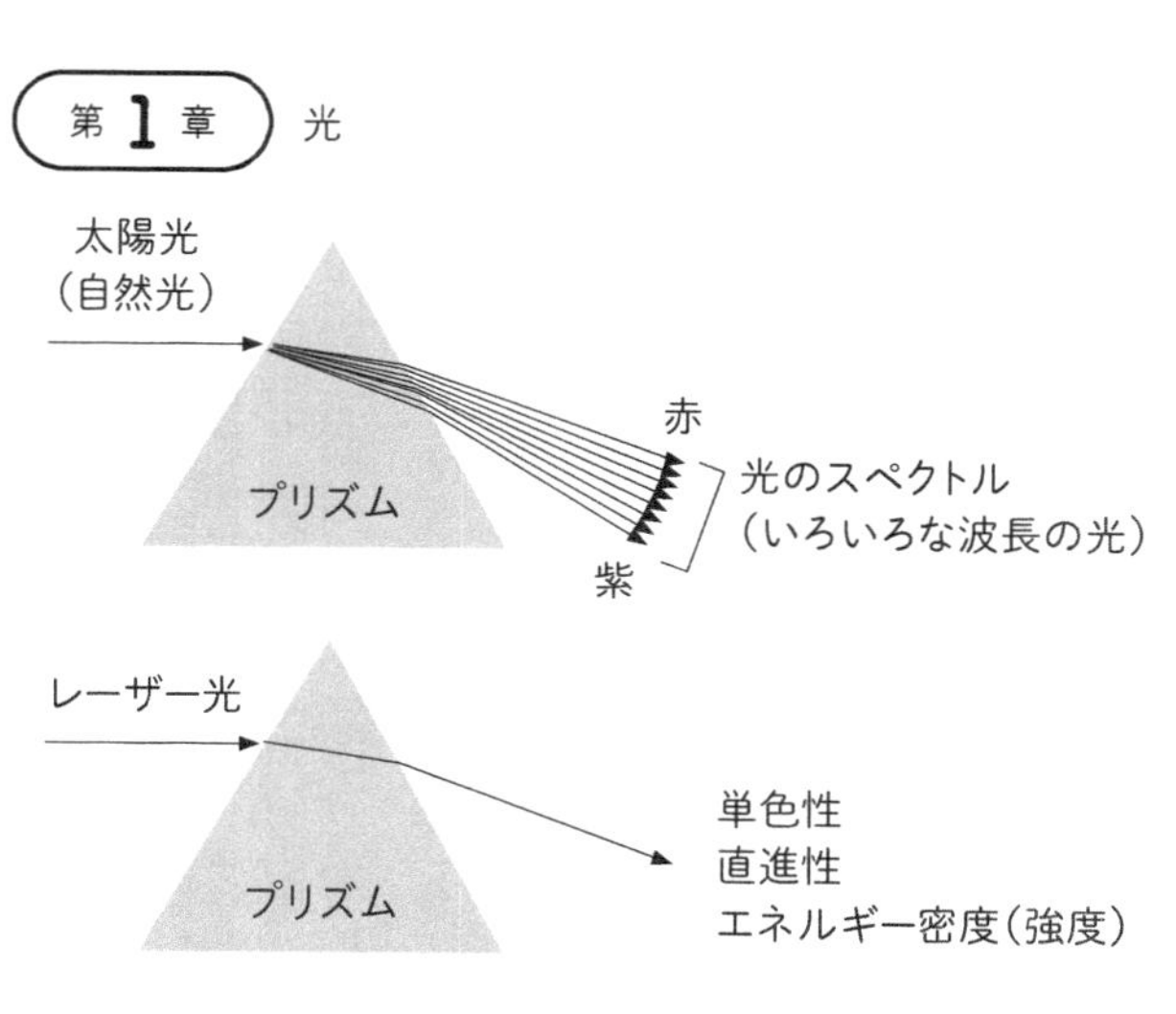

図1-24　自然光（太陽光）とレーザー光

空管に替わる半導体電気回路素子のことである。このトランジスターがIC（集積回路）へと発展し、こんにちの「エレクトロニクス文明」を築いた。一方のレーザーは、一種の光増幅器のことで、ある物質にフラッシュランプ照射などで光エネルギー（2-1節参照）による刺激を与え、特殊な光を放出させる装置である。その〝特殊な光〟がレーザー光とよばれ、それは〝夢の人工光〟ともいうべき光である。

自然光（太陽や電灯の一般的な光）に比べ、レーザー光の大きな特長としてはまず、「単色性」が挙げられる（図1-24）。自然光がプリズムを通ると分光されるのに対し、レーザー光はプリズムを通過しても分光されることなく、出てくる光も同じ単色光である。また、レーザー光は「直進性」と「エネルギー密度（強度）」の点で圧倒的に優れており、これらの特長を活かして、光通信をはじめとする情報処理や計測・測量、機械加工や兵器など、きわめて広範囲な分野に応用されている。

私たちに最も身近なのは、スーパーマーケットのレジなどで見られるバーコード・スキャナーの赤色のレーザー光（ヘリウム－ネオン気体レーザー）だろう。また、直接目にすることはないが、光ディスク（ＣＤやＤＶＤ）では小型の半導体レーザーが活躍している。最近では、医療分野でレーザー光が活躍する場が多く、私自身、レーザー・メスには何度かお世話になった。

ちなみに、いまや「レーザー（laser）」は普通名詞になっているが、もともとは「放射の刺激放出による光の増幅（light amplification by stimulated emission of radiation）」の頭文字を集めた略号である。

革命的な灯り——ＬＥＤ

レーザー光が20世紀の科学・技術が生んだ〝20世紀の光〟だとすれば、〝21世紀の光〟を出すのが、「発光ダイオード（light emitting diode：ＬＥＤ）」である。電圧を加えることで発光する半導体素子である。

レーザーやＬＥＤの動作原理を理解するためには、固体電子論や半導体物性に関する知識が必要で、本書の趣旨を超えるのでここでは説明を省く。興味のある読者には、章末の参考図書７などを読んでいただきたい。

最近は、信号機や懐中電灯、あるいはクリスマスツリーのイルミネーションなどにＬＥＤが使われることも多くなり、実物を見る機会が増えた。実際のＬＥＤの外観の一例を図１－25に示す。大きさは数㎜ほどである。透明のエポキシ樹脂にはレンズ効果もあるので、ＬＥＤチップからの発光が豆電球のように輝く。

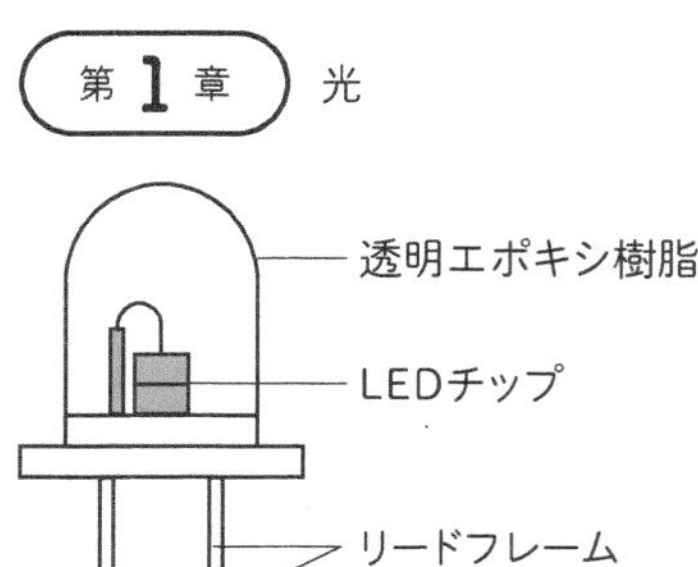

図1－25
発光ダイオード（LED）の外観

ＬＥＤは１９６０年代の後半から、各種の表示ランプや電光掲示板、面発光光源などに実用化されていたが、ＬＥＤの長年の夢であったフルカラーのフラット・パネル・ディスプレイ（ＦＰＤ）に応用することが実現したのはほんの30年ほど前のことである。

61ページで説明したように、カラーテレビの画面は赤、緑、青の〝光の三原色〟と黒（光がない状態）でつくられる。三原色を重ねれば白が得られる。

光の三原色のうちの赤、緑色のＬＥＤは１９７０年代に実用に堪え得る製品の量産体制が確立していたが、残る青色ＬＥＤが難関だった。三原色がそろわなければ、フルカラーのディスプレイは実現しない。

ＬＥＤの原理自体は簡単で、色や鮮やかさなど、光源として重要な特性はひとえに基盤となる半導体材料の特性に依存している。それが実用化されるためには、低コストで良質の半導体結晶が量産できなければならない。理論的には、どのような半導体材料をつくればよいかはわかっていたが、長年にわたる世界的規模の研究にもかかわらず、実用に堪え得る青色ＬＥＤはなかなか得られなかった。その理由は、十分な輝度を持つ青色発光する半導体材料が得られなかったからである。

日本の化学メーカーによって、画期的な性能を有する青色ＬＥＤがつくられたのは１９９３年のことだった。念願の実用的な〝光の三原色〟がようやくそろい、以後、一気にＬＥＤが広範な分野の光源として使われるようになった。

現在のＬＥＤの明るさは白熱電灯や蛍光灯のレベル以上に達し、消費電力、小型軽量、信頼性、量産コスト、メンテナンス・フリーなどの点で、これまでの電灯とは比べものにならないほどの利点を持っている。このようなＬＥＤはすでに、従来の白熱電灯や蛍光灯の分野、たとえば、交通・鉄道信号機、指示灯、室内照明やカラースキャナー、フルカラーの大型ディスプレイ、簡易光通信など、幅広い分野に応用されている。野球場やサッカー場で大型ディスプレイを見たことがある読者も少なくないだろう。私は、きわめて近い将来、特殊な場所を除いて、すべての光源がＬＥＤに置き換わるだろうと確信している。ＬＥＤは、それほど画期的な光源なのである。

レーザーやＬＥＤの研究・開発、そして工業化においては、古くから日本人研究者、日本企業の貢献が甚大である。特に、青色ＬＥＤ開発の歴史は「新しいデバイスは新材料の開拓から生まれる」ということをまざまざと実感させてくれたものであり、私事ながら、長年、半導体結晶分野の研究者の端くれだった私としても、とても嬉しいことである。

●参考図書――さらに深く知りたい人のために

1　ファン・ヒール、フェルツェル著（和田昭允、計良辰彦訳）『光とはなにか』（講談社ブルーバックス、１９７２）
2　後藤尚久著『電磁波とはなにか』（講談社ブルーバックス、１９８４）
3　小田幸康、西田孝編『光の科学』（朝倉書店、１９８５）
4　小山慶太著『光で語る現代物理学』（講談社ブルーバックス、１９８９）
5　アーサー・ザイエンス著（林大訳）『光と視覚の科学』（白揚社、１９９７）
6　志村史夫著『したしむ振動と波』（朝倉書店、１９９８）
7　志村史夫著『したしむ電子物性』（朝倉書店、２００２）

電気はなぜ万能なのか
——なんでもできる電磁波の不思議

現代人にとって最も身近な、そして最も重要なエネルギーは電気であり、私たちの生活はもはや、電気や、それを利用するさまざまな電気機器なしには成り立たないことは誰もが認めるところだろう。電気は、電池によっても供給されるが、私たちにとっての主要な電気は発電所における〝発電〟によって得られるものである。じつは、この〝発電〟には電気と磁気の相互作用が関係しており、〝磁気（磁石）〟が決定的に重要な役割を果たしているのだが、いつも〝電気〟に感謝している人でも、〝磁気〟を意識することはほとんどない。

磁石は、子供の頃から馴染み深いオモチャである。最近は、家庭やオフィスで、色とりどりのキャップがついた磁石（マグネット）がスチール製の壁やキャビネット、冷蔵庫などに書類やメモを張りつけるピン代わりに使われている。磁石の応用はもちろん、このようにある種の金属にくっつく性質を利用したものにとどまらず、日常生活に欠かせない無数の機器や装置、道具に不可欠の部品として多用されている。

身近な存在であるわりには、電気や磁気の物理的実態を理解するのは容易ではないが、本章では、それらの〝物理〟を垣間見ることにする。

2-1 電磁波の話──「見えない光」の正体

電気と磁気

誰でも、小学校か中学校の理科の授業で一度ぐらいは「電磁石」をつくって遊んだことがあるだろう。

電磁石は、デンマークのエルステッド（1777〜1851）が1820年に発見した「電流（電荷の移動）が磁気（磁力）を生む（電流の向きと磁力の向きは直交）」という原理を利用したものである（図2-1）。それは、電磁気学のはじまりと急速な発展、さらには、第1章から話題にしてきた〝光の正体〟に結びつく大発見だった。電流が磁気を生むのなら、磁気が電流を生むのではないかと考えたファラデー（1791〜1867）が「電磁誘

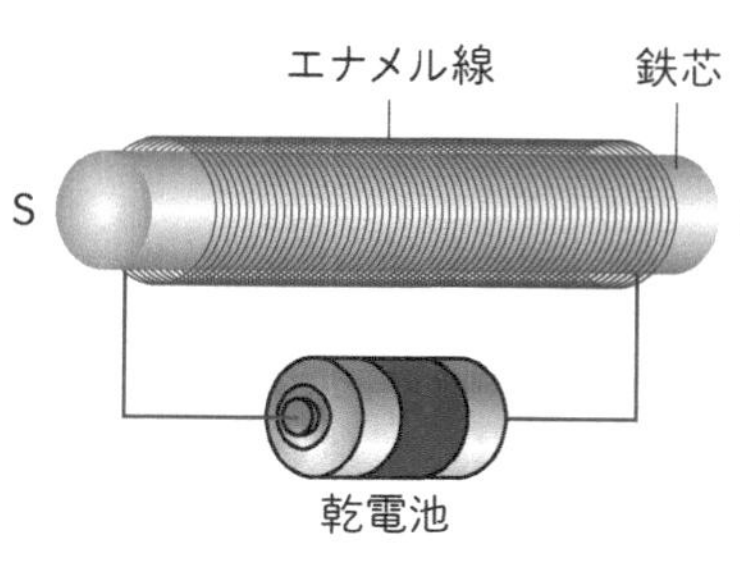

図2-1　電磁石

導」を実証するのが1831年である。

このあたりの話は、一冊の本でもなかなか説明しきれない「電磁気学」の重要事項なので、詳細は章末の参考図書2や3などを参照していただくことにするが、要点は、電気と磁気は互いに作用を及ぼし合う「電磁相互作用」を持つということだ。以下、この電磁相互作用の簡単な説明を試みるが、いずれにせよ、実際にそれを頭の中でイメージするのはそう簡単ではないので（なにせ、電気も磁気も目に見えないのだから！）「そんなものか」と軽い気持ちで読み進めていただければ結構である。

電気力が作用する〝空間〟である電場の変化は、磁力が作用する〝空間〟である磁場をつくり、磁場の変化は電場をつくる。もし、はじめに電場の変化がつくり出されれば、それは磁場の変動をつくり出す。

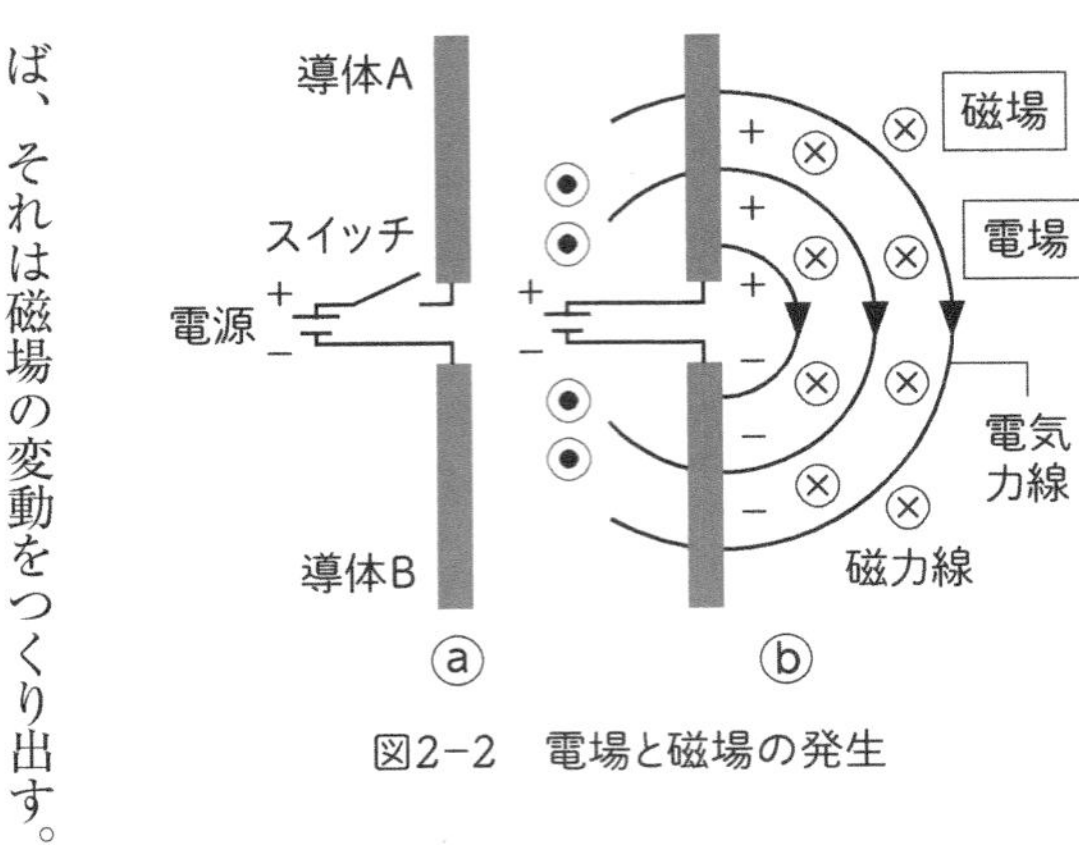

図2−2　電場と磁場の発生

図2－2ⓐに示すような導体A、Bに、電源（たとえば電池）をつないだ構造を考える（これはアンテナの基本構造である）。スイッチを入れた（閉じた）瞬間に、導体Aは正（＋）に帯電し、導体Bは負（－）に帯電する。その結果、ⓑの電気力

線で示されるような電場が発生し、同時に、紙面に垂直な方向の磁力線（⊗は紙面に向かい、⊙は紙面から出てくる磁力線を示す）で示されるような磁場が発生する。

　このように発生した磁場は電磁相互作用によって電場の変動をつくり出し、そして、その電場の変動は磁場を……というように、電場と磁場が交互に相手をつくり出しながら空間を伝わっていく。これが「電磁波」とよばれる波である。

　電磁波は、電場と磁場という〝場〟の波であり、波を伝える媒質を必要としない。つまり、電磁波は真空中でも伝わるのである。その電磁波を交流波形（91ページ図2‐13）に合わせて表せば、図2‐3のようになる。電気力の強さ、磁力の強さ、そして電磁波の進行方向を示す軸は互いに直交する。

生活に欠かせない電磁波

　家の中を見渡してみよう。家具などのほかに、さまざまな「電気製品」が目に入るはずである。テレビ、それを操作するリモコン、ラジオ、パソコン、電話（バッグの中には携帯電話）、電子レンジ、冷蔵庫、洗濯機、ＩＨ、……、などなど。

　これらさまざまな電気製品の中で、直接的あるいは間接的に、電磁波のお世話になっていないものは皆無といってもよい。テレビやラジオ、電話などでは、さまざまな情報が電波とよばれる電磁波に乗せ、ら、れ、て送られている。電子レンジは、マイクロ波とよばれる電磁波を照射して冷凍食品を解凍したり、温めたりするものである。コタツやストーブから発せられる赤外線や、〝日焼けサロン〟で使われる紫外線も電磁波の一種である。胸部レントゲン撮影などに使われるX線もまた、電磁波の仲間である。日常的に電磁波の存在を意識することはないが、電磁波はさまざまな場面で、私たちの生活に密接しているというわけだ。

先述のように、電磁波は電界（電気力線）と磁界（磁力線）が伝播する〝場〟の波（図2－3）の総称である。しかし、その波長はさまざまであり、波長が異なると、波としての性質、具体的には物理的性質が著しく違ってくる。そこで、電磁波は波長の長さに従ってさまざまな名称でよばれており、また、それらの用途もさまざまである。図2－4を見れば、電磁波が私たちの生活にいかに深く関わり、重要な位置を占めているかがわかるだろう。

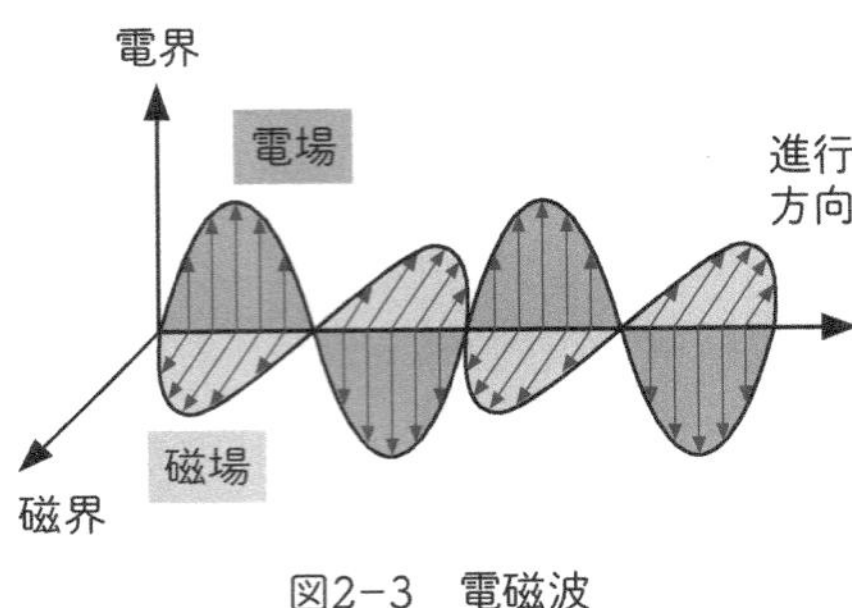

図2−3　電磁波

図2－4を見て、「あれ、光も電磁波？」と思った読者もいるかもしれない。じつは、前項で述べた電磁波と、私、た、ち、が知る光をさまざまな実験的、理論的角度から比較すると、最終的に

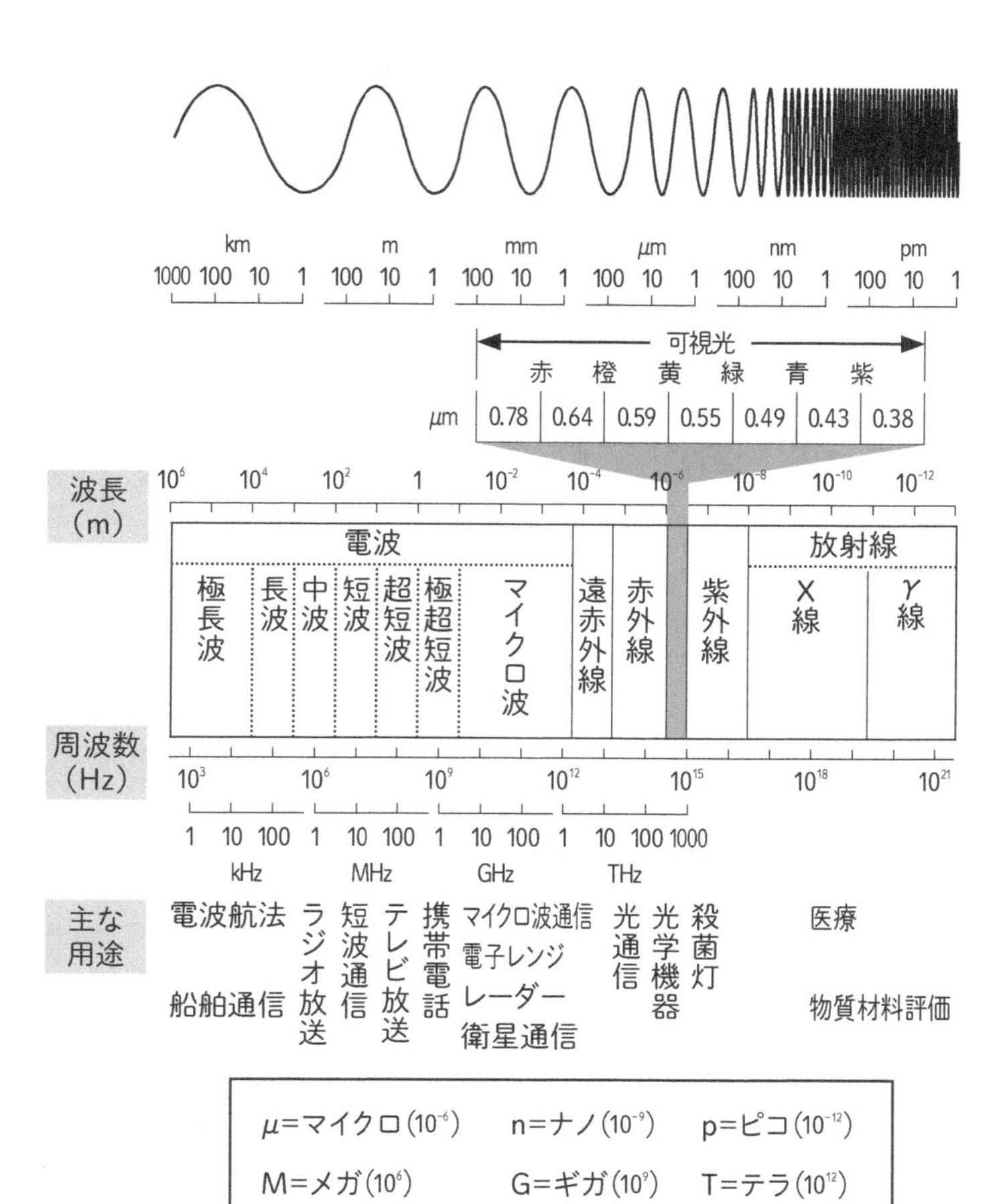

図2-4　電磁波の種類とその用途　波形は概念的なもので、実際の波長を反映していない

「光は電磁波にほかならない」という結論に達するのである。つまり「光＝電磁波」と考えることもできるが、一般的な〝光〟は、狭義には、私たちの目に見える可視光のことである。しかし、〝光〟は「＝電磁波」以外の性質をもつ厄介者であり、それについては次々項で述べることにする。

電波でものを見る

X線を観察媒体として用いることによって、太陽からの貴重な情報がX線望遠鏡で得られることを36ページで述べたが（図1－12参照）、同様に、電波望遠鏡は、通常の光学望遠鏡では観測できない波長の電磁波を観測する装置として、可視光を放射しない星間ガスなどを観測するのに有効である。しかし、電波は可視光に比べて微弱であり、望遠鏡の分解能は望遠鏡の口径に比例し、観測波長に反比例する。電波の波長は可視光の波長の1万倍以上だから、光学望遠鏡と同程度の分解能を得ようとすれば、電波望遠鏡（アンテナ）の口径は巨大なものになってしまう。

現時点で世界最大の電波望遠鏡は2016年9月に一部稼動を開始した中国・貴州省の天文台のもので、アンテナの直径は、じつに500mである。ちなみに、国内の電波望遠鏡では、国立天文台野辺山宇宙電波観測所にある直径45mのものが最大である。

巨大化の弱点を克服するために開発されたのが、複数の電波望遠鏡を〝合成〟（開口合成）

し、実質的に大きな口径の電波望遠鏡とする「干渉型電波望遠鏡」である。図2－5に示すのは、アメリカ・ニューメキシコ州サンアグスティン平原に設置されている直径25mのパラボラアンテナ27基からなる超大型干渉電波望遠鏡群である。オペレーションセンターは80㎞ほど離れたニューメキシコ工科大学のキャンパス内に置かれ、宇宙からの微弱な電波などの観測を行っている。

図2−5　超大型干渉電波望遠鏡群（アフロ）

波長とエネルギー

光も電磁波も、73ページ図2－4の最上部に模式的に描いたような〃波〃である。人間の〃可視光〃は、波長約0・4〜0・8μmの電磁波であった。図2－4には、波長の異なる波が模式的に描かれているが、それではなぜ、波長の長さによって、私たちの目に見えたり見えなかったりするのだろうか？目は電磁波を〃波の形〃で見るわけではないから、よく考えてみれば不思議なことである。

ここで、光（広義の電磁波）のもう一つの性質について、どうしても触れなくてはならなくなった。27ページ図1－7に示したヤングの「光の干渉実験」の結果、〝光の粒子説〟は「否定」されたのであった。事実、光が〝干渉〟という現象を示すことは、それが〝波〟であることの絶対的な証拠なのである。

ところが、1887年にヘルツ(1857~1894)によって、ある種の光を金属に照射すると電子が飛び出すという現象(光電効果とよばれる)が発見されており、これは、光が〝波〟だとするとどうしても説明できなかった。この光電効果は1905年、アインシュタインによって、周波数(振動数)fの光を、

$E=h\cdot f$　(式2・1)

で表されるエネルギーEをもつ〝粒子〟と考えることで見事に説明された(hはプランク定数とよばれる定数)。つまり、光は〝波〟であると同時にEというエネルギーを持つ〝粒子〟でもあったということだ。アインシュタインは、このような粒子を「光量子」あるいは「光子(フォトン)」と名づけた。混乱するかもしれないが、結局、光(電磁波)は波動性と粒子性(あくまでも波動の性質、粒子の性質である)の二面性を同時に持っているようなモノなのである。この点については第4章で再度、触れたいと思う。

さて、「どうして波長によって、私たちの目に見えたり見えなかったりするのか」という疑問に答えるときがきた。可視光を含む電磁波の波長(λ)と周波数(f)との関係は、光速をcと

すれば、$f=c/\lambda$ である。これを式2・1に代入すると、

$$E=h\cdot c/\lambda \quad （式2・2）$$

となる。

つまり、波長λの電磁波（光）は式2・2で与えられるエネルギーEを持っており、人間の感覚細胞、視神経はλ＝0・4～0・8μmを式2・2に代入して得られるエネルギーにのみ反応する、ということなのである。それより大きなエネルギーにも、小さなエネルギーにも反応しない。

もう一度繰り返すが、光（電磁波）はその波長（あるいは周波数）に応じたエネルギーを持つ〝粒子〟でもあるのだ。そのエネルギーの大きさは、式2・2から明らかなように、波長（λ）が短いほど、周波数（f）が大きいほど大きい。

このようなことを知ると、紫外線が日焼けを起こし、また皮膚がんを引き起こしやすい、といわれたり、紫外線が殺菌に使われる理由がわかるのではないだろうか。日焼けや皮膚がん、殺菌作用などは、一種の化学反応がもたらすものである。図2－4に示すように、紫外線は波長が0・01～0・38μmの電磁波で、この波長に対応する〝光の粒子（光子）〟1個のエネルギーは一般的な化学結合エネルギーより大きいので、紫外線が照射された物は化学変化を起こしやす

いのである。だから、紫外線を過度に浴びるのは危険なのだ。

ところで、アインシュタインといえば相対性理論が有名だが、彼が受賞した1921年度のノーベル物理学賞は、光がエネルギーを持つ〝粒子〟であることの動かぬ証拠である「光電効果」の理論的解明に対するものであった。アインシュタインはたった一人で、きわめて短期間に、間違いなくノーベル賞に値する仕事を少なくとも三つは行った大天才なのである。私は、アインシュタインのことを、20世紀最高の、しかも群を抜いて最高の物理学者だと思っている。

2-2 電気とは何か？

最も制御しやすいエネルギー

人類は地球上に登場して以来、稲妻を何度も見ていただろうし、落雷の被害にも何度も遭遇していただろう。また、小さなゴミを引きつける静電気現象は古代ギリシャ時代に発見されていたが、これらが恐怖やジャマものではあっても、あるいはいかに不思議な現象であっても、自分たちの生活にはなんの役にも立たないものにすぎなかった。そのため、16世紀になってイギリスのギルバート（1544～1603）が静電気を科学的に研究し始めるまでのおよそ2000年間、人類が〝電気〟を深く、あるいは科学的に追求することはなかった。

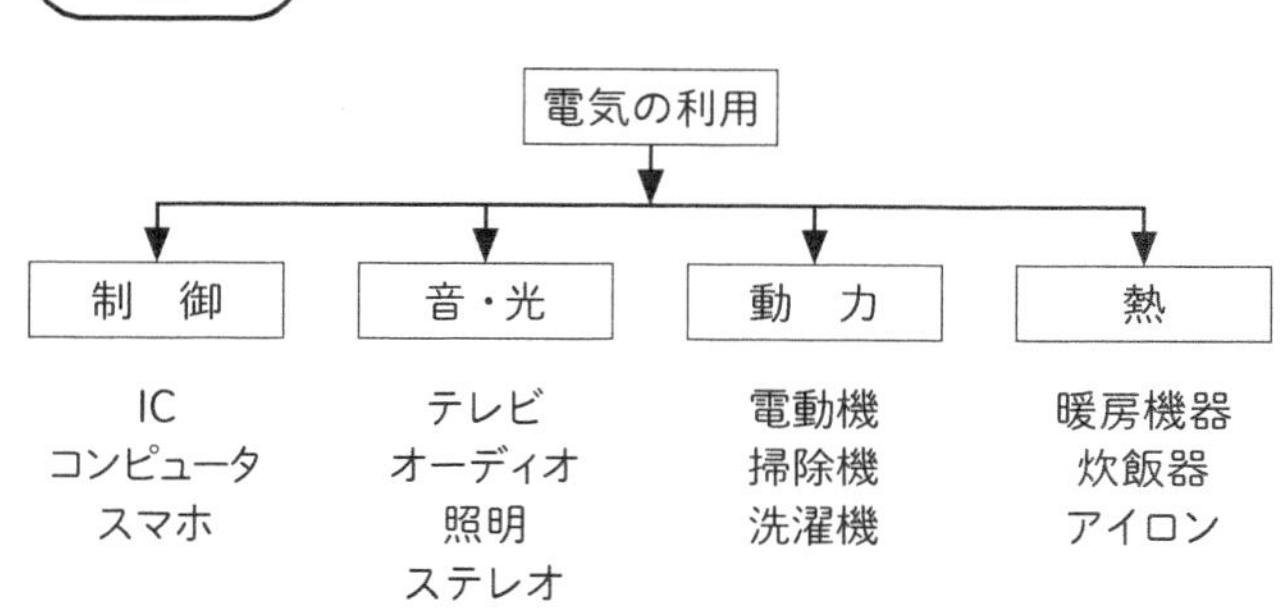

図2−6　電気の利用（曽根・小谷・向殿監修『図解 電気の大百科』オーム社、1995より一部改変）

人類が〝電気〟をエネルギーの一つとして積極的に利用し始めたのは19世紀になってからのことで、それを可能にしたのはギルバートの研究から二百数十年を経た1820年、デンマークのエルステッドによる「電流の周辺には磁気が発生する」という大発見だった。続いて、「電気から磁気が発生するのならば、磁気から電気が発生するのではないか」という〝世紀の発想の大転換〟をしたのが69ページで述べたファラデーである。この〝世紀の発想の大転換〟が1831年の「電磁誘導作用」の発見につながり、こんにちの発電の基本原理になっている。

力学的エネルギーや熱エネルギー（3－5節、3－6節参照）を利用して文明を発展させてきた人類は、ファラデーの大発見のおかげで、電気エネルギーという、まさに革命的なエネルギーを手にすることとなった。人類の文明が飛躍的に発展するのは、これ以降のことである。

現代人なら誰でも電気の恩恵にあずかっているし、先にも登場したマサイのように原始生活を営んでいる稀有な人たちでないかぎり、いまや電気のない生活はまったく考えることができない。一般家庭でも、図2－6に示すように電気は多種多様な目的に使われており、〝オール電化〟が叫ばれるようになってすでに久しい。

私たちが有するすべてのエネルギーの中で、電気エネルギーほど扱いやすく、精密な制御が簡単で、便利なものはない。だからこそ、私たちはさまざまな一次エネルギーを電気エネルギーに変換しているのである（3－4節参照）。

電気の〝もと〟

現代人なら誰でも、電気に関するある程度の知識を持っている。電気は発電所でつくられ、電線で送られ、変電所を経て家庭や工場などに運ばれることを小学校の社会科で習って知っている。電気が流れている裸電線に触れるとビリビリとしびれを感じる、つまり感電する。ゴムの手袋をすれば、裸電線に触れても感電しない……。私たちはこのように、電気のさまざまな〝はたらき〟を見たり感じたりすることはできるのだが、電気そのものの〝実体〟を見ることはできない。

〝電気〟とはいったい何なのだろうか？　そして、〝電気のもと〟は何なのか？

じつは、電気の〝実体〟を理解するのは容易ではないし、それを事細かに説明するのは本書の任務でもない。ここでは、電気の物理的な実体はともかく、電気という現象を引き起こす根源が「電荷」とよばれるものであり、電荷には正（陽、プラス、＋）の正電荷と負（陰、マイナス、－）の負電荷の2種類があることを知っていただきたい。電荷の種類としては、電子（－電荷）と正孔（＋電荷）、陽イオン（＋電荷）、そして陰イオン（－電荷）の4種があるが、これら4種の電荷の根源は電子の〝過不足〟である。

〝過〟ならば－電荷に、〝不足〟ならば＋電荷になる。つまり、三段論法で簡潔にいえば「電気の根源は電子」ということになるのだが、では「〝電子〟とは何か」という問いに対する答えは第4章まで待っていただきたい。待てない読者は、先回りをして第4章を読んでいただきたい。

そして電荷には、異種の電荷には互いに引き合う引力が、同種の電荷には互いに反発する斥力がはたらく。このように、電荷間にはたらく電気力を「クーロン力」という。簡単にいえば、〝電子の集団的移動（電流）〟が図2－6に示されるさまざまな仕事をしてくれるのである。

水流と電流——高きから低きに流れるもの

水は、〝高い所〟から〝低い所〟へ移動する（流れる）。図2－7に示すように、水位差をつけたタンクAとタンクBのあいだの水門を開けば、水は水路を流れる。水位差がなくなれば、つまりタンクAとタンクBの水面の高さが等しくなれば、水流は止まる。このような水流を起こす力

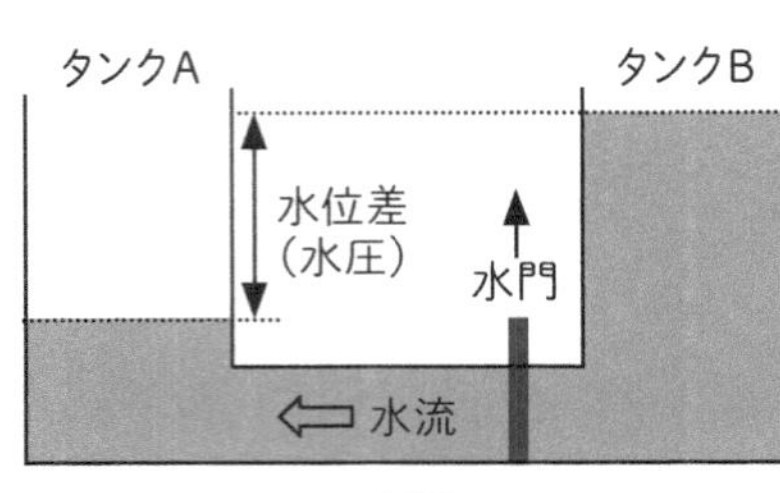

図2−7　水位差による水流

は、水位差が生む水圧である。

水流は、水位差がなくなれば止まってしまうので、水をつねに流すためには、図2−8ⓐのようにポンプを使って水をタンクに揚げ、水位差（$H_A - H_B > 0$）を保てばよい。H_A、H_Bはそれぞれ、タンクおよび基準の水位を表す。

電気の流れ（電流）も、水の流れ（水流）とまったく同じように考えることができる。電流を保つためには、図2−8ⓑのように、電源によって電位差（電圧）V（$= V_A - V_B$）を生じさせればよい。V_A、V_Bはそれぞれ、電源および基準の電位である。電圧にはV（ボルト）という単位が、水流にあたる電流にはA（アンペア）という単位が使われる。

水位差が大きいほど水圧が大きくなるのと同様、電位差が大きいほど電圧が大きくなって電流も大きくなる。すなわち、電流は電圧に比例する。

図2−8に示される水流の場合も電流の場合も、水路や電路の〝通りにくさ〟、つまり抵抗が大きいほど流れにくく、小さいほど流れやすくなるのは明らかであろう。電気抵抗をRで表すと、電流（I）と電圧（V）のあいだには

$I = V / R$　（式2・3）

$V = IR$　（式2・4）

$R = V / I$　（式2・5）

の関係があり、これを「オームの法則」とよぶ。電気抵抗Rの単位はΩ（オーム）が使われる。

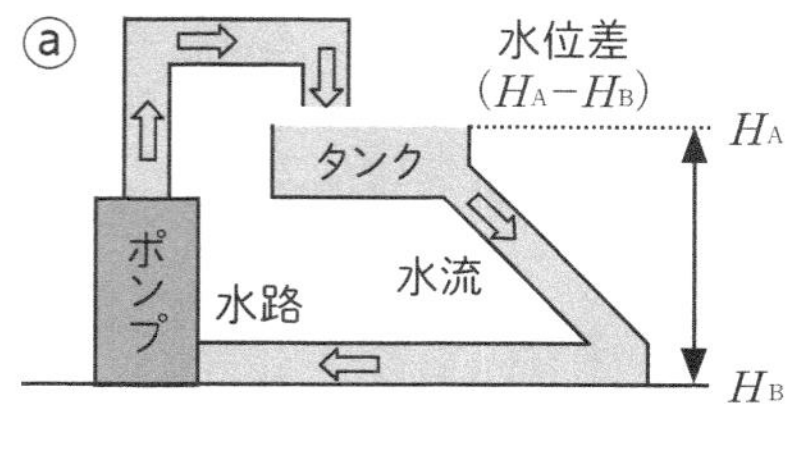

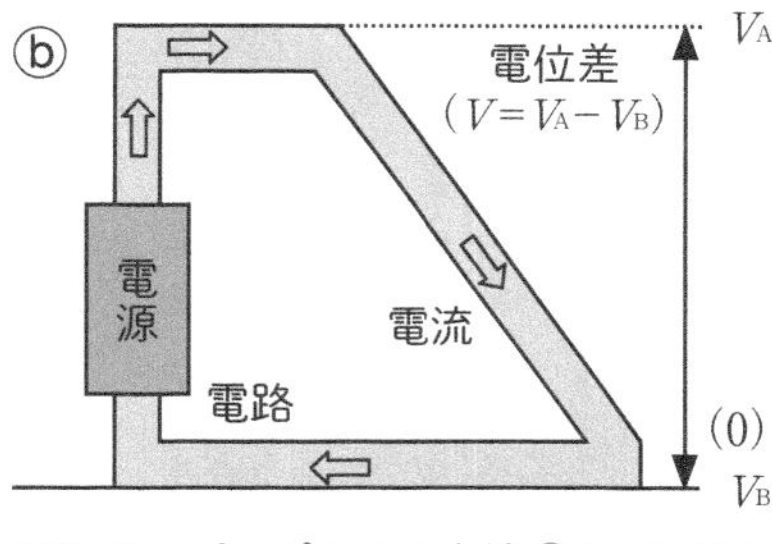

図2−8　ポンプによる水流ⓐと、電源による電流ⓑ

ところで、電流、すなわち〝電気の流れ〟とは〝電荷の集団的流れ（移動）〟のことで、半導体の機能を考える場合には＋電荷である正孔（ホール）も重要なはたらきをするが、本書では－電荷である電子の流れ（移動）と考えていただければよい。

水車を回す水力は、水圧が大きいほど、また水量が多いほど強くなり、その力は「水圧×水量」で表される。電気の力も同様に「電圧×電流」で表され、電圧、電流が大きいほど強くなり、この力を「電力」

とよぶ。電力の単位はW（ワット）である。つまり、「電力（W）＝電圧（V）×電流（A）」である。

いずれにしても、水にせよ電気にせよ、「仕事」は一瞬で終わることなく、一定の時間にわたって行われるものである。そこで費やされる「電力量」は、「電力×時間」となる。一般的に、電力量には「時間」を「1h（時間）」として kWh（キロワット時）という単位が使われる。1kWの電気を1時間使ったときの電力量が1kWhである。電力会社に徴収される「電気使用料」は、この使用電力量から計算される。

毎年、夏になると叫ばれる「節電」は、電力量を少なくすればよいのだが、具体的には「電力」（使用する電気製品）を少なくするか「使用時間」を少なくするか、あるいは両方少なくすることで達成できるわけである。

電気抵抗と電気抵抗率

自然界にはさまざまな物質があり（第4章参照）、それらはさまざまな観点から分類、区別されるが、ここでは〝電気（電荷）の流れにくさ（電気抵抗）〟に注目してみる。物質の電気抵抗は、たとえ同じ物質でも、その物質の形状によって異なる。

このことは、たとえば運動会の障害物競走で自身がパイプの中を通過する場合を考えればわかりやすい。〝辛さ〟を〝抵抗（R）〟と考えると、パイプの長さ（L）が長いほど辛い（抵抗が大きい）し、パイプの断面積（S）が大きいほど楽（抵抗が小さい）になる。すなわち、RはLに比例し、Sに反比例する。

$R \propto L/S$　（式2・6）

また、同じ長さ、同じ断面積のパイプであっても、その内壁の材質（極端な例として、マジックテープのようなものを想像していただきたい）によって、その辛さ、楽さ加減（比例定数ρ）は異なる。つまり、式2・6は

$R = \rho(L/S)$　（式2・7）

となる。この比例定数ρを「電気抵抗率（抵抗率）」あるいは「比抵抗」とよぶ。電気抵抗の単位を［Ω］、長さの単位を［cm］とすれば、電気抵抗率ρの単位は式2・7より、次式で与えられる。

$\rho = R(S/L)$ → ［Ω］（［cm²］／［cm］）→［Ω・cm］　（式2・8）

電気抵抗Rは物質の形状によって変わってしまうが、電気抵抗率ρは物質特有の物理定数だか

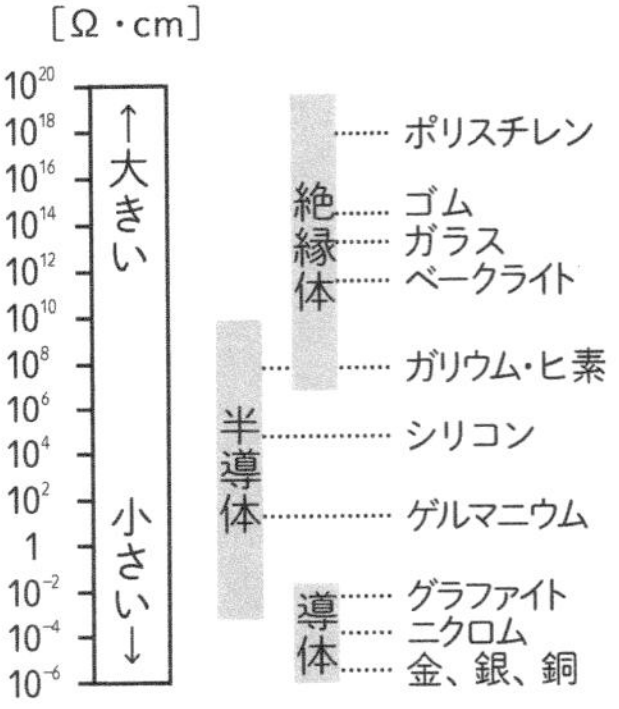

図2−9　物質の電気抵抗率による分類

ら、一定条件下では不変である。この電気抵抗率の観点から物質を分類したのが図2-9である。私たちの周囲には導体、絶縁体、そしてエレクトロニクス時代の花形である半導体がたくみに使い分けられ、それぞれがそれぞれの特性を発揮して活躍している。

電気抵抗率ρは、〝電気（電荷）の流れにくさ〟を示す係数だが、〝電気（電荷）の流れやすさ〟を表すには、電気抵抗率の逆数である「導電率」（$\sigma=1/\rho$）を用いる（それぞれの物理的定義の通り、σがρの逆さまの形の文字であることが妙である）。

2-3 電気のつくり方

磁石の不思議——南に北極、北に南極がある!?

子どもの頃、赤い馬蹄形の磁石に釘や砂鉄をくっつけて遊んだことがない人は少ないだろう。

磁石は、子どもの頃から馴染みの深いオモチャである。

磁石の歴史は非常に古く、鉄を吸いつける奇妙な石があることに人類が気づいたのは、紀元前7世紀頃のことと考えられている。この神秘的な石はギリシャのマグネシア（Magnesia）地方で多く見つかったので、この〝Magnesia〟が磁石を表す〝magnet〟の語源になったという説がある。

磁石の性質の源は〝磁気〟だが、この〝磁気〟もまた〝電気〟と同様、その本質を理解するのは容易ではない。ここでは、〝電気のもと〟が〝電荷〟であるように、〝磁気のもと〟が〝磁荷〟というものであること、また、電気にプラス（＋）とマイナス（－）があるように、磁気（磁石）にはS極（南極）とN極（北極）があることを知っておいていただければ十分である。81ページで電気の引力と斥力を説明したが、磁気（磁石）の場合も電気と同様、異種間では引力が、同種間では斥力がはたらくが、このような磁石の性質については、磁石で遊んだことがある人なら誰でも経験的に知っているだろう。

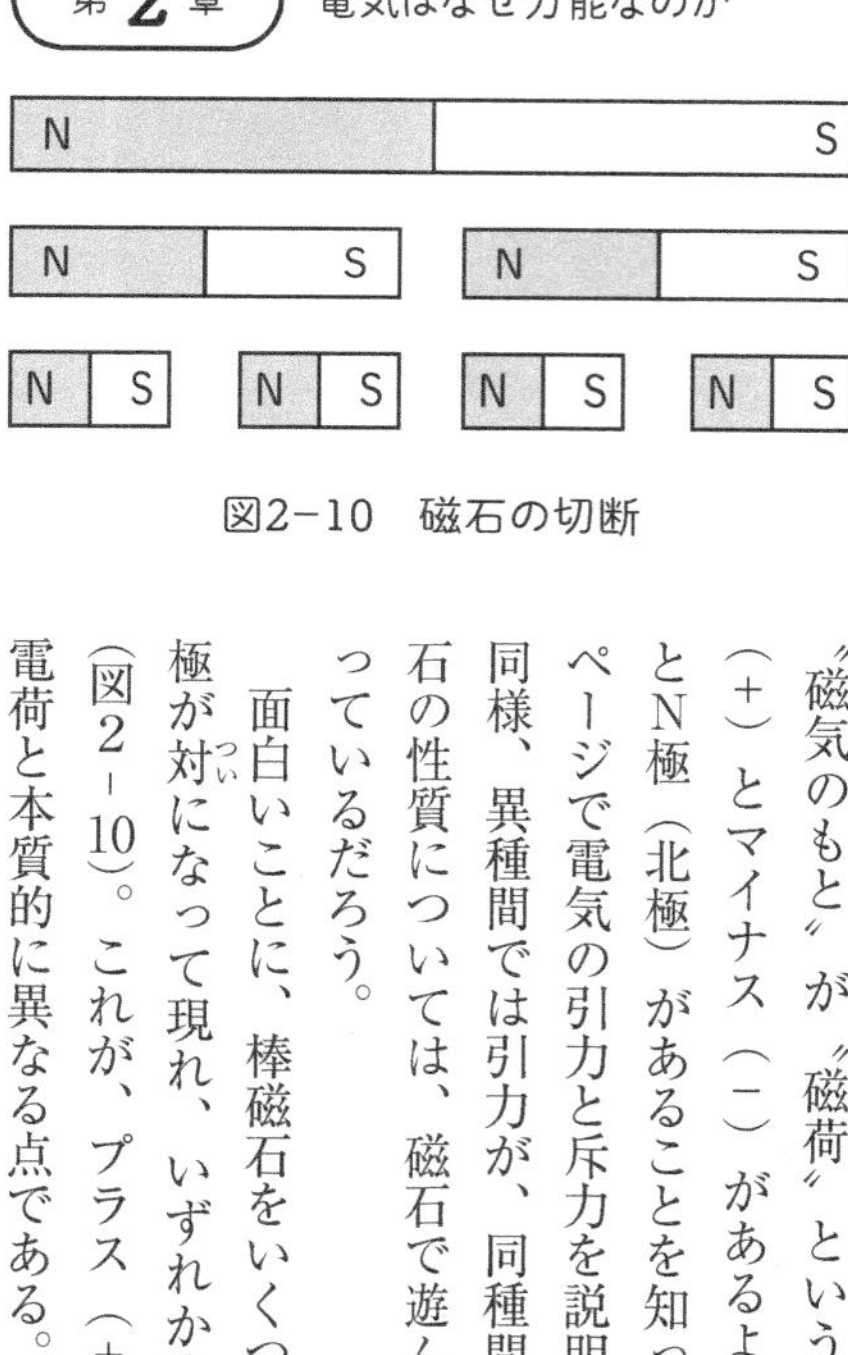

図2−10　磁石の切断

面白いことに、棒磁石をいくつに分断しても、そこには必ずS極とN極が対になって現れ、いずれか片方だけ（単極）の磁石は存在しない（図2－10）。これが、プラス（＋）とマイナス（－）が単独に存在する電荷と本質的に異なる点である。磁石をどれだけ、たとえ原子のサイズ

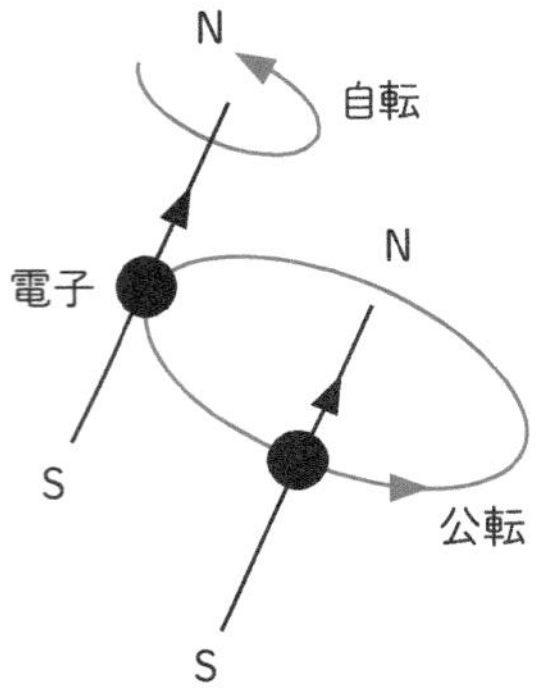

まで分断していっても、そこには必ずS極とN極が対になって現れるのである。究極の最小の〝磁石〟は1個の電子である。2－1節で述べたように、磁気は電気（電流）によって生じるが、それは図2－11に示すように、原子の中の電子（4－4節参照）の自転と軌道上の公転によるものである。

N
自転
N
電子
S
公転
S

図2-11　究極の最小磁石

いま、究極の最小の〝磁石〟について述べたが、地球が〝巨大な磁石〟であることはよく知られている。だから、羅針盤（コンパス）の針（これも〝磁石〟なので〝針磁石〟とよぼう）は、S極とN極の引力と斥力によって地球の南北を指すのである。地球の北極を指すのが針磁石のN極で、地球の南極を指すのが針磁石のS極である。ちょっとややこしいが、地球の北極には地球という巨大磁石のS極があり、南極にはN極があることになる。

発電とモーター

電気をつくり出すのが発電であるが、一般に、電気を発生させるには

①電磁誘導作用の原理を応用（発電所における発電、自転車ライト用発電機など）

②化学物質の化学反応で生じるイオンを利用（乾電池、蓄電池など）
③太陽などの光エネルギーを変換（太陽光発電、太陽熱発電）
の三つの方法がある。

人類をはじめとする多くの動物は、さまざまな活動をしながら生きているが、このさまざまな活動は感覚器、神経系、筋肉の三要素の機能的動作の結果である。ふだん意識することはほとんどないが、このような動作のエネルギー源は、微弱電流を生む電気現象なのである。つまり、動物の肉体は一種の発電機であり、それは②の方法に基づいている。そして、近年脚光を浴びているのが、③の太陽光発電である。

ここでは、私たちの日常生活に身近な、発電所で〝発電〟される①について説明する。私たちにとって電気がきわめて身近で、日常生活に不可欠のものであるにしては、発電のしくみは意外に知られていない。もちろん、知らなくても日常生活に支障はまったくないのであるが、こういうことをちょっと知るだけでも、人生がなんとなく豊かになるというのが私の経験からの実感である。

発電の基本原理は、ファラデーが発見した電磁誘導作用である。電磁誘導作用の〝電〟は電気（正確には電場）、〝磁〟は磁気（正確には磁場）で、簡潔にいえば、図2-12のように「コイル状の導線の中で磁石を運動させると、導線に電流が生じる」ということである。この電磁誘導作

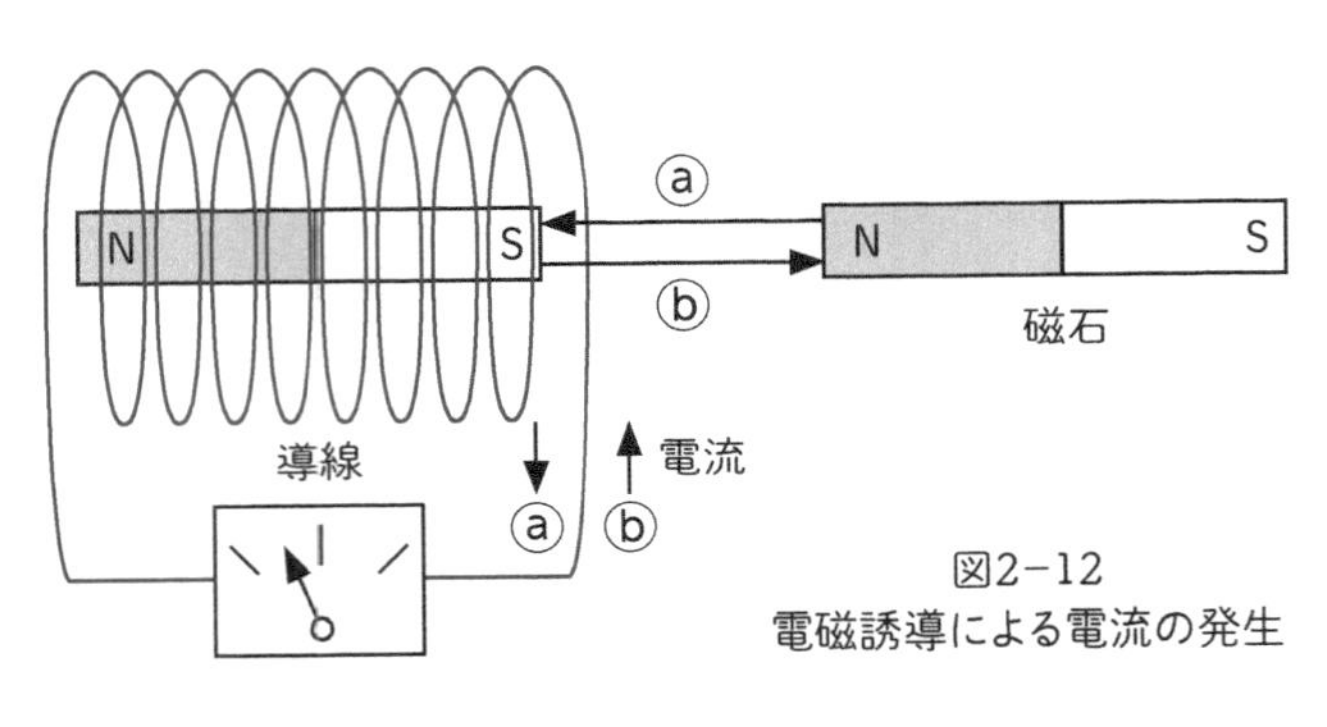

図2−12
電磁誘導による電流の発生

用は、導線と磁石の相対的な運動だけで決まるので、図２‐12で磁石を動かす代わりにコイルを動かしても同じことである。

磁石とコイルが相対的に近づくⓐの場合はⓐ方向の電流が生じ、逆に、相対的に遠ざかるⓑの場合はⓑ方向の電流が生じる。つまり、磁石とコイルの相対的な往復運動が繰り返されることによって、逆向きの電流が連続的に生じることになる。このような電流が、「交流」である（図２‐13）。交流に対し、乾電池で得られるような電流は、一方向のみに流れる「直流」とよばれる。

図２‐14のように、磁石（磁場）の中でコイルを回転させることは、図２‐12の〝磁石とコイルの相対的往復運動〟と実質的に同じであり、これが、実際の発電のしくみである。発電所で、実際にコイルを回転させるのはタービンである。タービンには動翼列がついており、この動翼列に、たとえば水や蒸気などの流体を当てることによって回転運動が生まれる。

つまり、図２‐14の磁石の中でコイルを回転させるのがタービンで、タービンは流体の運動エネルギーを回転運動に変換し、その回転運動を電気エネルギーに変換する橋渡しをするわけである。

そのタービンを回転させる動力源によって、太陽光発電以外の発電が風力、火力、原子力、水力発電などとよばれる。たとえば、水力や風力による発電の場合、水あるいは風（空気）という流体が生む力学的エネルギーが直接タービンを回転させるが、火力発電と原子力発電はそれぞれのエネルギーをまず熱エネルギーに変換し、その熱エネルギーで得た蒸気（流体）でタービンを回転させる（160ページ図3－19参照）。

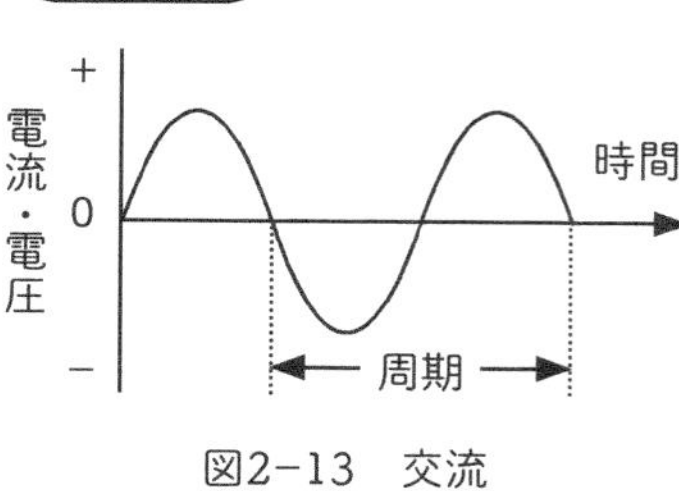

図2-13　交流

また、自転車のライトの電源として使われている発電機の中のコイルの回転は、自転車のタイヤの側壁と回転軸の摩擦によって得られるしくみになっている。最近は電池不要の懐中電灯があるが、これは図2－12、図2－14そのままの操作で発電するものである。

ところで、図2－14を見て、あることに気づかないだろうか。――磁石（磁場）の中でコイルを回転させればコイルに電気が流れるということは、その逆に、磁石（磁場）の中に置いたコイルに電気を流せば、そのコイルは回転するのではないか。そのような逆転の発想ができた読者はすばらしい！　まさにその通りであり、それは、モーターの原理にほかならない。

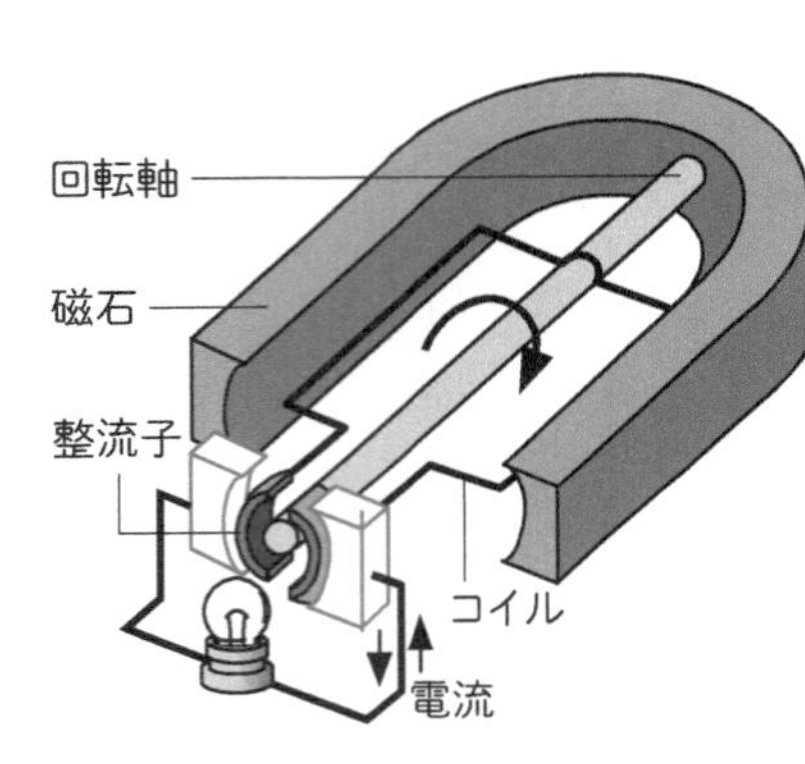

図2−14　発電の原理

電気はもとより、モーターのない生活というのも、いまやまったく考えられない。動力として使われるモーター以外はあまり目に触れることはないが、パソコンやスマホに代表される各種のＩＴ機器を含むさまざまな機器の中で、無数の小型モーターが使われている。現代の「文明生活」を支える発電やモーターの重要性を考えると、ファラデーの電磁誘導作用の発見は、まさに〝世紀の大発見〟だった。

ファラデーは、このほかにも超ノーベル賞級の仕事をいくつも遺しているが、残念ながら、彼の時代にノーベル賞は存在しなかった。このことは、ファラデーの仕事がいかに先駆的であったかを示すものでもある。

ところで、調理加熱器で従来の電気コンロやガスコンロに替わり、近年、急速に一般家庭に普及しつつあるのが「ＩＨ」と通称される加熱器である。「ＩＨ」は〝Induction Heating（誘導加熱）〟の略である。誘導加熱とは、電磁誘導の原理を使って加熱するもので、導体である金属に電磁誘導によって電気を流し、その電流（渦電流とよばれる）によって生じた電気抵抗によって熱を発生させる（図2－15）。

ＩＨ調理器は、従来の電気コンロ（ヒーターによる加熱）やガスコンロ（ガスの火によって加熱）と比べ、安全性や熱（温度）の制御性などの点で多くの利点がある。私自身、ＩＨ調理器を使い始めて久しいが、いったんＩＨを使い始めたら、決して電気コンロやガスコンロには戻れないという実感を持っている。

じつは、ＩＨ（誘導加熱）自体は決して新しい技術ではない。もう50年近く前、私が現役の研究者として「引き上げ法」とよばれる方法で人工結晶をつくっていた頃に使っていた電気炉が、誘導加熱炉だった。私が驚くのは、研究所で使っていた、あのように大きな電気炉の原理が、一般家庭で使われる電気製品に応用されていることである。

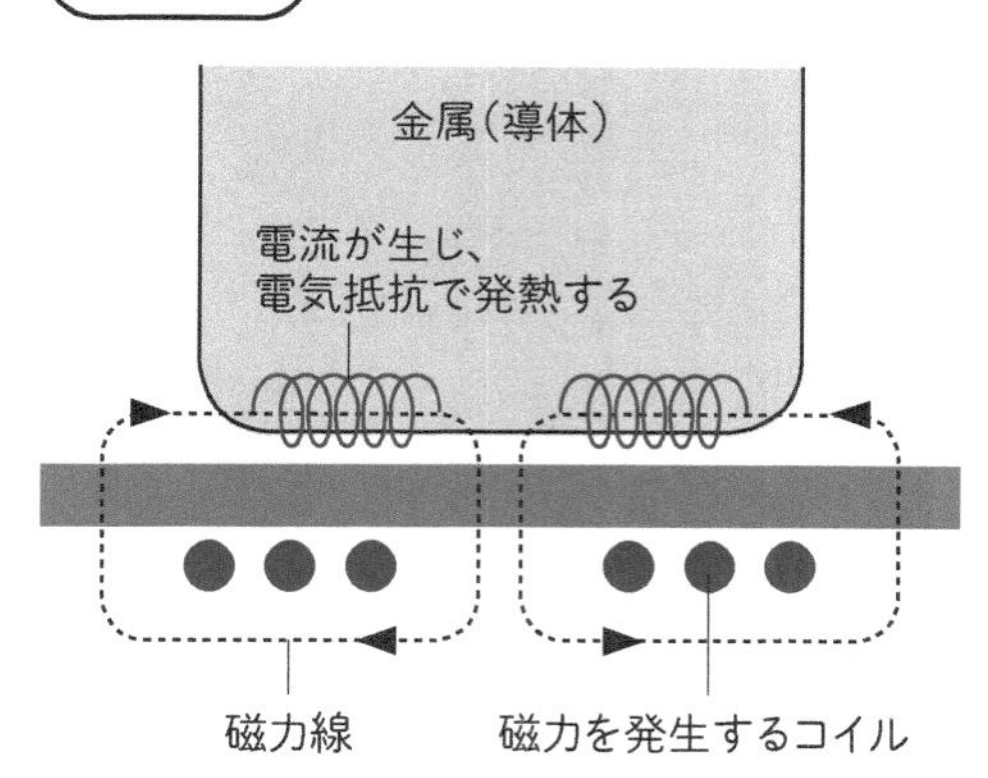

図2−15　誘導加熱の原理（西田宗千佳『すごい家電』講談社ブルーバックス、2015より）

2-4 電気とIT

現代文明の原動力

人類の叡智の産物である科学は幾多の技術を生み、人類に、とりわけ現代文明人に、物質的繁栄、「便利さ」と「豊かさ」に満ちた「現代文明生活」をもたらしてくれた。この「現代文明」の基盤は、エレクトロニクス、さらには〝マイクロチップ〟であるといっても、決して過言ではない。エレクトロニクスの威力は多種多様な機器、すなわち、総じて〝ハードウエア〟ばかりでなく、それらを制御し、使いこなす〝ソフトウエア〟の分野まであまねく浸透している。

世の中が「情報化社会」といわれ、現代が「エレクトロニクス時代」とよばれるようになってすでに久しく、私たちの日常生活の隅々にまでさまざまなエレクトロニクス機器が入り込み、私たちの、少なくとも「社会的生活」はIT（Information-communication Technology：情報〝通信〟技術）抜きには成り立たなくなっている。

特に、現代人のパソコンやスマホ、インターネット（「現代の三種の神器」？）への依存度は年々急激に大きくなり、よほど開き直って「非文明生活」を心がけないかぎり、これら「現代の三種の神器」なしの「現代生活」は考えられない。ITは間違いなく、現代生活上の「便利さ」

を急速に高めた。最近は、「AI（Artificial Intelligence）：人工知能」という言葉も、そして〝現物〟も日常的なものになっている。AIは究極のITである。

これら最先端技術の、文字通りの〝原動力〟は電気であり、私たちの周囲にある多種多様な電気製品は電気というエネルギーがあってこそのものである。電気というエネルギーなくして、現代文明はあり得なかったし、私たちが現在、享受している便利な生活はあり得ない。

アナログとデジタル――2進法の威力

ある量やデータを連続的曲線のように扱うのが「アナログ」であり、飛び飛びの数値として扱うのが「デジタル」である。デジタルは、語源の〝デジット（0から9までの数字）〟から出た言葉で、一つ一つ数えられる概念、数字化の概念である。一方の〝アナログ〟は、〝類似〟とか〝相似〟といった意味で、変化を連続的にとらえる概念である。

デジタル時計とアナログ時計を考えるとわかりやすい。時刻が数字で表示されるのがデジタル時計で、連続的に動く針が文字盤の時間を指すのがアナログ時計である（〝アナログ時計〟とはいえ、そのほとんどは現在、デジタル的に動かされているが）。

私たちが実感する自然界や社会の現象、色や音や像や時間などはすべてアナログ的（連続的）だが、これらをデジタル化してしまえば、情報処理がきわめて容易になる。ITは、文字や映像に限らず、色でも音でもその他なんでも、あらゆる情報をON／OFFあるいは0／1でデジタル化して処理する。換言すれば、どのような情報もデジタル化しないとIT化できない。

確かに、情報や現象を「白か黒か」という二つの両極端の性質の組み合わせに変換してしまえば処理は楽になり、誤認の確率も小さくなる。たとえば、印刷が不鮮明なため、あるいは文字が小さいために3なのか8なのか、5なのか6なのか判別しがたいような場合があるが、これらが「白」と「黒」の組み合わせで処理されれば、まぎらわしい両者の違いは一目瞭然になる。

音楽の世界では、アナログのレコードがデジタルのコンパクト・ディスク（CD）を経てデジタル配信へとすっかり駆逐されてしまったが、映画やテレビのデジタル化も急速に進み、アナログ方式のフィルムを使う従来のカメラや映画に替わるデジタル・カメラ（デジカメ）やデジタル映像が一般的になった。映像がデジタル化されると、情報処理・転送の容易化に加え、撮影結果がすぐに確認できる、いつまでもキズのない鮮明な画像を保てる、画面の合成が簡単である、といった利点が生まれる。

デジタル化の根底にあるのが「2進法」である。

私たちはふだん、数を数えていくとき、10で桁上げをする10進法を使っている。10進法は古代から諸民族で用いられているが、起源は明らかに、私たちの手と足の指の数がそれぞれ10本であることに深く関わっている。日常生活で私たちが意識することはまったくないが、これなくして、現代の私たちの生活は成り立たないというのが2進法である。

2進法で使われる数字は、0と1の二つだけだ。したがって、2進法では2以上になると桁上げされ、たとえば10進法の2は10、3は11、4は100、10は1010という具合になる。私たちは2進法に慣れていないので、10進法の数と2進法の数との対応が直感的にはわからない。しかし、2進法の表記が少々長たらしくなるだけで、なにしろ数字は0と1の二つだけなのだから、表記法自体はきわめて単純である。

「デジタル化」するとはどういうことか

いま、私は「2進法なくして現代の私たちの生活は成り立たない」と書いたが、それは、現代生活に不可欠になっているコンピュータをはじめとするあらゆるIT、エレクトロニクス機器の動作が、この2進法に基づいているからである。たとえば、手元に電卓があれば、その表示（ディスプレイ）を見ていただきたい。図2-16に示すように、両端が尖った長細い形の7個のユニットの〝ON〟と〝OFF〟の組み合わせで、0から9までのすべての数字を表示できるようになっている。この〝ON〟と〝OFF〟に対応させるのが、2進法の0と1（逆でもよい）なのである。

いま記した数字の表示はきわめて単純だが、どれだけ複雑で膨大な量の〝情報〟でも、原理的

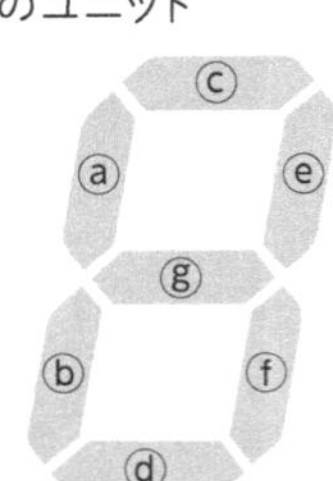

電卓のディスプレイのユニット

ユニット（○：ON ●：OFF） ⓐ	ⓑ	ⓒ	ⓓ	ⓔ	ⓕ	ⓖ	表示数字
●	●	●	●	○	○	●	1
●	○	○	○	○	●	○	2
●	●	○	○	○	○	○	3
○	●	●	●	○	○	○	4
○	●	○	○	●	○	○	5
○	○	○	○	●	○	○	6
●	●	○	●	○	○	●	7
○	○	○	○	○	○	○	8
○	●	○	○	○	○	○	9
○	○	○	○	○	○	●	0

図2−16
電卓のディスプレイ

に、この〝ON〟と〝OFF〟の組み合わせ、つまり2進法の0と1の組み合わせで表現できる。そして、いかなる数字も〝ON〟と〝OFF〟の組み合わせ、つまり2進法で表現され、計算も行える。

0か1かONかOFFか、あるいは白か黒かというように、両極端の性質を持つ二つのものから〝情報〟が組み立てられるからといって、2進法では両端の性質しか表せないかといえば、決してそうではない。白か黒か、つまりONかOFFかの無数の組み合わせで、いくらでも〝中間色〟を出すことができる。

たとえば、雑誌や新聞に掲載されるモノクロ写真（240ページ図4－32参照）を見ていただきたい。モノクロ写真は灰色のインクを使うことなく、黒点の密度を変えることによって、白と黒ばかりでなく、白から黒までのすべての中間色（灰色）で形成されていることがわかるだろう。まったく同じことがカラー印刷やカラー映像についてもいえる。

61ページで述べたカラーテレビの画面やさまざまな機器のカラー・ディスプレイ上には無数の

色が映るが、これら〝無数の色〟は赤、緑、青の〝光の三原色〟と黒（光がない状態）のみでつくられている。テレビの画面を虫メガネで見ればわかるように、無数の色の映像は、これら三色の小さな画素の集合によってつくられている。したがって、画素の大きさが小さければ小さいほど、高画質の映像になる。デジカメの原理もまったく同じである。

前置きが長くなってしまったが、きわめて簡潔にいえば、情報のデジタル化の基盤である〝ON〟と〝OFF〟をつくるのが電子なのである。具体的には、電子の存在する場合を〝ON〟とし、電子の存在しない場合を〝OFF〟とする（もちろん、逆でもかまわない）。

極論をいえば、現代文明を支えるのは電子である。

液晶ディスプレイ

情報を表示する電気・電子装置が「ディスプレイ」である。懐かしい幻灯機（スライド）も、一種のディスプレイである。

若い人は見たことがないと思うが、一昔前、「娯楽の王様」であったテレビはブラウン管というディスプレイ装置を使った箱型であった。いまや、テレビは例外なく薄型の〝フラット・パネル・ディスプレイ（FPD）〟を使うものになっている。

現在、さまざまなFPDが実用化されているが、ここでは、消費電力も少ないことから、テレ

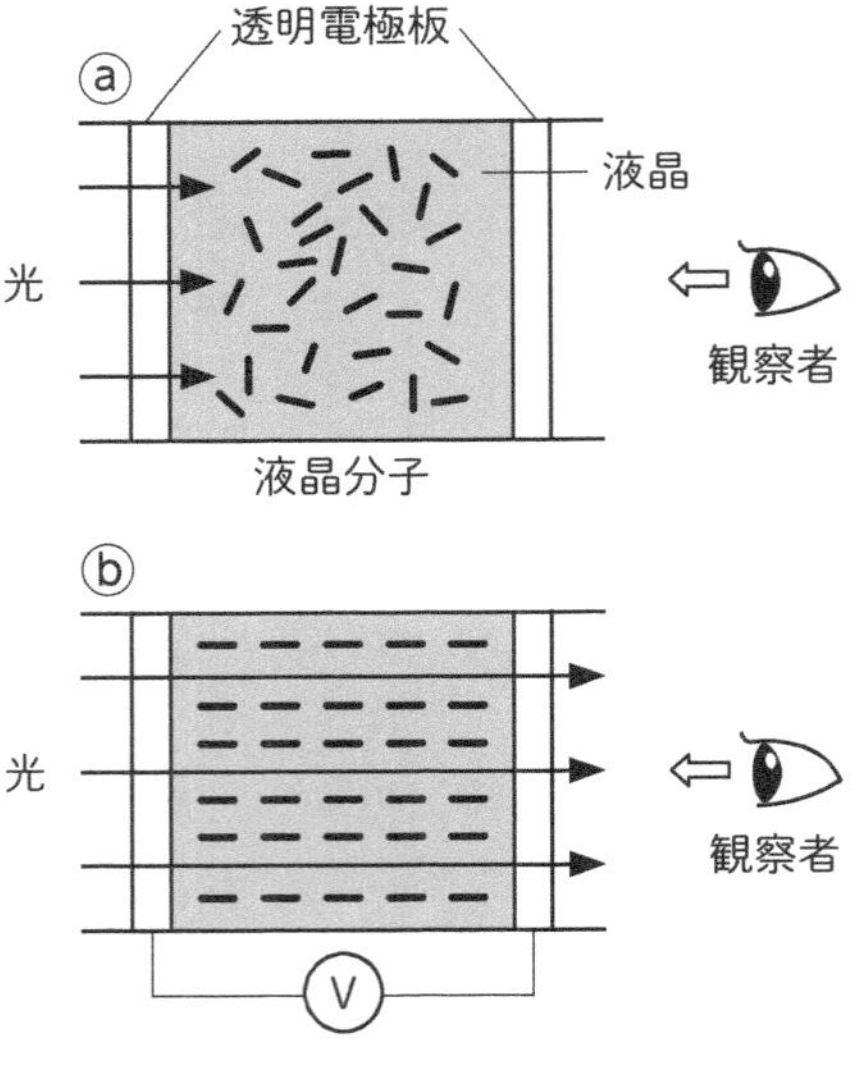

図2-17　液晶ディスプレイの原理

ビをはじめパソコンやスマホ、電子辞書などに多用されている液晶ディスプレイについて、その基本的操作原理を説明する。なお、〝液晶〟そのものについては4-2節を参照していただきたい。

　棒状あるいは円盤状の分子からなる高分子物質の中には、ある条件下で、液体のような流動性を持つと同時に、構成分子があたかも固体の結晶のように規則的に並ぶものがある。このような液体を〝結晶のような構造的秩序をもつ液体〟という意味で〝液晶〟とよぶ。このような液晶の性質を利用した表示装置が「液晶ディスプレイ」である（図2-17）。

　平行に置かれた2枚の透明電極板のあいだに液晶（液体）を満たす。ⓐのように、液晶の棒状成分がバラバラの状態になっている場合は、入射する光は液晶内で散乱されて観察者の目に届かない。ところが、ⓑのように両電極間に電圧（V）をかけることによって棒状成分が〝整列〟すると、入射光の大部分が透過して観察者の目に届くことになる。つまり、ⓐとⓑを組み合わせることによって〝ディスプレイ（表示）〟ができるわけである。

ただし、これはモノクロ・ディスプレイの話であり、カラー・ディスプレイの場合は三原色を重ねなければならず、そのためには複雑な多層構造が必要になる。高度の技術が求められるのは確かだが、原理的には、〝ある条件下で構成分子があたかも固体の結晶のように規則的に並ぶ〟という液晶の性質を利用することに変わりはない。ここでも、活躍するのは電気による制御である。

センサー――「人間の五感の代替物」ではない！

人間は、五感（視覚・聴覚・嗅覚・味覚・触覚）を通してものを知覚（センス）し、情報を収集するが、情報収集の70％以上は視覚を通して行われるというデータがあるくらい、特に重要なのが視覚である。しかし、30ページで述べた、物が〝見える〟メカニズムを考えれば、私たち人間に〝見える〟世界は限られており、それは全自然界におけるほんの一部にすぎない。私たちの知覚に限界があることは、聴覚、嗅覚、味覚、触覚でも同じである。それぞれに知覚の限界がある。

ところが、幾多の科学と技術によって、五感の限界を拡げてきたのが人間である。たとえば、顕微鏡や望遠鏡で視力の限界を、マイクロフォンやスピーカーで聴力の限界を拡げた。しかし、これらはあくまでも人間の身体の機能の延長線上にある〝道具〟だった。

これから述べるセンサーは、〝センス（知覚）するもの〟であり、人間の五感に相当する機能を有する素子・装置の総称である。それらは、人間に代わって人間の五感の役割を果たすが、単なる代替物ではない。人間にとって知覚が物理的に不可能なものをも知覚できるのである。また、人間がとても入り込めそうもない場所や、人間が生理的に存在できないような場所でも〝センス〟してくれる。

さらに、センスしたものを電気信号に変換して〝情報化〟することによって（ここで不可欠なのが、前述の〝デジタル化〟である）、それを量的、質的に変換させることが可能になる。量的変換はいわば増幅だが、質的変換とは、たとえばセンスした内容を他の装置の作動に結びつけることである。人間が近づくと自動的に開く自動ドアなどが、最も身近な具体例であろう。これらの点において、センサーは従来の人間の身体の延長線上にある道具、あるいは人間の能力を補完する機械とは根本的に異なる、人間に代わる装置なのである。

私たちはふだんほとんど気づかないが、多種多様な機能を持つセンサーが、日常生活のあらゆる場所で使われている。身近なところでは、たとえば、図2－18に示すようなセンサーが、自動車や電気製品やカメラなどに使われている。

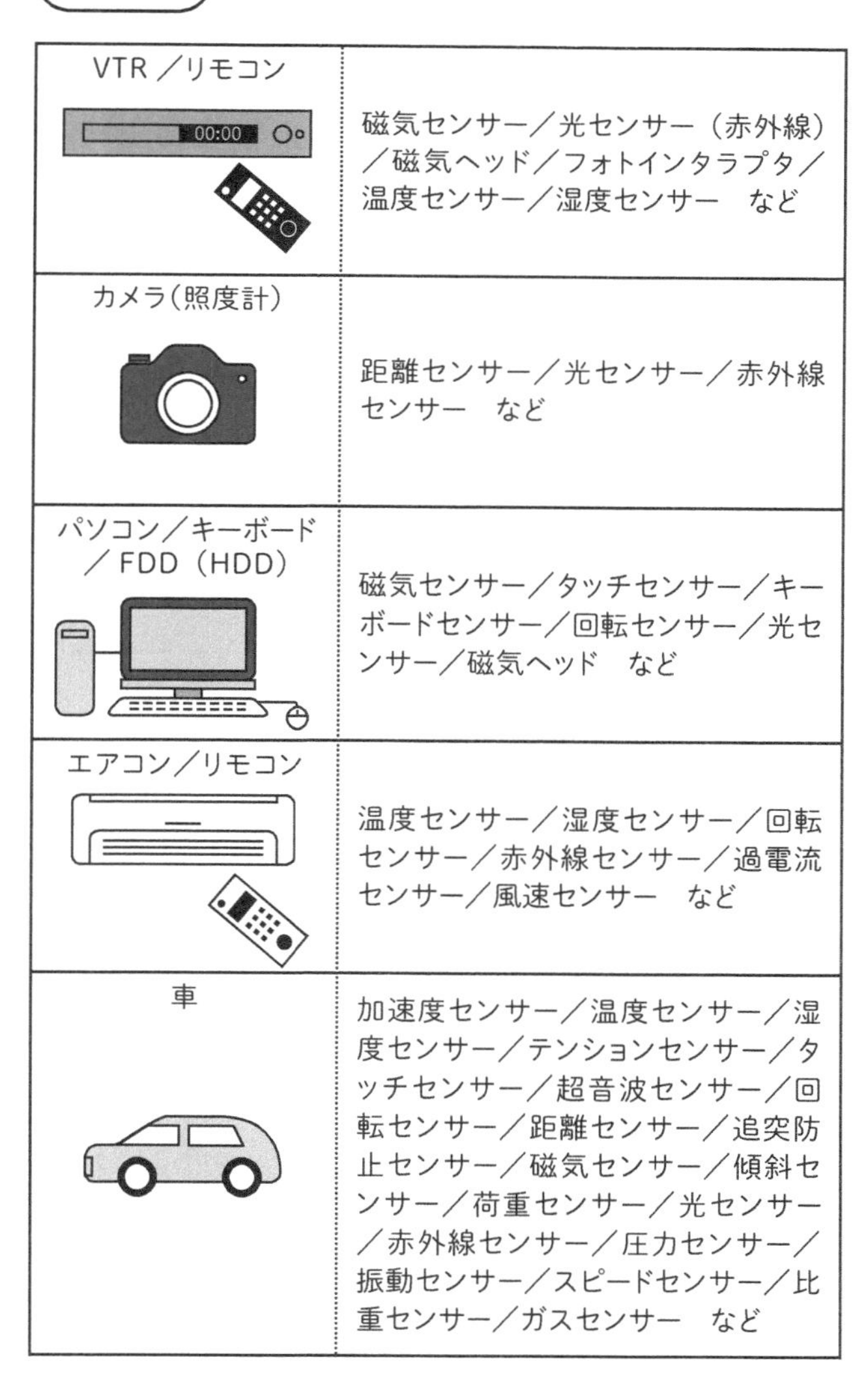

機器	センサー
VTR ／リモコン	磁気センサー／光センサー（赤外線）／磁気ヘッド／フォトインタラプタ／温度センサー／湿度センサー　など
カメラ(照度計)	距離センサー／光センサー／赤外線センサー　など
パソコン／キーボード／ FDD（HDD）	磁気センサー／タッチセンサー／キーボードセンサー／回転センサー／光センサー／磁気ヘッド　など
エアコン／リモコン	温度センサー／湿度センサー／回転センサー／赤外線センサー／過電流センサー／風速センサー　など
車	加速度センサー／温度センサー／湿度センサー／テンションセンサー／タッチセンサー／超音波センサー／回転センサー／距離センサー／追突防止センサー／磁気センサー／傾斜センサー／荷重センサー／光センサー／赤外線センサー／圧力センサー／振動センサー／スピードセンサー／比重センサー／ガスセンサー　など

図2−18　身近なセンサー

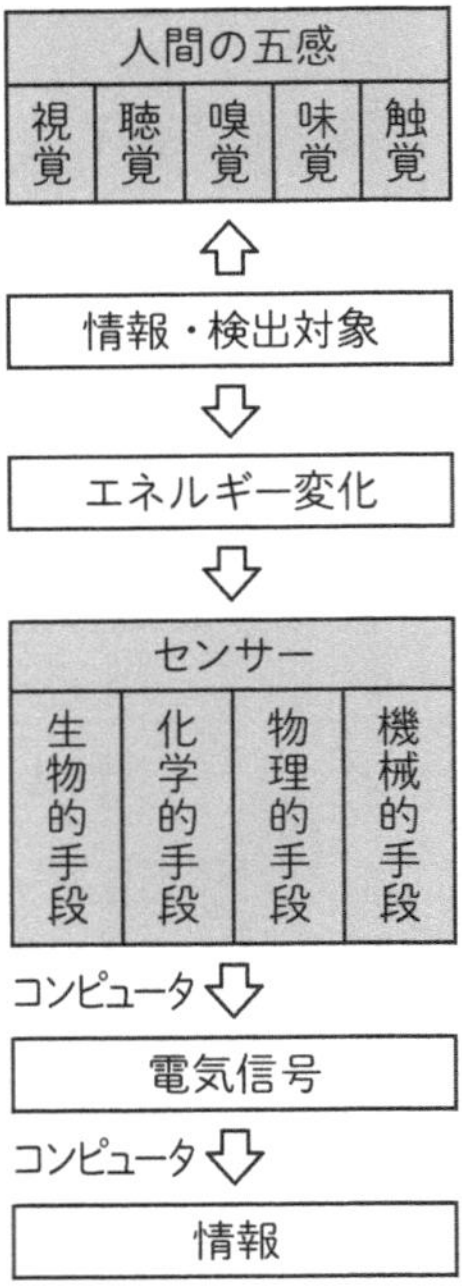

人間の五感とセンサーとの比較を図2－19にまとめる。センサーはあらゆる情報、検出対象をエネルギー変化としてとらえ、それを機械的、物理的、化学的、生物的手段で電気信号に変換して〝情報化〟する。

人間の五感				
視覚	聴覚	嗅覚	味覚	触覚

⇧

情報・検出対象

⇩

エネルギー変化

⇩

センサー			
生物的手段	化学的手段	物理的手段	機械的手段

コンピュータ ⇩

電気信号

コンピュータ ⇩

情報

図2－19　人間の五感とセンサー

センサーは人間にとって知覚が物理的に不可能なものをも知覚できると述べたが、そのようなセンサーの代表であり、また身近な場所で活躍しているのが赤外線センサーである。人間の可視光よりも波長が長い〝不可視光〟の一種が赤外線である（73ページ図2－4参照）。

赤外線は人間の目には見えなくても、光（電磁波）の一種だから、77ページ式2・2が適用でき、赤外線を感知できる。具体的には、その領域のエネルギーを電流に変換できる特性を持った半導体を用いてセンサーをつくればよいのである。また、赤外線は別名〝熱線〟とよばれるように、人間の目には見えない代わりに、熱の効果を現す。熱からも「熱起電力効果」あるいは「焦電効果」とよばれる現象によって電流が生じるので、この現象を利用してもセンサーとなる。

これらを総称して赤外線センサーとよぶが、一般に、〈光→電流〉を利用する量子型（〝量子〟の意味については4－5節参照）、〈熱→電流〉を利用する熱型に分けられている。

前者が活躍している最も身近な例は〝リモコン〟である。いまや、リモコンを使う電気製品はテレビやDVDプレイヤー、エアコンや自動車など、数え上げたらキリがない。リモコンは、発信装置と受信装置から成り立っているが、受信装置に使われるのが量子型赤外線センサーである。また、赤外線を発する発信装置に使われているのが前述のLEDである。

ところで、私自身、最近気づいたことであるが、デジタル・カメラ（デジカメ）は人間の目に見えない赤外線を感じる（写す）ことができる。リモコンのスイッチをデジカメに向けて押して試してみるとよい。デジカメが赤外線を感知するということは、人間が自分の目で見る景色（一般的な物）とデジカメが写す像は同じではないということである（その違いが、人間の目でわかるかどうかは別にして）。

リモコンには赤外線のほかに、電波（図2－4参照）や超音波を利用したものなどが考えられるが、電波には「電波法」という規制があり、個人が勝手に発信するわけにはいかないうえに、その伝播距離が長いため、家庭内の電気製品には不向きである。また、超音波は反射による誤動作が多く、さまざまな指示を送る電気製品に必要な機能を果たせない。

後者の熱型赤外線センサーは、デパートやオフィスビルのさまざまな場所に使われている。たとえば、自動ドアや来客を知らせるチャイム、使用後に自動的に洗浄するトイレ、手を出すと自動的に水が出る自動蛇口、自動点灯装置などなど、これも数え上げたらキリがない。これらはすべて、人体が発する熱線（赤外線）を感知する〝熱センサー〟を備えている。

以上に述べた光センサーや熱センサーは、図2－18に示した多様なセンサーのほんの一部である。しかし、すべてのセンサーに共通する原理は、図2－19に示したように、さまざまな情報を、さまざまな手段によって電気信号に変換することなのである。

●参考図書――さらに深く知りたい人のために

1　後藤尚久著『電磁波とはなにか』（講談社ブルーバックス、1984）
2　福島肇著『電磁気学のABC』（講談社ブルーバックス、1988）
3　小林久理真著『したしむ電磁気』（朝倉書店、1998）
4　志村史夫著『したしむ電子物性』（朝倉書店、2002）
5　志村史夫著『文科系のための科学・技術入門』（ちくま新書、2003）
6　西田宗千佳著『すごい家電』（講談社ブルーバックス、2015）

第3章 physics

力とエネルギー

——万物は「運動」する

　私たちの周囲には、動いている物体が少なくない。いま、この原稿を書いている私の部屋の窓から外を眺めれば、自動車、自転車、歩行者、木々の葉、白い雲が動いている。目の前の時計の針も動いている。胸に手を当ててみれば、心臓が鼓動している。目には見えないが、室内の空気も動いている（エアコンから出てくる空気が私に当たっている）。

　いま私は「動いている物体が少なくない」と書いたが、物理的な事実としては、じつは動いていないものは何一つないのである。話は地球上にとどまらない。広大な宇宙に目を拡げても、動いていないものは何一つないのだ。

　じっとしているように見える机上のパソコンも電話機も筆立ても、部屋の中の本棚も、私がいまいる建物自体も、じつは非常に激しく動いているのである！　もちろん、いま、静かに椅子に腰をおろしている読者のみなさんも私もだ。

では、どのくらい激しくか？　なんと秒速約30㎞の速さで動いているのだ！

えっ、秒速30㎞だって？

その通り。びっくりするかもしれないが、決して嘘ではない。椅子に座っているあなた自身もいま、秒速30㎞という想像を絶するような速さ（ジャンボジェット機でさえ時速８５０㎞＝秒速０・２４㎞程度）で動いているのだ。

タネを明かせば話は簡単である。私たちの住むこの地球が、秒速30㎞で太陽の周囲を公転し続けているからである（18ページ表１－１参照）。さらにいえば、地球は自転しているから、最大（赤道上）秒速４６０ｍの運動が加わっている。

私たちの目に〝動いている〟と見える物体の動きはさまざまだが、〝止まっている〟ように見える物体もまた、絶対的には激しく動いているのである。物理的には、「運動」は「物体が時間の経過にともなって、その空間的位置を変えること」と定義されるが、その「運動」の仕方は運動する物体ごとに異なり、一見、きわめて複雑である。しかし、ガリレイやニュートンらの科学者が整理してくれた「物理学」のおかげで、それらをきわめて簡単な、一般的な形で理解することが可能である。「物理学」はありがたい。

地球上はもとより、広大な宇宙にも、動いていない、つまり運動していない物体は何一つ存在しない。とすれば、物体の「運動」は日常的なものである。本章では、その日常的な「運動」の

「物理」を、日常的な例を通して考えてみよう。「力学」などといわれると、とたんに難しそうに感じてしまうが、決してわかりにくいものではないので、どうか安心されたし。

3-1 隣を走る車はなぜ止まって見える？

速さと速度の違い、知っていますか？

「運動」は、「時間の経過」と「空間的な位置」に密接に関係するものなので、「運動」を考えるには、自分が乗り物に乗っている場合のことを思い浮かべるのが好都合である。

いま、車Aが直線道路を速さvで真東に向かっているとする（図3-1）。ある交差点Xを通過してから、時間t後に、距離dの地点Pに達したとすれば、

$v=d/t$　（式3・1）

$d=v\cdot t$　（式3・2）

$t=d/v$　（式3・3）

の関係がある。

このような関係は、あえて書き記すまでもなく、ドライブの際や乗り物で移動しているときな

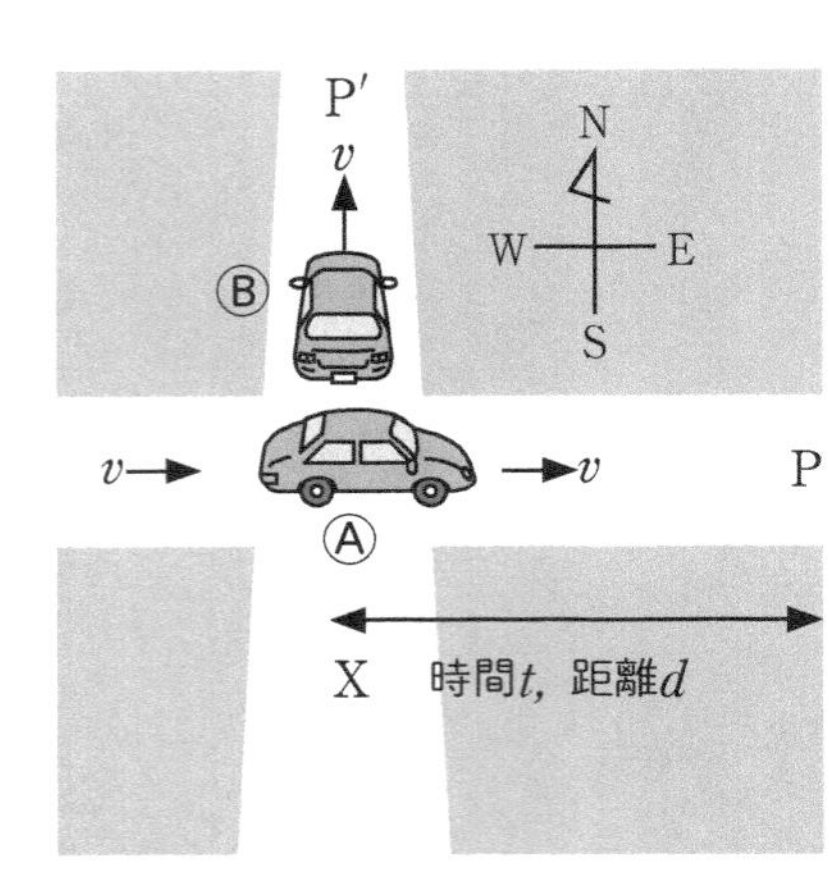

図3−1　自動車の直線運動

どに、程度の差こそあれ、誰でも意識していることであろう。

式3・1〜3・3は「一般式」であり、さまざまな「単位」が適宜用いられる。先ほど、地球は秒速30㎞で公転していると述べたが、この秒速を時速に直せば10万8000㎞／hである。驚くべき速さではないか。さらに、秒速30万㎞という光速を時速に直せば、10億8000万㎞／h（時速約11億㎞）である！

日常的な乗り物では、tは「時間（h）」、dは「㎞」、したがってvは「㎞／時（㎞／h）」である。しかし、実際に走行しているときは、速さvは一定にはならない。一般道路では信号で止まることもあるし（つまり、$v=0$）、その前後の速さはv→0、0→vと変化する。また、走行中も、前の車との車間距離が詰まってブレーキを踏まなければならないこともあり、vは一定というわけにはいかない。

したがって、式3・1〜3・3の中の速さvは、ある走行時間、ある走行距離における平均の速さということになる。

図3-1を、もう一度見ていただきたい。車Aと同じ速さvで、真北に向かって等速〝走行〟をしている車Bがある。車Aと車Bは同じ速さで走行しているのだから、交差点Xを通過してから時間t後には、車Aの場合と同様、距離dの地点P′に達するだろう。

ところが、地点P′と地点Pとは互いに異なる。なぜだろうか？　車Aと車Bでは、速さも走行時間も同じだが、走行の「方向」が異なるからである。

実際には起こりにくいことかもしれないが、ある人がある人に「交差点Xから速さvで時間tだけ運転してきてください。そこがP点ですが、私はそこで待っています」といって待ち合わせをしたとする。しかし、待ち人は時間tをはるかに過ぎてもこない。なぜなら、待ち人は、P′点にいっていたからだ！　走行の向き、方向を指定しなかったために生じた問題である。

速さvは、式3・1で示されたように、

速さ＝距離／時間　（式3・4）

で表される量であるが、この速さに向きを加えたものを「速度」という。日常生活においては、速さと速度が厳密に区別されることはないし、厳密に区別されなくても支障はないのだが、物理学においてははっきりと区別する必要がある。

速度には方向の要素が含まれるので、ベクトル（大きさと方向を持つ量）で表すのが便利なことが多い。たとえば、交差点Xから速さvで真東に向かう車の速度をvとすれば、同じ速さで真西に向かう車の速度は$-v$（マイナスv）になる。同様に、真北に向かう車の速度をvとすれば、真南に向かう車の速度は$-v$である。

速さと速度は同じ意味ではないから、〝等速運動〟と〝等速度運動〟の意味が異なることに注意していただきたい。

車の運転席の前のダッシュボードにはスピードメーターがついており、しばしば〝速度計〟とよばれる。しかし、この計器を〝速度計〟とよぶのは物理的には正しくない。〝時速60km〟で真東に向かっているときも真北に向かっているときも、その計器が表示するのは〝60km／h〟である。これは、速度ではなく速さを表示している。

「相対的な速さ」を考えてみる

列車が何列も平行に並ぶような大きな駅の鉄道ホームがある。そこに停まった列車の中の座席から外を見ると、自分が乗った列車が動き出したのか、対面（トイメン）の列車が動き出したのか、まったく判別がつかないことがある。そのような経験をお持ちの方は少なくないのではないだろうか。また、東京や名古屋、大阪のように、何本もの電車が並行して走るようなところでは、互いにかなりの速さで走っているにもかかわらず、ほとんど動いていないように感じることがある。もちろん、車両外の人がこれら2線の車両を見れば、かなりの速さで走っている。

逆に、反対向きに走行する2線の車両がすれ違う場合は、ものすごい勢いで、一瞬のうちに走り去っていく。特に、新幹線などの高速列車に乗っているときに実感する現象である。

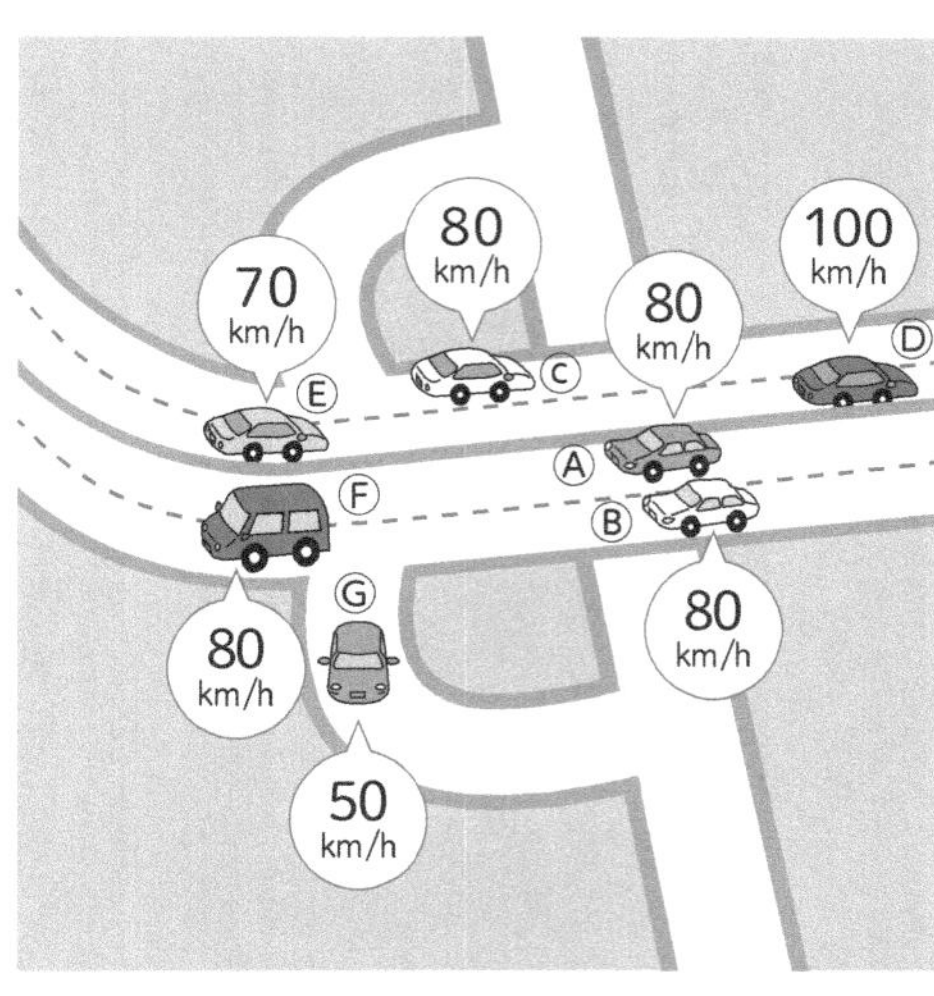

図3−2　高速道路を走行する自動車

また、車内から窓外の景色を眺めるとき、線路脇の電柱の〝飛び去り方〟で、自分が乗っている列車の速さを実感するものである。私は以前、音速の2倍以上の速さで飛ぶSST・コンコルドに乗ったとき、その〝超音速〟の速さを実感できなかったが、それは、空中には反対方向に飛び去る電柱がないからだ。

ここで、高速道路を走行する車を模式的に描く図3−2を使って、「相対的な速さ」というものについて考えてみよう。車A、Bは時速80㎞で同方向に等速直線走行している。車Aの運転席から車Bを見れば、車Bは止まっているように見える。両方の車のスピードメーターは、ともに80㎞/hを示している（そして、実際にその速さで走行している）ものの、車A、Bの互いの相対的速さは80㎞/h－80㎞/h＝0㎞/hだからである。

一方、反対車線を走行する車Cの速度は、車Aの速度を＋80㎞/hとすれば－80㎞/hで、それらの相対的な速さは80㎞/h－（－80㎞/h）＝160㎞/hとなり、互いに時速160㎞の猛スピードですれ違うことになる。もちろん、車外の人間から見れば、車A、BとCは、方向は逆であるものの、いずれも時速80㎞の速さで走行している。

先に述べたように、地球はいまのいまも、時速約11万㎞の超猛スピードで動いているのだが、私たちがそのような超猛スピードをまったく感じない（自覚しない）のは、私たちの周囲の地面を含むすべての物体が同じ速さで動いているからである。つまり、図3-2に描かれる車Aから車Bだけを見ているようなものである。

加速／減速と加速度

信号で停止した後、ドライバーはアクセルを踏んで速さを増していく。このように速さを増す（加える）ことを加速するという。図3-2の車Dは時速80㎞で走っていたが、時速100㎞まで加速し、さっそうと車Cを追い抜いていったところである。

一方、信号で止まるときは減速する。速さが減らされるのである。図3－2の車Eは、カーブで時速を80㎞から70㎞まで減速したところである。

〝加速〟と〝減速〟は日常的に経験していることであり、文字通り〝加速〟は〝速さが加わること〟、〝減速〟は〝速さが減ること〟である。ここで、〝速さ〟が変化することも含めて、〝速度の時間的変化〟を「加速度」とし、

加速度＝速度変化／時間　（式3・5）

で定義することにする。前述のように、速度には〝速さ〟と〝方向〟が含まれるから、〝速度変化〟は、
①速さの変化
②方向の変化
③速さと方向の変化
のいずれかを意味することになる。〝日常用語〟と少々異なるのは、物理学では加速度という言葉が速度（速さ）の増加（文字通りの〝加速〟）の場合のみならず、減少（〝減速〟）の場合にも使われることである。ブレーキを踏んで減速するような場合には、「負の加速度が生じている」

などという。〝負の加速度〟を日常用語でいえば〝減速度〟である。そして、加速度の単位は、式3・5に従えば〔距離／時間〕／〔時間〕から〔距離／時間の2乗〕、たとえば〔km／h^2〕となることがわかるだろう。

いま述べたのは、①の〝速さの変化〟の場合のことである。図3－2の車Fは速さを変えずに方向を変えているので②の場合、車Gは速さも方向も変えているので③の場合である。

一般的な運動を生じさせるのも、そして加速度を生じさせるのも〝力〟である。次に、その力について述べよう。

3-2 潮の満ち干はなぜ起こる？

重さと質量の違い、わかりますか？

私たちは、日常的な経験から〝運動の大きさ〟が運動する物体の〝重さ〟と関係することを知っている。つまり、一般的に、重い物体の運動はゆっくりである一方、軽い物体の運動はすばやい。これから〝運動〟について、さらに物理的理解を深めるために、ここで〝重さ〟とは何かについてきちんと考えておこう。

私たちにとって最も身近な〝重さ〟は体重ではないだろうか。体重などの重さには〔kg〕のような単位が使われる。しかし、物理的に正確にいえば、[kg]は〝重さ〟ではなく〝質量〟の単位なのである。日常生活において〝質量〟という言葉を使う場面はほとんどないが、じつは〝重さ〟と〝質量〟は〝似たようなもの〟ではあるものの、厳密には異なり、以下の理由で、物理学で使われるのは質量のほうである。

質量は、物質の量である。それは、物体あるいは物質が持っている、場所によって変わることがない固有の量の一つであり、簡単にいえば〝動きにくさ〟を表す量である。一般に〝mass(質量)〟の頭文字をとってmという記号で表される。

それに対し、重さ(一般に〝weight〟の頭文字をとってwという記号で表される)は物体や物質にはたらく重力の大きさで、質量に重力加速度gをかけた量(重量)である。

$$w=m\cdot g \quad (式3・6)$$

ちなみに、〝g〟は〝gravity(重力)〟の頭文字である。

私たちは日常的に、「私の体重は60kgだ」などのようにいうが、これは物理的には正しくない。物理的には、「60kg重(じゅう)」と〝重〟をつけなければならない。この〝重〟は、$w=m\cdot g$の〝g〟のことである。

重力加速度gについては後述するが、この値は場所によって変化するので、重さも場所によって変化することになる。たとえば、月面の重力加速度は地球表面の重力加速度の6分の1なので、体重60kg（重）の人が月面で体重を測れば10kg（重）となる。

運動を生む力

一般社会的な〝力〟は、国語辞典によれば「人や物や社会を、直接作用して動かしたり変化させたりする根源的なもの」（『新明解国語辞典』）と説明され、能力、学力、精神力、知力、体力、権力、経済力、金力、あるいは魅力、念力などの〝力〟がある。世の中には、じつにさまざまな〝力〟があるものだ。

このように、一般社会的な力は多岐にわたり、それらの相互作用（ちょっと考えただけでも、金力―権力―魅力などの相互作用が頭に浮かぶ）も複雑だが、幸いにも、物理学が扱う力はかなり単純明快である（その根源が何であるか、というような難しい問いは別にして）。

前項で述べた自動車の加速（減速）や速度変化を思い浮かべながら読んでいただきたいのだが、たとえば図3-3に示すように、ⓐ静止している物体を動かしたり、ⓑ動いている物体を静止させたり、ⓒ動いている物体の方向を変えたり、ⓓ物体を持ち上げたりするとき、「力を加える」あるいは「力をはたらかせる」という。また、物体が高所から落下するのは、重力あるいは万有引力という力がはたらくからであり、鉄製の釘が磁石に引きつけられるのは磁力という力が作用するからである、と説明される。

このように、物理学が扱う力とは「物体の運動の状態（速さと方向、つまり速度）を変化させるモノ」である。物体の運動状態（速度）の変化を数値で表そうとするのが加速度なのだ。いい方を換えれば、加速度は力によって生まれる。物体に力が加えられなければ加速度は決して生まれない、すなわち、速度が変化しない（速さも方向も変化しない）。静止した物体は静止し続け

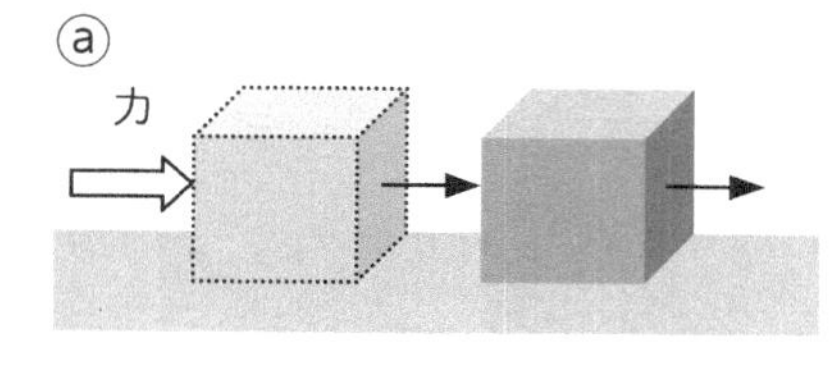

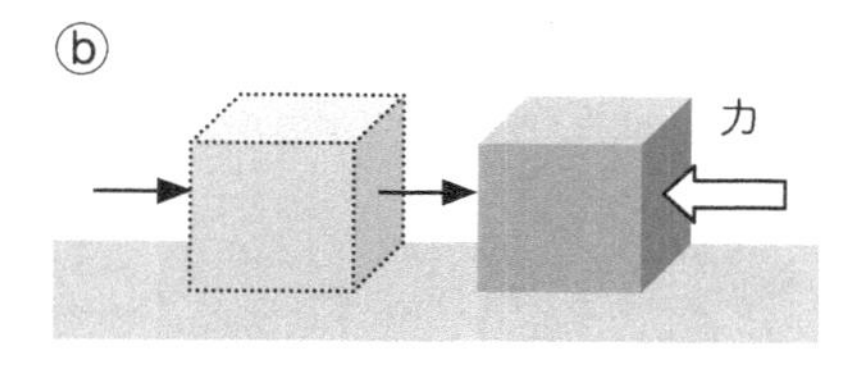

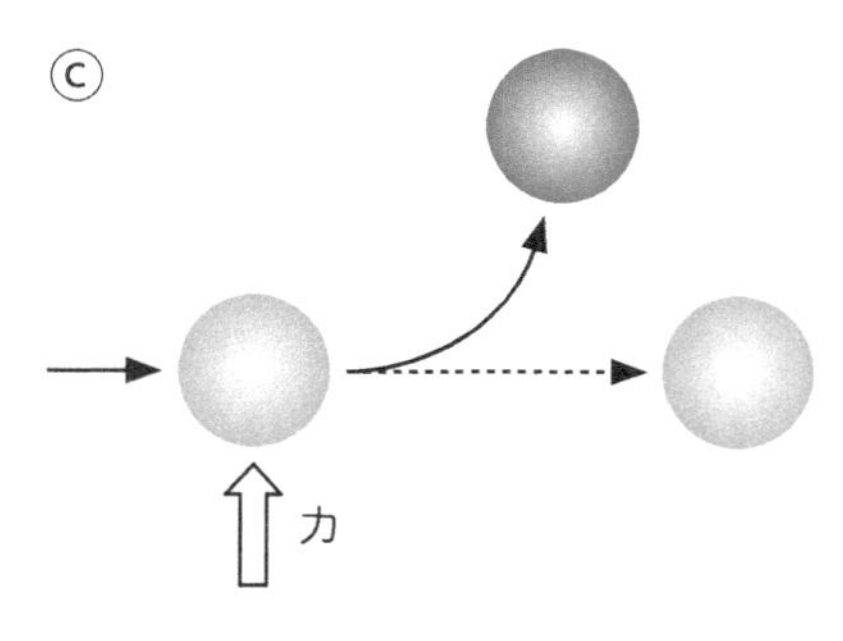

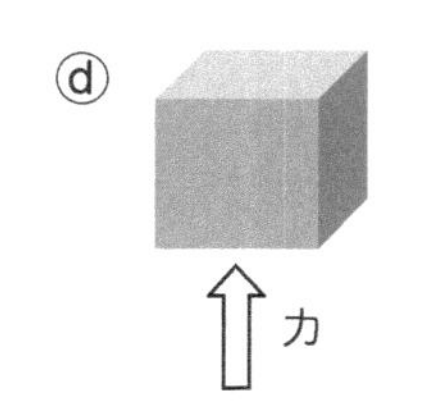

図3−3　力のはたらき

る、ということである。これが、有名なニュートンの「運動の第一法則」あるいは「慣性の法則」とよばれるものだ。

次に、力と加速度と物体（質量）の大きさとの関係を考えていただきたい。

まず、力と加速度（生まれる運動）の大きさを考えれば、加えられた力が大きいほど大きな加速度が生じることは日常的経験からも明らかであろう。また、加えられた力が同じであれば、質量が大きな物体ほど、そこに生じる加速度が小さいことも経験から明らかである。事実、力（F）、質量（m）、加速度（α）の大きさのあいだには、

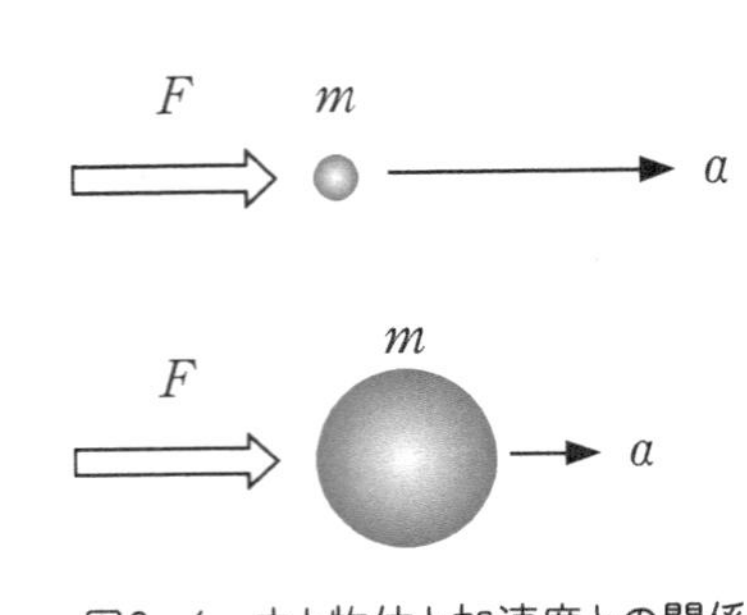

図3−4　力と物体と加速度との関係

$$F=m\cdot\alpha \qquad (式3\cdot7)$$

という関係がある。この関係を模式的に表したのが図3−4である。同じ大きさの力（F）であれば、生じる加速度（α）が物体の質量（m）に大きく依存することが容易に理解できるだろう。なお、Fもαも〝方向〟を持つことから、いずれもベクトル量である。

じつは、式3・7が、有名なニュートンの「運動の第二法則」「運動方程式」であり、これを

変形した

$$\alpha = F / m \qquad (式3・8)$$

を言葉で表現すれば、「物体に生じる加速度は、力の大きさに比例し、物体の質量に反比例する」となる。

リンゴの落ち方

ニュートンが木から落ちるリンゴを見て、それを万有引力の大発見につなげたのは1665年頃のことらしい。日本では江戸期、4代将軍・家綱の時代である。

日本はもちろん、世界中のどこででも、ニュートン以前に木から落ちる実を見た人は無数に存在しただろう。ヤシの実が木から落ちるのを見た猿も、無数にいたはずである。私も、自宅の庭の夏みかんや柿の木から実が落ちるのをしばしば見る。しかし、木から落ちるリンゴを見て、それを万有引力の発見に結びつけるのは、やはり、大天才・ニュートンならではのことであろう。ほんとうに、後世に名を遺す天才とよばれる人たちはたいしたものだ。

リンゴが木から（もちろんリンゴに限らず、なんであれ高い所から下方へ）落ちるのは、リンゴが重力という力に引かれるからである、と説明される。ならば、重力とはいったい何なのか、その源は何か、という疑問が湧くが、きわめて難しい問題なので、その議論は284ページまで待つことにして、ここでは、とにかく自然界にはそういう力が存在するのだということで先に進むことにしよう。

ほんとうは、自分自身が高い所から飛び降りて実感するのが一番よいのだが、それは危険なので、物体（ボールや、ニュートンの気分を味わうならほんもののリンゴ）の落ち方を観察することにする。

直接的あるいは間接的な〝経験〟から、多くの人はおそらく、落下の速さは一定ではなく、徐々に増すことを知っているだろう。物体の落下のようすを正確に調べるには、できるだけ短い時間間隔で、その物体の位置を正確に記録できればよい。このような場合に使われるのがマルチストロボとよばれる装置とカメラである。マルチストロボは、数分の1秒から数百分の1秒という一定の時間間隔で、瞬間的にフラッシュを点滅できる装置である。暗闇で落下する物体にこのようなフラッシュを当て、それをシャッターを開放したカメラで撮影する。

図3－5は、フラッシュの発光間隔を24・7分の1秒（約0・04秒）に設定して、自由落下する物体を撮影したものである。まず、下へいくほど（落下が進むほど）ボールの落下が速くなっていることがわかる。等時間（約0・04秒）内に落下する距離（写されたボール間の距離）が大きくなっていることがはっきりと示されている。このときの落下のデータが表3－1にまと

められている。

各区間の距離、つまりボールの動いた距離 Δx を Δt（＝24・7分の1秒）で割れば、その区間における平均の速さ v が求められるが、その v が落下が進むに従って大きくなっていることが数値で示されている。これらの v の差、つまり Δv は単純な引き算で求められるが、この Δv はほぼ一定で、平均すると Δv＝40・1［cm／s］が得られる（sは秒）。速さが変化しているということは、落下するボールに加速度が生じている、ということである。つまり、ボールに対し、下向きの〝なんらかの力〟がはたらいているのである。

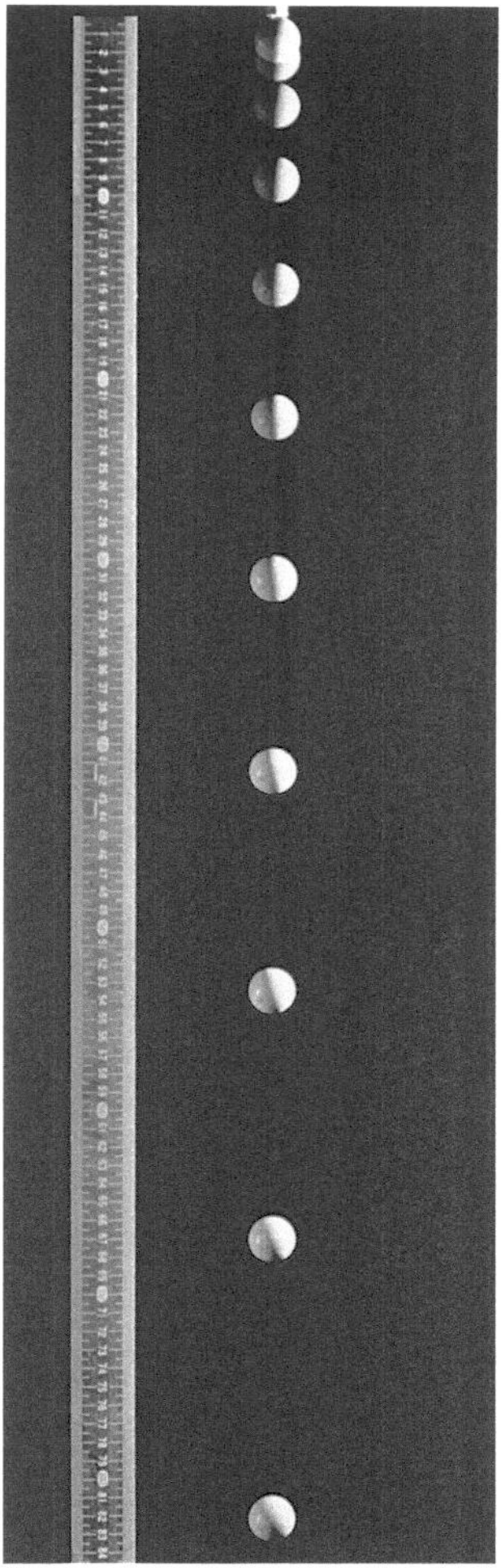

図3−5　自由落下（藤井清・中込八郎『物理現象を読む』講談社ブルーバックス、1978より）

	ボールの位置 x(cm)	動いた距離 Δx(cm)	平均の速さ $v=\dfrac{\Delta x}{\Delta t}$(cm/s) ($\Delta t$=1/24.7s)	速さの変化 Δv(cm/s)
上から6番目	21.0	8.7	214.9	42.0
上から7番目	29.7	10.4	256.9	39.5
上から8番目	40.1	12.0	296.4	39.5
上から9番目	52.1	13.6	335.9	39.5
上から10番目	65.7	15.2	375.4	平均40.1
上から11番目	80.9			

表3−1　自由落下のデータ（藤井清・中込八郎『物理現象を読む』講談社ブルーバックス、1978より）

ここでは、〃速度〃の中の〃速さ〃だけを問題にしているので、式3・5を、

加速度＝速さの変化／時間　（式3・9）

と考えてもよい。この式に、表3－1で得られたデータを代入して加速度αを求めると、

$$\alpha = \frac{40.1\ [\mathrm{cm/s}]}{0.04\ [\mathrm{s}]} \approx 990[\mathrm{cm/s^2}]$$　（式3・10）

が得られる。前述の重力加速度である。厳密な実験によれば、地球上では$g \approx 980 \cdot 6$㎝／s^2で、北極、南極ではこれよりやや大きく、赤道上ではやや小さい。

いまはボールの落下について考えたが、たとえば図3－6のように、ビー玉と紙を丸めた玉（紙玉）を、ある高さから同時に自由落下させたとすれば、どちらが早く地面（床）に到達するであろうか？〃常識〃

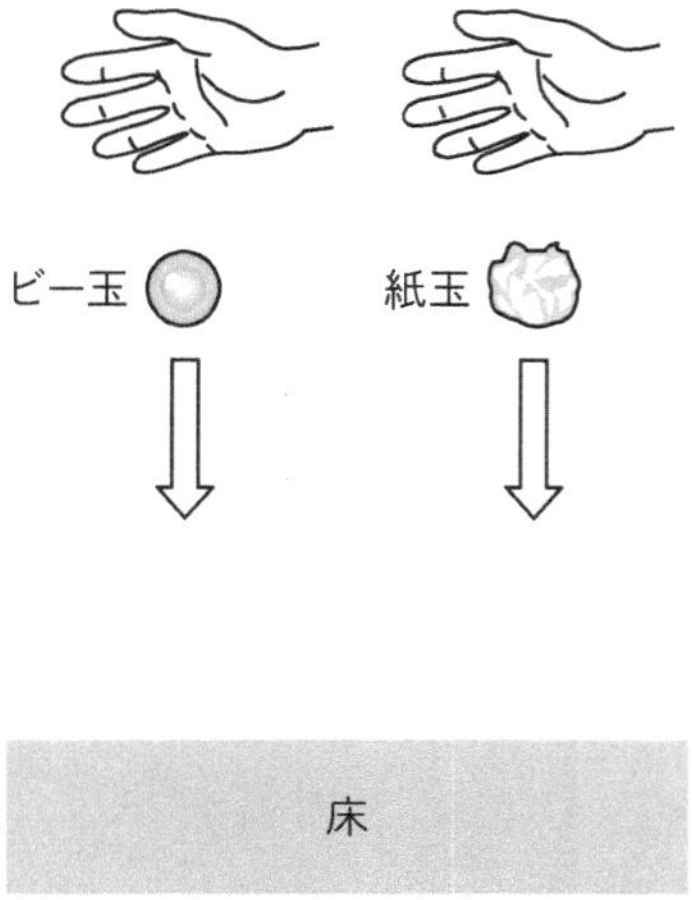

図3-6　ビー玉と紙玉の自由落下

的に考えれば当然、重い物体（ビー玉）のほうが軽い物体（紙玉）より速く落下すると思うだろう。

自分で実際に試してみるのがいちばん確かだ。手元にビー玉がなければ消しゴムでもよい。落下の速さの差をはっきりと見るためには、２ｍくらいの高さから落下させたほうがよい。

結果はどうか。いま、私自身、ビー玉を使って確かめてみたが、紙玉よりビー玉のほうが明らかに早く床面に到達した。やはり、〝常識〟通りに「重い物体のほうが軽い物体よりも速く落下する」という結論は正しいのだろうか。

とりあえず〝常識〟から離れて、物理学的に検討してみよう。式３・９から、一般的に、

$\Delta v = \alpha \cdot t$　（式３・11）

が得られ、自由落下については、

$\Delta v = g \cdot t$　（式３・12）

である。両手に持っていたビー玉と紙玉を同時に離して自由落下させたのだから、最初は $v =$

0で、t秒後の速さvは式3・12のまま、

$$v=g\cdot t \quad （式3・13）$$

である。いうまでもないが、同じ速さのもの同士が同時にスタートすれば、いつでも〝移動距離〟は同じである。AとBが同時に、同じ高さから、同じ速さで落下すれば、AとBは同時に〝着地〟する。

式3・12を見ていただきたい。自由落下の速さを表すこの式の中に、落下する物体の〝重さ（質量）〟に関係する項は含まれていない。自由落下する物体の落下の速さは、その物体の重さ（質量）に関係なく、重力加速度gと落下時間tだけで決まるのだ。すなわち、ビー玉と紙玉は同時に〝着地〟するはずである。

しかし、目の前の事実として、明らかに、ビー玉のほうが先に〝着地〟した。式3・12や3・13は間違っているのだろうか？　式が正しければ〝目の前の事実〟は間違いということになるし、〝目の前の事実〟が正しいのなら式が正しくないことになる。さあ、どちらか。

結論は……、「両方とも正しい」のである。

えっ、そんなあ！　それこそ非科学的ではないか！　そんな声が聞こえてきそうだが、両式は真空中において、あるいは落下に対する抵抗が無視できる状態において正しいのである。〝目の

前の〝事実〟は空気中の落下における〝事実〟であって、ビー玉と紙玉では空気抵抗の受け方がまったく異なることによる結果である。紙玉はビー玉と比べ、はるかに大きな空気抵抗を受ける。つまり、空気が落下に対してより強く抵抗する。

重力加速度gは、物体の重さや形状に関係なく生じるのだ。したがって、落下を遅くするには空気抵抗を大きくすればよい。これを最大限に利用したのがパラシュートである。

「万有」引力とは何か

図3－6のように、手を離せば物体は必ず落下する。つまり、〝下に落ちる〟。

〝下に落ちる〟という現象は地球上のどこででも起こるものであり、Aという人が物体を落下させるとすれば、同時に、地球の裏側にいるBの人も物体を落下させることができる（図3－7）。AとBの中間の位置にいるCも同様である。このようすを宇宙のどこかから眺めていたとすれば、「物体が下に落ちる」という表現はヘンである。Aからの物体が下に落ちたとすれば、Bからの物体は上に昇っている。Cからの物体は真横に移動している。つまり、〝落下〟という現象は、〝地球の中心に引きつけられる〟現象であると表現するのが正しい。

それでは、いったい何が、物体を地球の中心に引きつけるのか？　先ほどは、それを〝なんらかの力〟と記したが、それが「重力」とよばれる力である。その重力が生む加速度が、「重力加

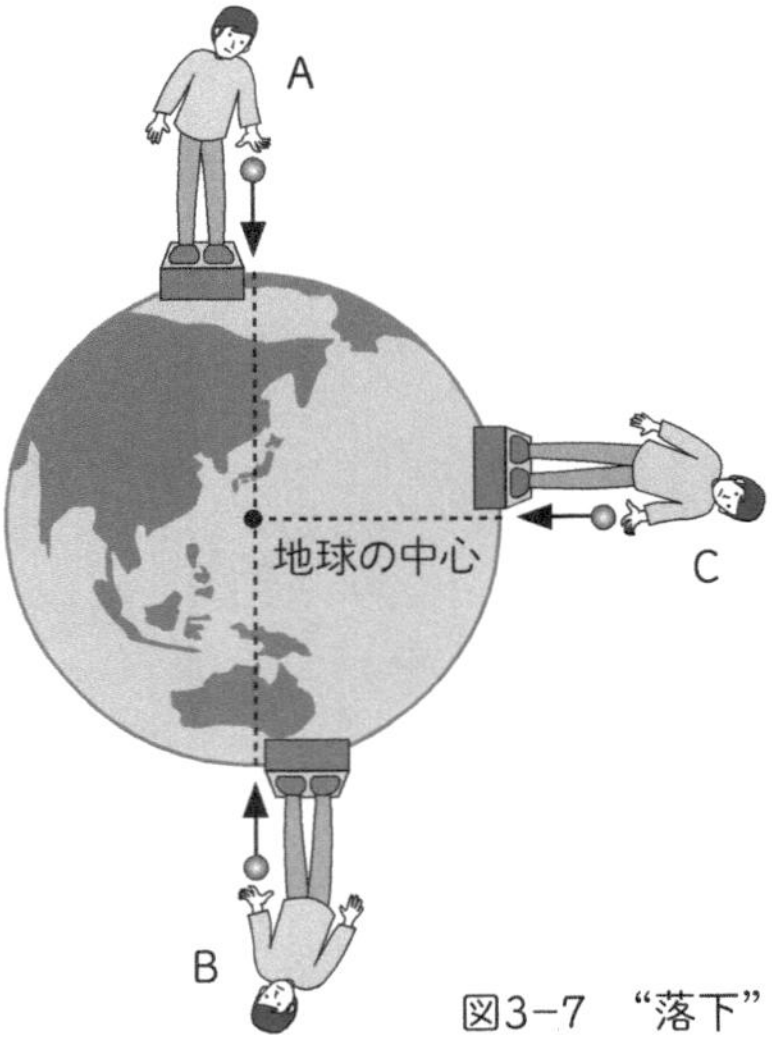

図3-7 “落下”

速度」である。

そして、この重力の源が、ニュートンが落ちるリンゴを見て発見したといわれる万有引力だ。ニュートンが明らかにしたのは、「宇宙のすべての物体は、宇宙の他のすべての物体を引っ張っている」という事実である。すなわち、すべての物体（〝万有〟＝万物）は、他のすべての物体に引力を及ぼしている。これが「万有引力の法則」であり、その力の大きさ（F）は両物体の質量の積に比例し、両物体間の距離の2乗に反比例する（式3・14）。

$$F = G\frac{m_1 m_2}{d^2} \quad （式3・14）$$

m_1とm_2は物体の質量であり、dは両物体間の距離（地表での重力を考える場合、このdは地球の半径とする）である。また、Gは「万有引力定数」とよばれる定数である。

万有引力は、いわば物体の質量によって生じる力であり、このように質量によって生じる力を重力とよんでいる。〝重力〟は、狭い意味では、地球上の静止している物体が地球から受ける力のことであり、地球の万有引力が主であるが、地球の自転に基づく遠心力も加わる。遠心力は赤道上で最大になるが、その場合でも、引力の約３００分の1にすぎない。したがって、〝重力〟を地球に限らず、一般の万有引力と考えてもよい。

ところで、１９６９年7月20日は科学・技術史上、特記されるべき日であろう。アメリカのアポロ11号の着陸船イーグルによって、人類が初めて月面着陸に成功した日である。当時、私は大学生だったが、月面からのテレビ生中継に釘づけになったことをいまでも鮮烈に憶えている。特に印象深かったのは、二人の宇宙飛行士が月面をピョンピョンと跳ねまわるようすだった。月の表面の重力が地表の重力の6分の1であることを知ってはいたが、実際の月面の宇宙飛行士の姿を見て、それを実感したものである。

前述のように、重力が6分の1ということは、地上で60kgの体重の人は、月面では10kgの重さしかないということである。月に大気や水がないことも、月の重力が小さいことと大いに関係がある。

では、月面の重力は、どうして地表の6分の1の大きさなのだろうか。月の半径が地球の約11分の3、質量が約80分の1であることをヒントにして、式3・14で確かめていただきたい。

なお、ニュートンの重力理論（万有引力の法則）に異を唱えたのがアインシュタインである（5－4節参照）。

干潮と満潮が起こるしくみとは?

東京の下町生まれの私は小さい頃、春（4月末〜5月初め）になると必ず東京湾の谷津干潟へ潮干狩りにいってアサリをバケツ一杯取ってきたものである。干潟にはアサリやバカ貝（アオヤギ）などの貝類、カニや小魚に交じって得体の知れないさまざまな生きものがいた。まさに加賀千代女（1703〜75）の俳句、

拾ふものみな動くなりしほひがた

の通りであった。また宝井（榎本）其角（1661〜1707）の俳句、

親にらむ比目を踏まん汐干かな

でもあった。このような東京湾の干潟はさまざまな「理由」に基づく埋め立てによって、その90%が失われた。東京湾ばかりでなく、九州・有明海の諫早湾など全国の干潟が同様に失われつつある。とても悲しいことで、私はこれを人間の暴挙だと思う（拙著『生物の超技術』講談社ブル

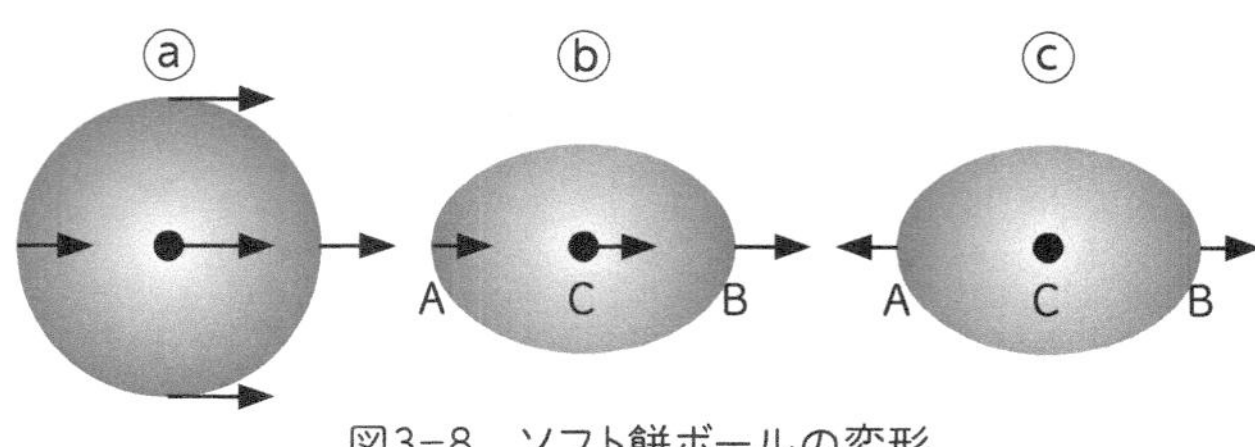

図3-8　ソフト餅ボールの変形

ーバックス参照）。

　干潟は潮が引いた（干た）ときに現れる浅瀬のことである。それでは、なぜ潮の満ち干（満潮と干潮）が起こるのだろうか？　昔から海辺の人々は、月の満ち欠けと潮の満ち干との強い相関を経験的に知っていた。一日の干満の差（潮差）が最大となる潮汐を大潮、最小となるのを小潮というが、大潮は満月と新月の日に、小潮は上弦と下弦の月の日に起こるからだ。

　月の満ち欠けは、太陽・地球・月の位置関係で決まるので、潮の満ち干が月の満ち欠けと強い相関があるということは、潮の満ち干も太陽・地球・月の位置関係に依存するということであろう。つまり、前項で述べた万有引力が関係しそうである。

　まず、軟らかい餅でつくった球形のボール（ソフト餅ボール）を局部的に引っ張った場合の変形について考えてみる。図3-8ⓐに示すように、ソフト餅ボールのすべての部分を同じ大きさの力で同じ方向に引っ張ったとする。このとき、ボールの形は変わらず球形のままである。しかし、ⓑに示すように、左端A、中心C、右端Bの順に大きな力で、同

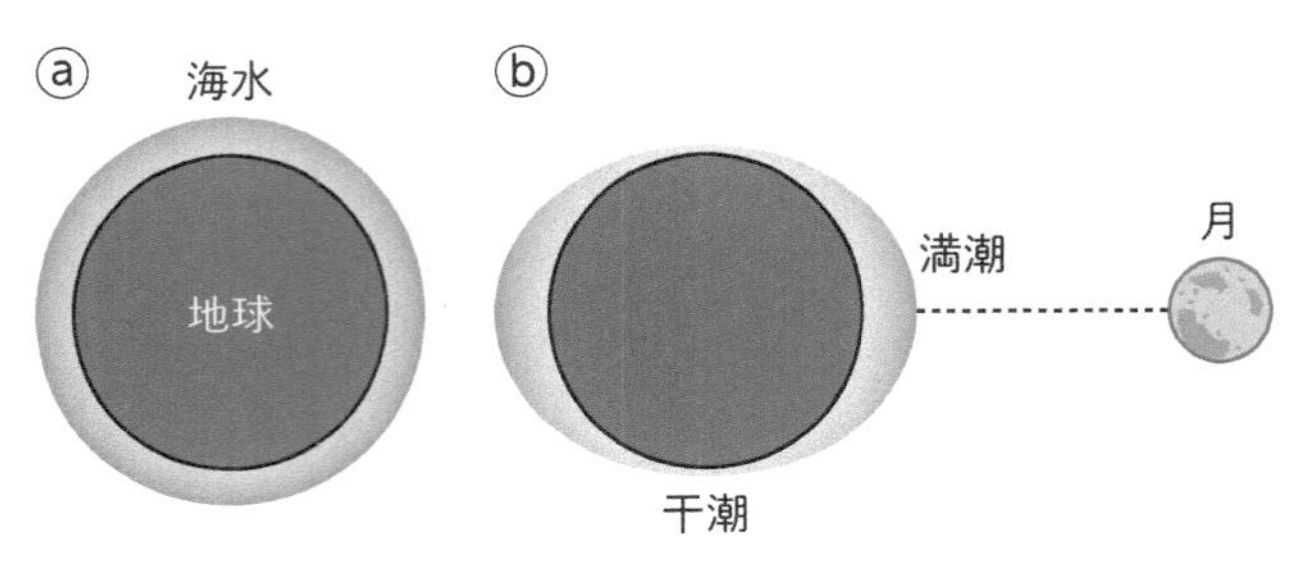

図3-9　地球・海水の球体と楕円体

じ方向に引っ張ったとすれば、ソフト餅ボールは変形し、ラグビーボールのような楕円体になるだろう。ⓑの矢印の長さはA、B、C点に作用する引力の大きさと方向を相対的に表しているが、中心点Cを基準に考えれば、その相対的な大きさと方向はⓒに示すようになる。念のために書き添えるが、図3－8ⓑとⓒは同じことを描いている。

ソフト餅ボールの話で下準備は十分なので、次に潮の満ち干について考えよう。話を簡単にするために、図3－9ⓐのように、地球をどんな力が加えられても変形しない固体の球とし、その上を一定の厚さの海（海水の層）が被っていると考える。

ここで、ⓑに示すように、地球の右方向に存在する月を考えれば、式3・14で表される万有引力（潮汐力とよばれる）が月と地球とあいだに作用する。引力の強さは、距離の2乗に反比例するので、その作用の仕方は、ちょうど図3－8ⓑの矢印で示すようになるだろう。この場合、ソフト餅に相当する海水の層は楕円体に変形するが、中にある固体の地球は変形しないので球体のままである。そのようすが図3－9ⓑに描かれている。海面が膨らんだ部分が満潮で、それと直角方向の、海水の層が薄くなった部分が干潮である。

ちょっと考えると、地球の月に面した側だけが満潮になり、その反対側では干潮になりそうな気がするのだが、実際はそうならずに両側で満潮になり、それと直角方向の場所で干潮になることが、図3－8、図3－9で理解できるだろう。

先ほど述べた潮汐力の「潮」は「あさしお」、「汐」は「ゆうしお」のことであるが、この言葉にも表れているように、潮の満ち干は一日に2回ずつ起こる。その理由を考えてみよう。

地球は図3－9ⓑに示す楕円体の中で、一日に1回自転している。このため、24時間の1回転ごとに2回の満潮（図の左右の膨らみの場所）と2回の干潮（紙面に垂直な表側と裏側の場所）が生じることになる（図3－9ⓑに示す楕円体が立体であることに留意していただきたい）。

いま、月の引力と満潮・干潮との関係を述べたが、当然、このような引力は地殻の変動にも影響を及ぼす。事実、私たちが立っている地面は、その引力のためにほぼ一日に2回、上下に動いており、その差は最大で20～30㎝にもなるらしい。だとすれば、月の引力によって地震が誘発されるようなこともあり得るだろう。２０００年6月以降、伊豆諸島の一つである三宅島の火山活動と並行して山頂直下を震源とする地震が頻発したが、その発生は、一日2回の満潮時間の頃に集中していたそうである。

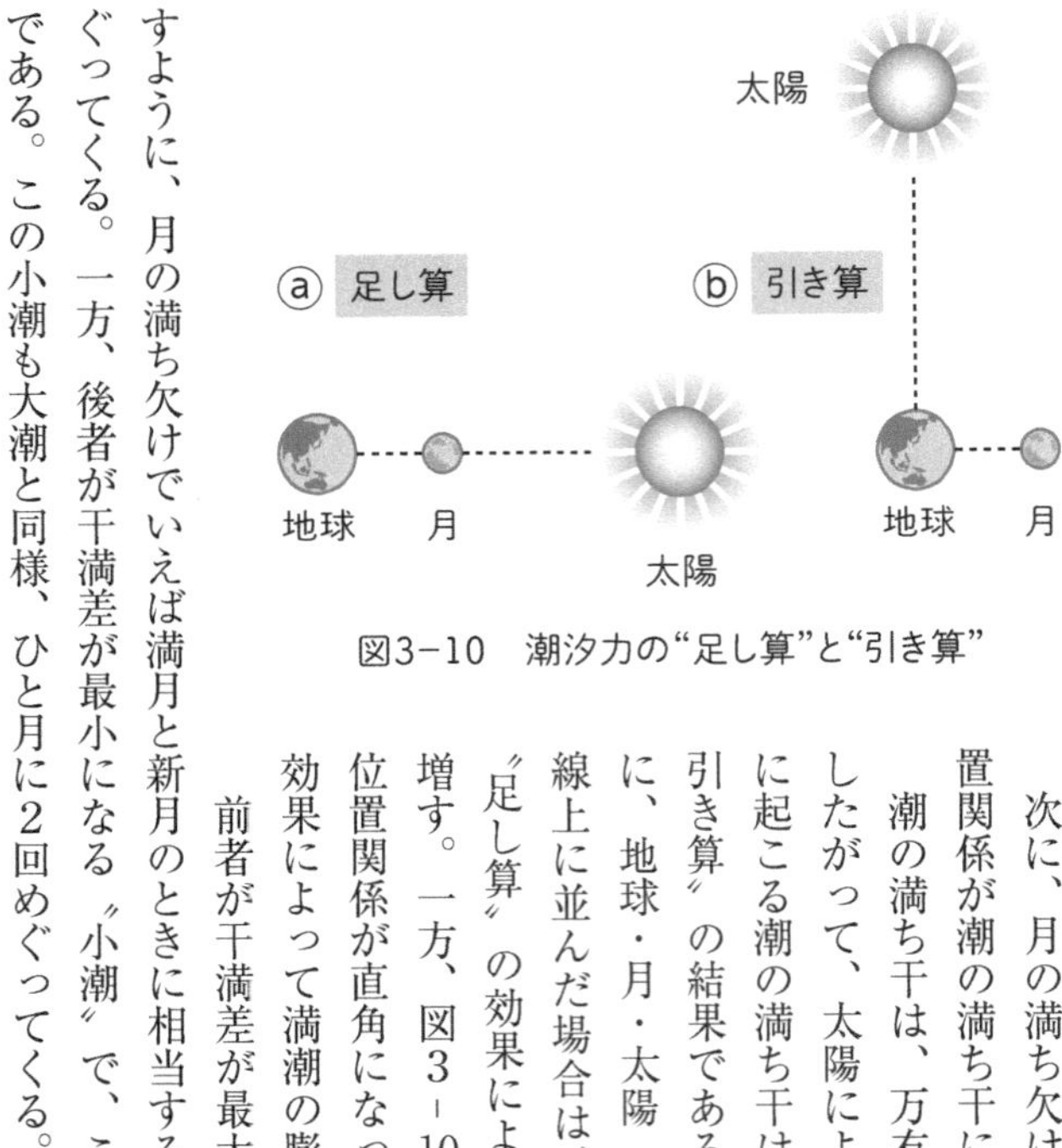

図3−10　潮汐力の“足し算”と“引き算”

次に、月の満ち欠けと関係が深い太陽・地球・月の位置関係が潮の満ち干に与える影響について考えよう。

潮の満ち干は、万有引力のために生じる現象である。したがって、太陽による引力（潮汐力）も関係し、実際に起こる潮の満ち干は、月と太陽の潮汐力の〝足し算・引き算〟の結果である。つまり、図3−10ⓐに示すように、地球・月・太陽（あるいは太陽・地球・月）が一直線上に並んだ場合は、月と太陽の潮汐力が重畳された〝足し算〟の効果によって図3−9ⓑの満潮の膨らみは増す。一方、図3−10ⓑに示すように太陽・地球・月の位置関係が直角になった場合は、潮汐力が〝引き算〟の効果によって満潮の膨らみは小さくなる。

前者が干満差が最大となる〝大潮〟で、図3−11に示すように、月の満ち欠けでいえば満月と新月のときに相当する。つまり、大潮はひと月に2回めぐってくる。一方、後者が干満差が最小になる〝小潮〟で、こちらは上弦の月と下弦の月のときである。この小潮も大潮と同様、ひと月に2回めぐってくる。

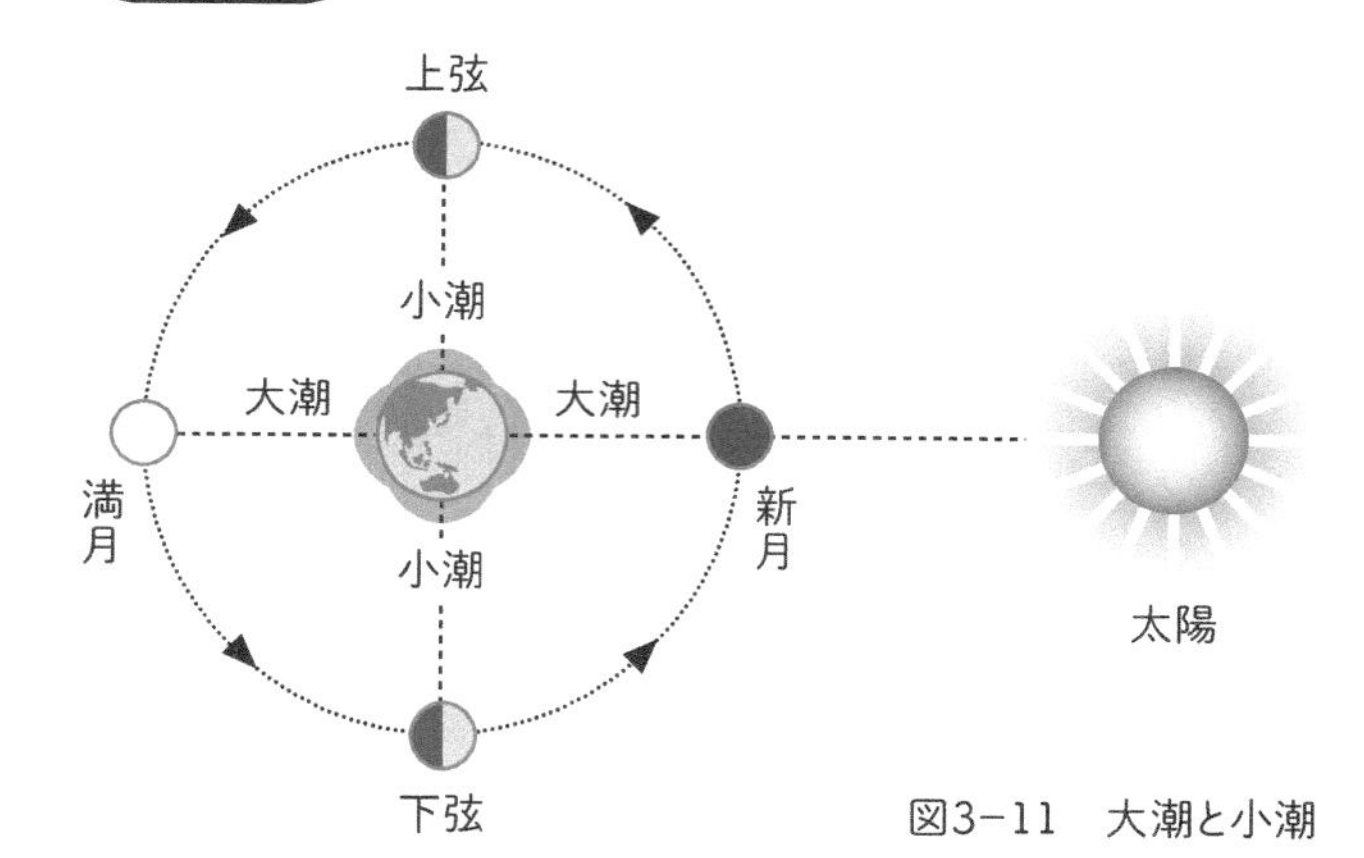

図3−11　大潮と小潮

潮の満ち干は、月と太陽の両方の潮汐力が合わさった結果ではあるが、太陽の潮汐力は月の潮汐力の半分以下なので、月と地球の位置関係の影響力が大きい。太陽の質量、地球との距離をそれぞれ月の場合の3×10⁷倍、4×10²倍として、太陽の潮汐力が月の潮汐力の半分以下である理由を考えてみていただきたい。

潮汐現象は、基本的には「関係する物体の質量の積に比例し、両物体間の距離の2乗に反比例する」という「万有引力の法則」（式3・14）で説明できるが、外部天体までの距離が天体の大きさに比べて大きい場合（太陽、月、地球の関係はこれにあたる）、引き合う物体の「近い側」と「遠い側」の引力の差を考慮した近似式により、その両物体間の引力は距離の3乗に反比例することがわかっている。このことを考慮すれば、解答が得られるはずである。

人工衛星はなぜ地球を周回できるのか？

1957年10月4日、人類最初の人工衛星スプートニク（〝随伴者〟の意味）1号がソ連（当時）によって打ち上げられた。私は、このレプリカをワシントンのスミソニアン航空宇宙博物館で何度も見たが、本体は84kg、直径58cmの外側が鏡面のように磨かれたアルミニウム合金の球体である。このスプートニク1号は、周期96分で地球を周回した。

この人類初の人工衛星が打ち上げられたとき、私は9歳だったが、新聞やラジオの報道を通じ、世界が大騒ぎしたことをいまでもはっきりと憶えている。そして、そのニュースは、将来科学者になりたいと思う子供たちを、間違いなく激増させた。私も、そのように思った子供の一人である。

以来六十有余年、いま、無数の（常時3000個以上といわれる）人工衛星が地球を周回し、通信・天気予報、さらには軍事偵察などの分野で、日常的な活動を行っている。

ところで、人工衛星はジェット機のように後方への噴射によって飛んでいるわけでも、プロペラによって飛んでいるわけでもない。静かに地球を周回している。考えてみれば不思議なことではないか。地上から打ち上げられた人工衛星は、なぜ万有引力によって地上に落下しないのか？燃料も使わず、ジェットエンジンもプロペラもなしにどうして静かに地球を周回できるのだろう？

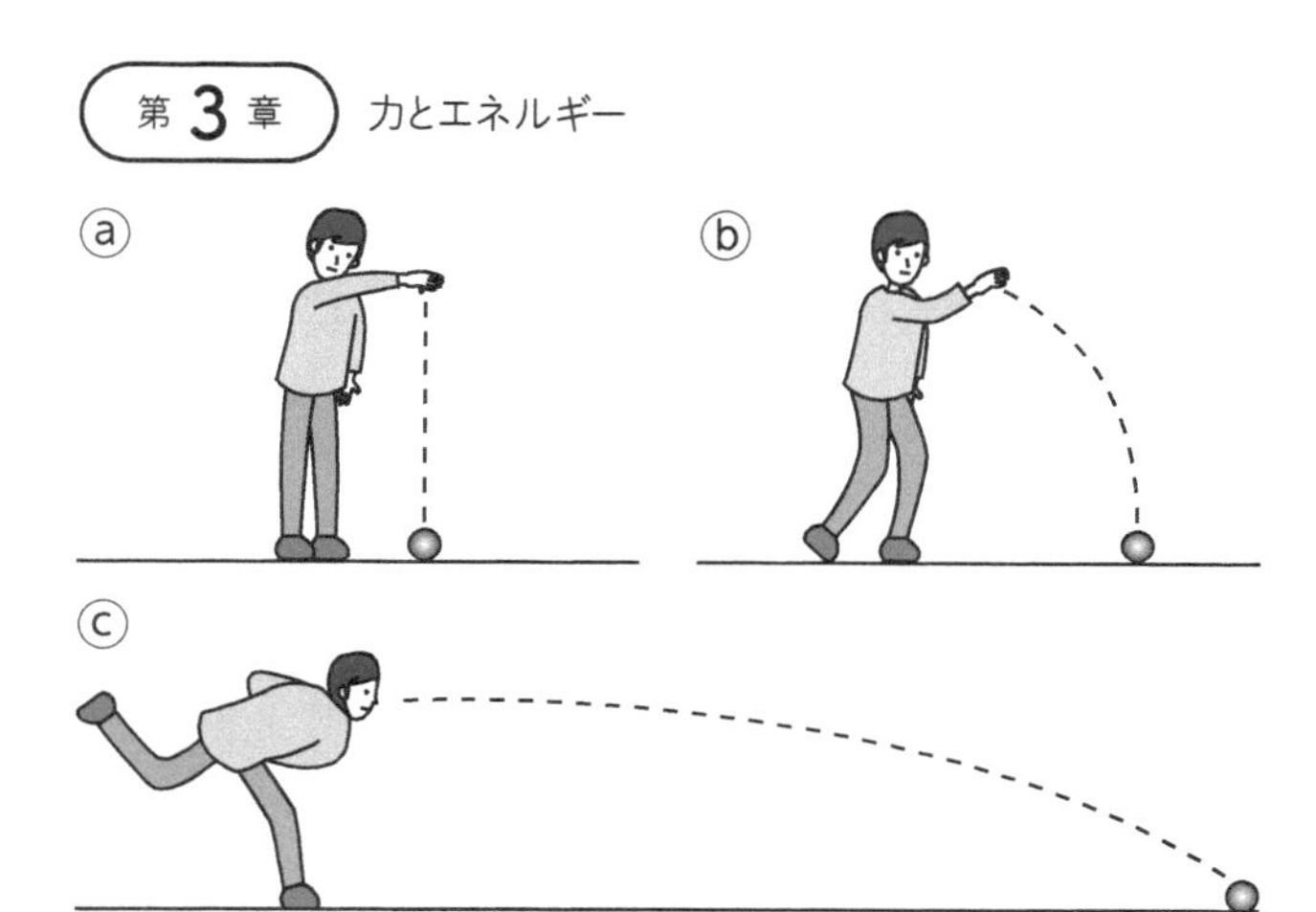

図3−12　ボールの自由落下と遠投

図3－12ⓐに示すように、手に持ったボールを離して自由落下させれば、ボールが真下に落ちることはすでに述べた通りである。ⓑのように、手を水平方向に動かして落とせば、ボールは曲線（放物線とよばれる）を描いて地面へ落ちていく。さらに、ⓒに示すように、野球のピッチャーのように、勢いよく水平に投げれば遠方に届く。水平方向に投げるボールの速さが大きければ大きいほどボールは遠くまで飛び、軌道曲線（放物線）の〝半径〟は大きくなる。

水平方向のボールの速さをどんどん大きくしていけば、落下点はどんどん遠方になり、やがて投げた地点に戻ってくるかもしれない（図3－13）。荒唐無稽（こうとうむけい）な話と思われるかもしれないが、これこそが、人工衛星が地上に落下せずに地球を周回する〝原理〟なのである。空気抵抗や他の妨害がなければ、ボールは地球を周回する衛星になるだろう。

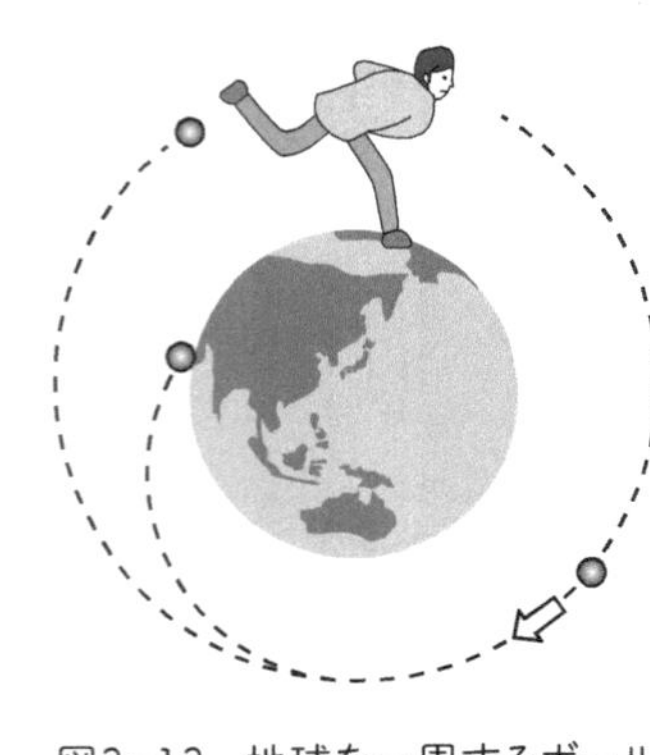

図3−13　地球を一周するボール

たとえば、500㎞の高さにロケットで打ち上げた物体を、地球の万有引力によって地上に落下させることなく、その高さを保って飛び続けさせる（これがつまり人工衛星）には、この物体をその高さで、どのくらいの速さで水平方向に発射すればよいだろうか。その速さは重力加速度、つまり、物体が落下する割合と地球の曲がり具合（カーブ）で決まる。

地球を完全な球とみなし、空気の抵抗や地球の自転の影響などを無視して計算すると、地表すれすれで秒速約8㎞（時速約2万9000㎞）の速さが必要であることがわかる。この速さを「第一宇宙速度」とよぶ。ちなみに、「第二宇宙速度」は地球の引力を振り切って太陽系内の空間に飛び出すために必要な脱出速度のことで、地表すれすれの場合、秒速11・2㎞である。標高が高くなるほど地球の万有引力が小さくなるので（128ページ式3・14参照）、第一宇宙速度も第二宇宙速度も小さい値になる。地表から500㎞の高さであれば、第一宇宙速度は秒速7・6㎞である。

誤解のないように書き添えておくが、人工衛星は決して落下しないのではない。地上には落下しないが、重力加速度に従ってつねに落下しているのである。その落下の軌跡（図3−13に示すような放物線）のカーブが丸い地球の地表のカーブに等しいために、地表と衝突しないだけなのだ。

しかし、現実的には、通常の人工衛星が飛行する地上数百kmの上空でも、わずかに存在する大気の抵抗によって飛行の速さが減少し、地球の引力とのバランスがくずれて軌道が徐々に地表に近づき、やがては人工衛星は地表に落下する。

前述のように、目下、３０００個以上の人工衛星が地球を周回しているといわれるが、そのうち赤道の上空にある〝静止衛星〟は、地球の〝裏側〟からのテレビ電波の中継や気象観測などに利用されている。〝静止衛星〟とよばれてはいるものの、もちろん宇宙空間に静止しているわけではない。地球から見ると、静止しているように見える衛星、という意味である。静止衛星はなぜ、静止しているように見えるのか？

宇宙空間に浮かぶ人工衛星が、地球から見て静止しているというのは、地球との相対的位置関係が変化しない、ということである（113ページ図３－２に示した車Ａと車Ｂとの関係を思い出していただきたい）。つまり、その人工衛星は地球の自転と同じように、24時間で地球を１周しているのである。途中の〝計算〟を省いて結論をいえば、それは、赤道上約３万６０００kmの軌道を秒速約３kmで飛んでいる衛星である。

ちなみに、日本の科学・技術、宇宙飛行士も大いに貢献している国際宇宙ステーションの軌道は、高度約３８０㎞にある。この軌道は赤道面から傾斜角が51・６度の位置にあり、それはちょうど日本の上空を通過しているので、うまく条件が合えば肉眼で観測することも可能である。

宇宙船内は無重力？——体重をゼロにする方法

最近は、国際宇宙ステーションなどにおける宇宙活動が珍しいことではなくなった。日本人宇宙飛行士の活躍もあり、テレビ画面を通じて宇宙船内のようすや宇宙から見た地球の姿などに触れる機会は少なくない。そうした映像の中で、私たちに、いかにも〝宇宙船〟を感じさせてくれるのは、船内の空間にフワフワと浮かぶ宇宙飛行士や道具・機材である（図３‐14）。それらはまさに〝宇宙遊泳〟しており、一般に無重力状態と説明されている。重力が無い状態だというのである。

だが、128ページで述べたように、重力は万有引力そのものであり、万有引力は、その名の通り、宇宙のすべての物体間に作用する力である。だとすれば、「無重力状態」というのはおかしな話ではないか？　そのような疑問が頭に浮かぶようになったら、みなさんもすっかり「物理」を楽しみ始めているといえるだろう。

その通り。おかしな話なのである。はっきりいえば、「宇宙船内は無重力状態」というのは正しくない！　とはいえ、確かに、宇宙船内では宇宙飛行士や機材がフワフワと浮かんでおり、重力が無いように思える（物体が落ちるのは重力のせいだったから）。このような状態をどう理解すればよいのだろうか。考えてみよう。

いま、静止したエレベータの中で、あなたが体重計に乗っているとする。体重計はあなたの〝体重〟wを示している。このエレベータが上方に向かって加速されて動き出すと、体重計はwより大きな値w^+を示すはずである。足を乗せた体重計の面が、エレベータの上向きの加速度に相当した力で足の裏を上方に押すからである。逆に、エレベータが下方に加速されて動き出せば、体重計はwより小さい値w^-を示すだろう。体重計が足を押す力が減少するからである。

いま述べたことを数式を使って明らかにしておこう。エレベータの上向きの加速度を$+\alpha$（$\ll g$）、下向きの加速度を$-\alpha$とすれば、次のようになる。

$$w = mg \qquad \text{（式3・6）}$$

$$w^+ = m(g + \alpha) \qquad \text{（式3・15）}$$

$$w^- = m(g - \alpha) \qquad \text{（式3・16）}$$

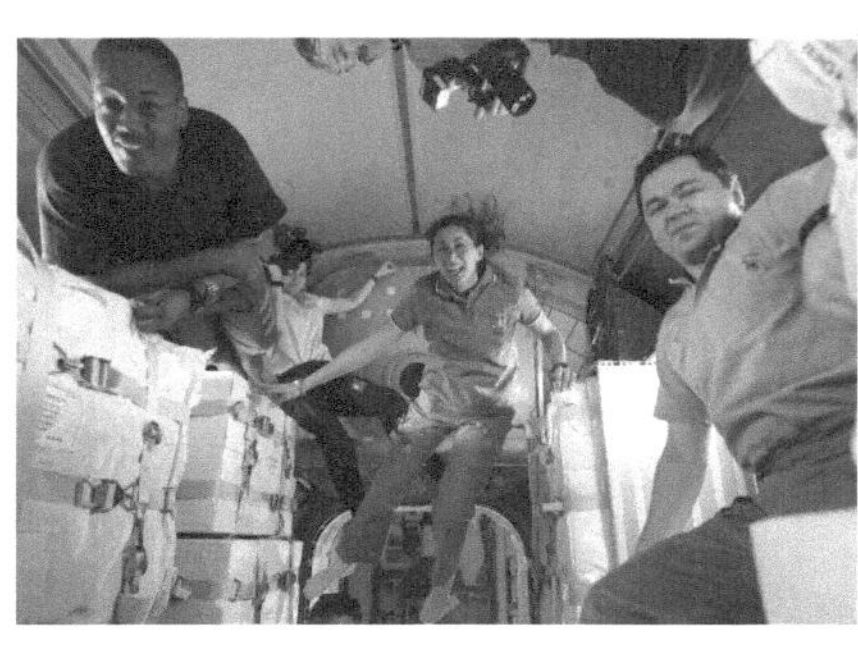

図3-14　スペースシャトルの船内（NASA／ロイター／アフロ）

エレベータを吊るロープが切れて、自由落下（122ページ参照）する場合はどうか。あなたも体重計も、エレベータのケージ（箱）とともに、重力加速度gに従って自由落下する。この場合、あなたの両足が体重計の面を押すことはないので、体重計が示す値はゼロである。つまり、この場合、$w=m(g-g)=0$で、あなたの体重はゼロになる！　あなたは、自分の体重をwと思っていたのだが、状況によっては$\overset{+}{w}$になったり$\overset{-}{w}$になったり、さらにはゼロになったりもするのだ！

そもそも〝体重〟、より一般的には物体の〝重さ〟というのは何なのだろうか？　重量計に物体を載せると、その物体の重さが示される。じつは、〝重さ〟とは物体がそれを支えている床（重量計の面）に対して及ぼす力、具体的には重力なのである。その力の大きさをFとすれば、120ページ式3・7の加速度αに重力加速度gを代入して、

$$F=m\cdot g \qquad \text{（式3・17）}$$

となる。地球の質量をM、半径をRとすれば、128ページ式3・14と式3・17から、

$$F=m\cdot g=G\frac{mM}{R^2}=w \qquad \text{（式3・18）}$$

となり、物体の〝重さ〟は、地球とのあいだに作用する万有引力（重力）そのものであることが

理解できるだろう。自分が足裏に感じる体重は、床から受ける重力と反対向きの力Fなのである。

話を、エレベータの中の〝体重〟に戻す。落下するエレベータの中で体重がゼロになるといっても、あなた自身の質量がゼロになった（あなたが消えてなくなってしまった？）ことを意味するものではない。エレベータ自体も体重計も、そしてあなたも重力加速度gに従って自由落下しているので、相対的にgがゼロになり、式3・18に従って重さwがゼロになっている状態なのである。自由落下しているのだから、もちろん重力ははたらいており、無重力であるわけがない。つまり、〝無〟なのは重さ（重量）であり、無重力状態ではなく、正しくは無重量状態とよばれるべきである。

人工衛星が地球を周回するのは、それが重力加速度に従ってつねに自由落下しており、その落下の軌跡のカーブが丸い地球の地表のカーブと等しいからだった。宇宙船（スペースシャトル）もまったく同様である。したがって、自由落下するエレベータ内と同様に、宇宙船内でも無重力状態ならぬ無重量状態が生じている。船内の宇宙飛行士や機材は無重量状態にあるので、自分自身や機材に対しても重さがないと感じるのである。また、そのような船内でコップに水を注ぐと、水は水滴となって空中に漂ってしまう。もう一度強調するが、宇宙船内は〝無重力〟なのではなく（宇宙船内に限らず、万有引力の法則に支配されるこの宇宙において、無重力の場所はどこにもない！）、〝無重量〟状態なのである。そしてもちろん、質量はある。

ところで、飛行中の旅客機がエアポケットに入ったときとか、他の飛行機との突発的ニアミスを避けるために急降下したときなどに、機内の乗客が大ケガをしたというようなニュースが報じられることがある。「慣性の法則」によって、同じ高さの移動を続けようとする乗客が、飛行機の落下についていけないために、機内の天井に叩きつけられた結果の大ケガである。常時、座席のシートベルトを締めておけば、機体と乗客の落下が一体化するので、乗客が天井に叩きつけられるような事態は起こらない。安全のために、飛行機に乗るときはつねにシートベルト着用を心がけていただきたい。

3-3 ボールを遠くへ飛ばすには？——球技と物理学

ボウリングの物理学

ルールが簡単で運動量が適当であること、手軽に楽しめることなどの理由から、ボウリングは幅広い年齢層に愛好されているスポーツである。

ボウリングのピンは、ボールを投げる位置から約20m先に並んでいるので小さく見えるが、これを実際に手に取ってみると意外に大きく、重い。ピンは通常カエデ材でできているが、重さは

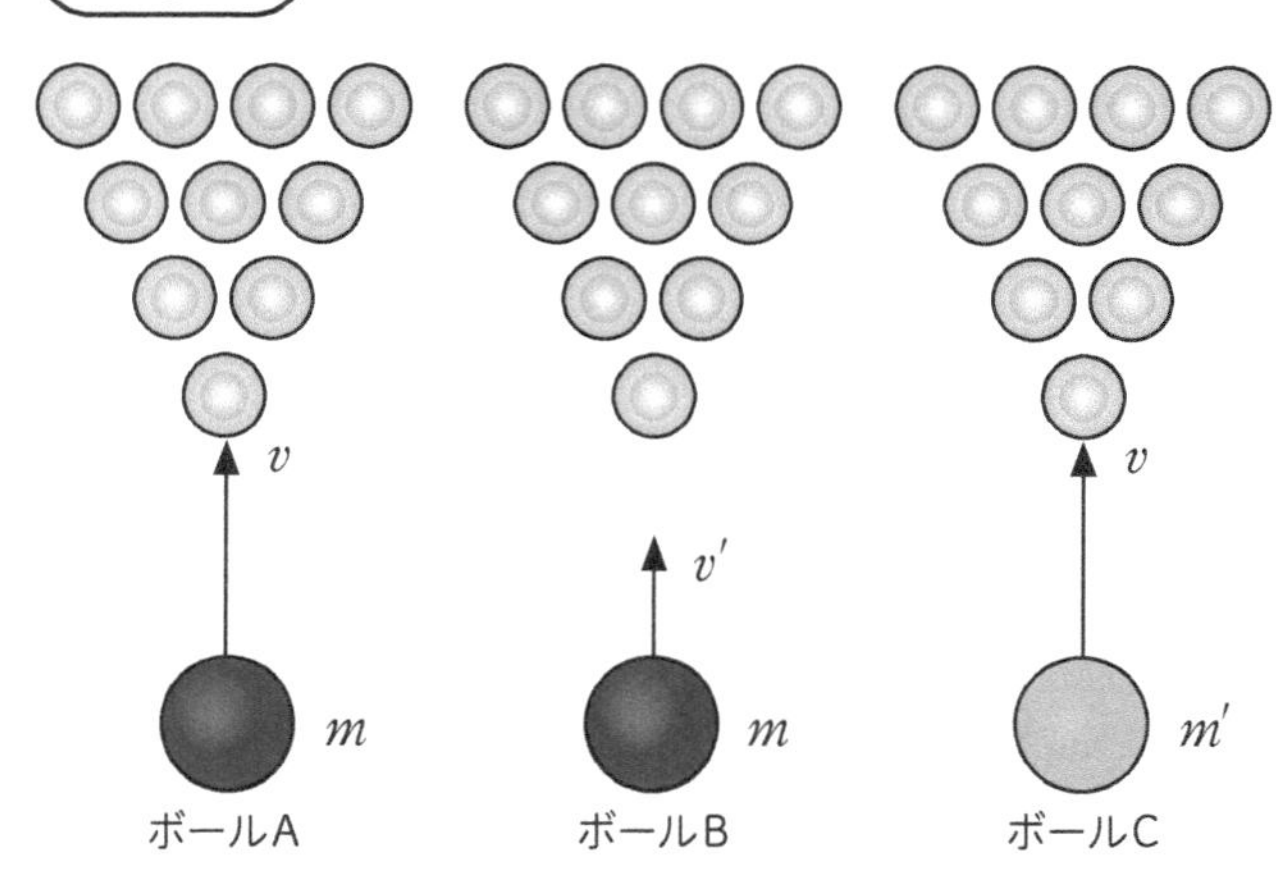

図3−15　ピンに向かうボール（$v>v'$、$m>m'$）

約1・6kg（前節で述べた正しいいい方をすれば、〝kg重〟）、高さは約38cm、太さはいちばん太いところで直径約12cmある。このようなピンが10本、三角形状に並べられ、そこをめがけてボールを投げる（ころがす）。ボールは非金属製（通常は硬質プラスチック）で、周囲は約69cm以下、重さは約7・3kg（16ポンド）以下と規定されている。

単純にいえば、ボウリングは倒したピンの数を競うゲームである。ボールが直接ピンを倒すほかに、ボールが当たったピンが勢いよく飛び跳ねて他のピンにぶつかることにより、たくさんのピンが倒れる。したがって、一投でより多くのピンを倒そうとすれば、まず、ボールをいちばん前にあるヘッドピンに命中させることが必要である。

実際のボウリングにおいては、そのヘッドピンの倒し方に、さまざまなテクニックが使われるのだが、ここでは単純化して、図3-15に示すように直球を投げて正面からヘッドピンに命中させる場合を考える（実際は、正面から直球でヘッドピンを狙うのはよくないのだが）。また、ボールの回転などは考慮しない（実際は、ボールの回転がたくさんのピンを倒すための重要なファクターなのだが）。

図3-15に示すように、質量m、速さvのボールA、質量m、速さv'（$v' < v$）のボールB、そして質量m'（$m' < m$）、速さvのボールCをヘッドピンに真正面から命中させると、A、B、Cのうち、どのボールが最もたくさんのピンを倒せそうだろうか。〝破壊力〟が最も大きいのはどのボールか、ということで単純に考えていただきたい。日常的な経験から考えれば、その答えを見つけるのは、それほど難しくないはずである。

まず、同じ質量（重さ）のボールAとボールBとを比べれば、速さが大きいボールAのほうが破壊力が大きいことは明らかであろう。勢いよくピンに衝突するボールとゴロゴロとゆっくり衝突するボールのことを想像してみるとよい。次に、ボールAとボールCの破壊力の比較も容易であろう。同じ速さであれば、重いボールAのほうが軽いボールCよりも破壊力が大きいのは明らかである。たとえば、同じ速さでピンに衝突するボウリングのボールとバレーボールのことを考えてみるとよい。

いま述べたボールAとボールBとの比較、ボールAとボールCとの比較から、ボールが持つ

〝破壊力〟が、その速さと質量（重さ）に関係し、それぞれが大きいほど〝破壊力〟も大きいことがわかった。問題は、ボールBとボールCとの比較である。

質量についてはボールBのほうがCより大きいし、速さについてはCのほうがBより大きい。さあ、困った。質量と速さの、どちらの〝顔〟を立てるべきなのだろうか？

ボウリングのボールが持つ〝破壊力〟は、ボールの〝運動の勢い〟に依存するだろう。そして、その〝運動の勢い〟はボール、より一般的にいえば、運動する物体の速さと質量（重さ）に関係しているであろうことは、前述の通りである。この〝運動の勢い〟を表す量は「運動量」とよばれ（スポーツで使われる〝運動量〟とは意味が異なるので要注意）、質量と速さの積、つまり、

運動量＝質量×速さ　（式3・19）

で表される。しかし、〝運動の勢い〟というからには、その運動の方向が重要である。ボウリングの場合、どれだけ運動量が大きいボールを投げたとしても、それがピンの方向に向かわずに、反対の客席の方向に飛んでいってしまったら（事実、ボウリング場ではそのような光景をときどき見かけることがある）、客席にいる人を倒すことはあってもピンを倒すことができない。そこで、運動量は、速さの代わりに方向も考慮する速度を用いて、あらためて、

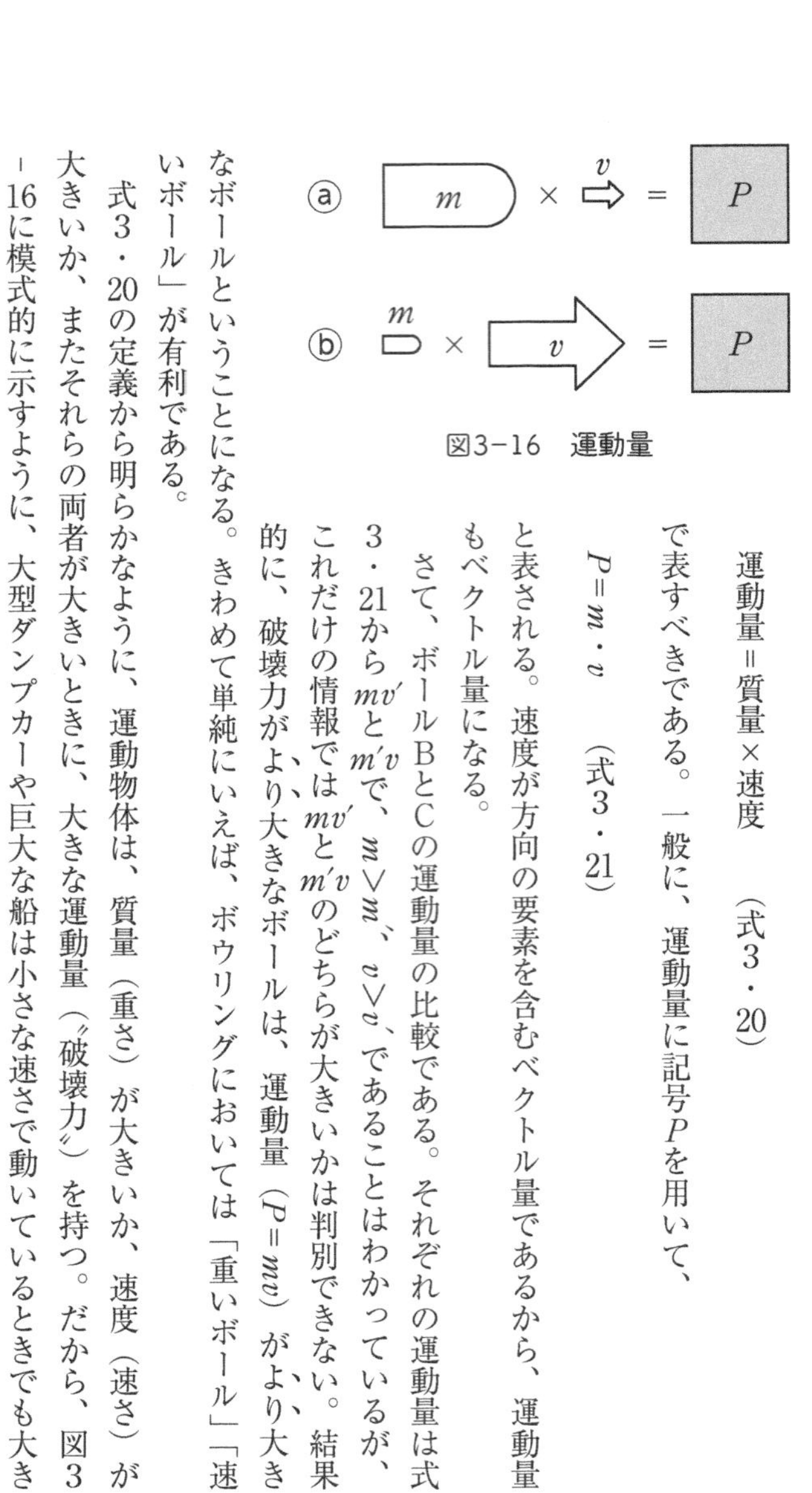

図3−16　運動量

運動量＝質量×速度　（式3・20）

で表すべきである。一般に、運動量に記号Pを用いて、

$P = m \cdot v$　（式3・21）

と表される。速度が方向の要素を含むベクトル量であるから、運動量もベクトル量になる。

さて、ボールBとCの運動量の比較である。それぞれの運動量は式3・21からmv'と$m'v$で、$m > m'$、$v > v'$であることはわかっているが、これだけの情報ではmv'と$m'v$のどちらが大きいかは判別できない。結果的に、破壊力がより大きなボールは、運動量（$P = mv$）がより大きなボールということになる。きわめて単純にいえば、ボウリングにおいては「重いボール」「速いボール」が有利である。

式3・20の定義から明らかなように、運動物体は、質量（重さ）が大きいか、速度（速さ）が大きいか、またそれらの両者が大きいときに、大きな運動量（〝破壊力〟）を持つ。だから、図3−16に模式的に示すように、大型ダンプカーや巨大な船は小さな速さで動いているときでも大きな運動量を持つし（ⓐ）、小さな弾丸でも高速で飛ぶならば大きな運動量を持つのである（ⓑ）。ダンプカーや弾丸が壁に衝突したときに生じる〝破壊〟は、運動量がもたらした衝撃力によるものである。

運動量の大きさから、疾走する大型ダンプカーが軽自動車よりも大きな〝破壊力〟を持つことも理解できるだろう。また、スピードの出しすぎが大きな交通事故につながる物理的理由も理解できるはずだ。このような「物理」を理解したからには、くれぐれも安全運転を心がけていただきたい。

ボールをより遠くへ──フォロースルーはなぜ重要か？

世の中にはさまざまなスポーツがあるが、それらの中で、私がプレーするのも見るのも特に面白いのは球技である。球技では一般に、ボール（球）をより遠くへ、またより強く飛ばすことが重要なポイントになる。前者は野球やゴルフ、後者はサッカーやバレーボール、テニスなどを思い浮かべればよい。先述のボウリングでは、後者のより強いボールが求められる。

ここでは、ボールをいかにより遠くへ飛ばすかについて考えてみよう。たとえば、野球の醍醐味（だいごみ）はなんといっても豪快なホームランだろう。ボールを遠くへ飛ばすためには、もちろんボールの中心をバットの真芯でとらえる（ジャスト・ミートする）ことが必要である。さらに、野球でもゴルフでも、ボールを遠くへ飛ばすためには〝フォロースルー〟（ミート後に、バットやクラブを完全に振り切ること）が大切だといわれる。また、速い速度でボールを打つことの大切さはいうまでもない。

いま述べたことは、野球にせよゴルフにせよテニスにせよサッカーにせよ、一度でもボールを打ったり蹴ったりしたことがある人ならば誰でも経験的に知っていることであろう。このように、〝経験的に知っていること〟を〝理論的〟にスッキリさせてくれるのが物理学なのである。

ボールを、より遠くへ飛ばすための方法を物理学的に検討することにしよう。まず、単純にいえることは、より大きな運動量（〝破壊力〟）でボールを打てば、より遠くへ飛ぶということである（もちろん、ジャスト・ミートするのが前提だ）。運動量は「質量（m）」と「速さ（v）」の積だから、第一に、より重いバット（あるいはクラブ）をより速い速さで振ってボールをミートすればよいことになる。

しかし、一般的にいえば、バットやクラブが重くなればなるほどスウィングの速さは遅くなってしまうので、それらの兼ね合いが重要になってくる。そして、やはり足や腰、腕の筋肉を鍛えなければならない。容易には、ボールが遠くへ飛ぶようなことにはならないのである。

次に〝フォロースルー〟の重要性について考えてみよう。まず、力Fと運動量Pとの関係、運動量の変化を調べてみよう。124ページ式3・9に示したように、加速度αは速度vの時間的変化

であり、125ページ式3・11より

$a = \Delta v / t$　（式3・22）

となる。120ページ式3・7から求められる$m = F/a$を式3・21に代入すると

$P = (F / a) v$　（式3・23）

となり、ここに式3・22を代入すると

$\Delta P = F \cdot t$　（式3・24）

が得られる。つまり、運動量の変化（ΔP）には、力（F）の大きさとその力がはたらいている時間（t）とが関係していることがわかる。式3・24を言葉で表せば「力の時間的効果（$F \cdot t$）が運動量Pを生む」あるいは「運動量は力の時間的な効果である」といえるだろう。そこで、

力（F）×時間（t）＝力積　（式3・25）

で表される「力積（りきせき）」というものを定義する。

ここで、簡単な数式遊びをしてみよう。いままでに出てきたいくつかの式の中から、「$F = m \cdot$

α」（式3・7）と「$\Delta v = \alpha \cdot t$」（式3・11）を用いる。式3・22を式3・7に代入すると、

$F = m \cdot (\Delta v / t)$　　（式3・26）

となり、これから、

$F \cdot t = m \cdot \Delta v$　　（式3・27）

となる。〝初めの速さ〟を〝$v_{初}$〟、〝終わりの速さ〟を〝$v_{終}$〟とすれば、

$\Delta v = v_{終} - v_{初}$　　（式3・28）

と考えられるから、式3・28を式3・27に代入して、

$F \cdot t = m \cdot v_{終} - m \cdot v_{初}$　　（式3・29）

を得る。

左辺は、先ほど定義した力積（Ft）である。右辺は148ページ式3・21で表される運動量の変化にほかならない。つまり、「力積とは運動量の変化のこと」である。

話を、ボールをより遠くへ飛ばすための〝フォロースルー〟の重要性に戻す。

ボールを遠くへ飛ばすためにはまず、ボールが大きな運動量を持たねばならない。そのために、バッターもゴルファーも大きな力（F）でボールを打つ。さらに、ボールが最大運動量変化（具体的には式3・29の〝$v_{終}$〟を最大にすること）を得るために、その力が持続する時間（t）をなるべく引き延ばす（結果的に力積＝Ftを大きくする）必要がある。この〝引き延ばし〟が〝フォロースルー〟である。フォロースルーによって、バットあるいはクラブ・ヘッドがボールに接触する時間が長くなるのである。

パンチと空手の衝撃

野球の場合、バッターはピッチャーが投げた後に飛んでくる運動量mvのボールを打つが、ゴルフの場合は、ティの上、芝生の上、あるいは砂の上に止まっているボールを打つ。つまり、ゴルフボールは、運動量がゼロ（式3・21で$v=0$）の状態に置かれている。このようなボールに、式3・29に示される力積が与えられて、ボールは運動量を得て飛んでいくのである。

逆の場合、つまり、はじめにある運動量を持っていた物体の運動量がゼロになる場合を考えてみよう。たとえば、速さvで疾走する質量mの自動車が静止する場合はどうだろう。その自動車は、速さがvに達した段階でエンジンを切り、速さvのまま惰性で動いているものとする。その静止の仕方の極端な例として、二つの場合を図3－17に示す。ⓐは刈り取られた稲のワラの山に

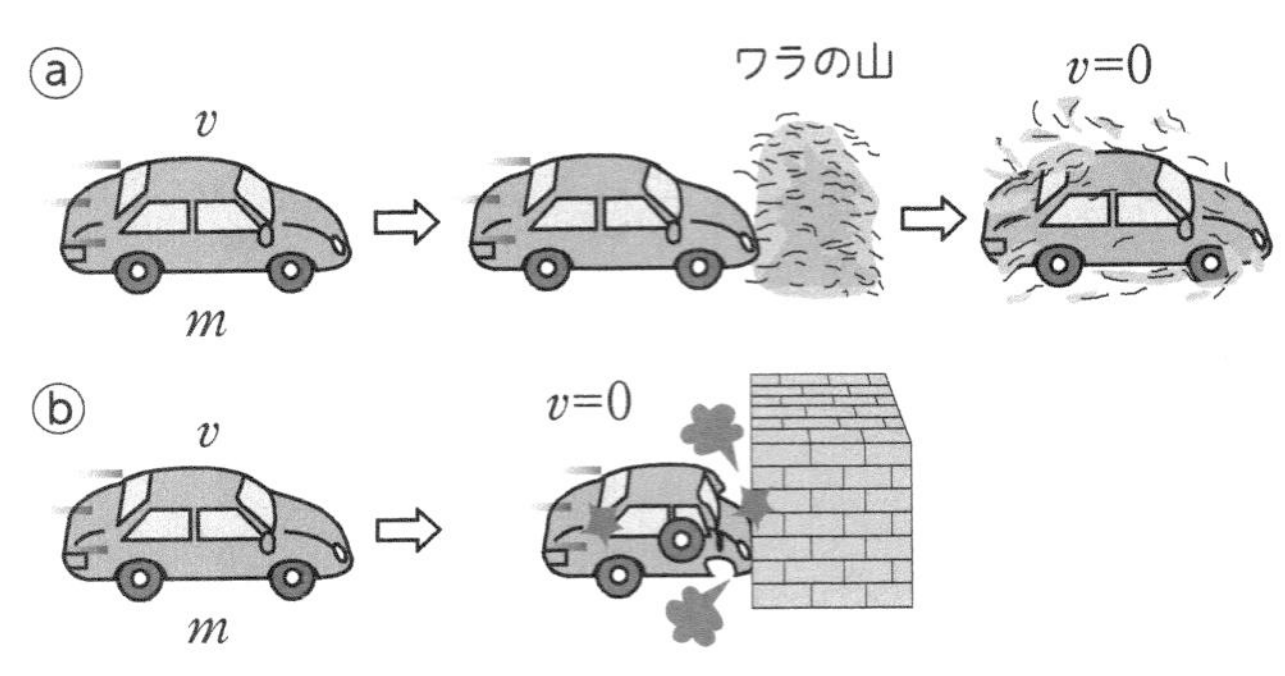

図3−17　疾走する自動車の静止

衝突し、徐々に減速して静止する場合である。ⓑはコンクリート・ブロックの壁などに激突して静止する場合である。

ⓐ、ⓑいずれの場合も、速さが $v\downarrow 0$ に変化するので、運動量の変化、つまり力積は式3・29より、

$$F\cdot t=m\times 0-m\cdot v=-m\cdot v \qquad (式3\cdot 30)$$

に等しい（このマイナスは、力の方向が逆であること、すなわち反作用を意味する）。しかし、2台の自動車が受ける衝撃はまったく異なる。そのこと自体は図3−17を見るまでもなく明らかだが、それはなぜか？　ⓐ、ⓑいずれの場合の自動車も、式3・30に示される mv という運動量の変化を〝経験する〟のだが、その〝経験の仕方〟が異なるのだ。

図3−17と式3・30を見ながら考えていただきたい。ⓐの場合、速さが v から0にいたるまでの時間、換言すれば、mv という運動量の変化に要する時間 t が長い。一方、ⓑの場合は、壁に激突した結果、速さは瞬時に v から0に変化する。

時間tがきわめて短いのである。つまり、同じ〈力×時間〉という値であっても、その〝中味〟がⓐとⓑとでは大いに異なるのだ。Ftという積は同じなのだから、ⓐの場合は「t大、F小」、ⓑの場合は「t小、F大」となる。これを〝視覚的数式〟で表せば、

$${\scriptstyle F}\cdot t = F\cdot {\scriptstyle t} \quad (式3・31)$$

となるであろう。左辺がⓐの場合、右辺がⓑの場合である。

結論を述べよう。ⓐ、ⓑいずれの場合も、自動車はmvという運動量の変化を経験するが、その〝経験〟の継続時間tが異なるため、受ける衝撃力Fに大きな違いが生じるのである。このことは、たとえば、高い所から飛び降りたとき、着地の瞬間に膝(ひざ)を曲げたほうが衝撃が少ないし、コンクリートの上に落ちた茶碗は割れて粉々になるが、ふとんの上に落ちた茶碗は割れない、ということの説明につながる。いずれの場合も、tを長くすることによって、衝撃力Fを小さくしているのである。

以上の考察は、ボクシングなどでパンチを受ける場合、その衝撃を最小にする〝方法〟を見つけるのに役立つ。一般の人がボクシングのパンチを受ける機会はないだろうが、長い人生のあいだには、何かの拍子に誰かからパンチを受けることもあるかもしれない。念のため、以下を読んでおくとよいだろう。

もちろん、パンチの衝撃力を最小にする最良の方法は、パンチを避けることである。もし、どうしても避けられないとすれば、式3・31の左辺のように、tを長くしてFを小さくすればよい。つまり、身体（顔）を後ろに反らして「パンチを受け流す」のである。柔道の「受け身」も、tを長くしてFを小さくする方法である。

逆に、出鼻を打つ〝カウンター・パンチ〟が効果的なのは、式3・31の右辺のような状態になるからである。同じ運動量の変化に対し、tが小さくなれば、その分Fが大きくなる。このことは、空手の〝手刀〟の一撃で、積み重ねた何枚もの板や瓦を割れる理由を説明する。空手家は、腕と手をかなりの運動量（mv）で板や瓦にぶつけるのである。このとき、その作用時間tを可能なかぎり短くすることによって、大きな衝撃力Fが得られるわけである。

3-4 仕事の源・エネルギー

エネルギーとはなんだろう？

私たちの日々の活動の源はエネルギーであり、それは体内に保持される活気、精力である。私たちが生きていくうえで、エネルギーは不可欠なものだ。

また、あらゆる科学の分野で最も重要な概念も、このエネルギーと物質（第4章参照）である。宇宙、自然界は物質とエネルギーの組み合わせでつくり上げられている。物質が構成要素であり、その構成要素を動かすのがエネルギーである。いままで本章で述べてきた「運動」の源も、もちろんこのエネルギーであり、エネルギーなくしては、いかなる運動も生じない。

社会学や経済学、あるいは宗教におけるエネルギーはともかく、物理学におけるエネルギーは「自然界（人間界も含まれる）に起こるさまざまな変化の原動力になる能力」と考えればよい。物質は具体的だが、エネルギーは抽象的である。エネルギーそのものを人間（少なくとも〝常人〟）の五感で〝形〟として認識することはできない。能力の〝結果〟は見ることができても、能力自体を見ることはできないのである。だから、能力自体の評価は難しい。

エネルギーと仕事――見えないものを可視化するもの

振り上げたハンマーには釘を打ち込む能力があり、弾丸には物を破壊する能力がある。熱には機関車を動かす能力があるし、光や電気にもさまざまな仕事をする能力がある。

先ほど、エネルギーを「さまざまな変化の原動力になる能力」と考えたが、もう少し〝物理的〟にいい直すと、エネルギーとは「物体に仕事をさせる能力をもつ〝何か〟」のことである。ここで、物理学的な〝仕事〟というものを簡単に定義しておこう。この〝仕事〟の量によって、私たちには見えないエネルギーの大きさを知ることができるからである。

日常生活においても、〝仕事〟という言葉は「仕事がはかどらない」とか「仕事が忙しくて」「それはいい仕事だ」などと使われる。これらの〝仕事〟が意味するのは「職業・業務、すること、しなければならないこと」である。しかし、物理学における〝仕事〟の意味はちょっと違う。「物体に力Fを作用させ、距離Lだけ動かしたときの〈$F \times L$〉」と定義されるのが物理学上の仕事である。仕事をWで表せば、

$$W = F \cdot L \qquad (式3 \cdot 32)$$

で、120ページ式3・7をこの式に代入すれば、

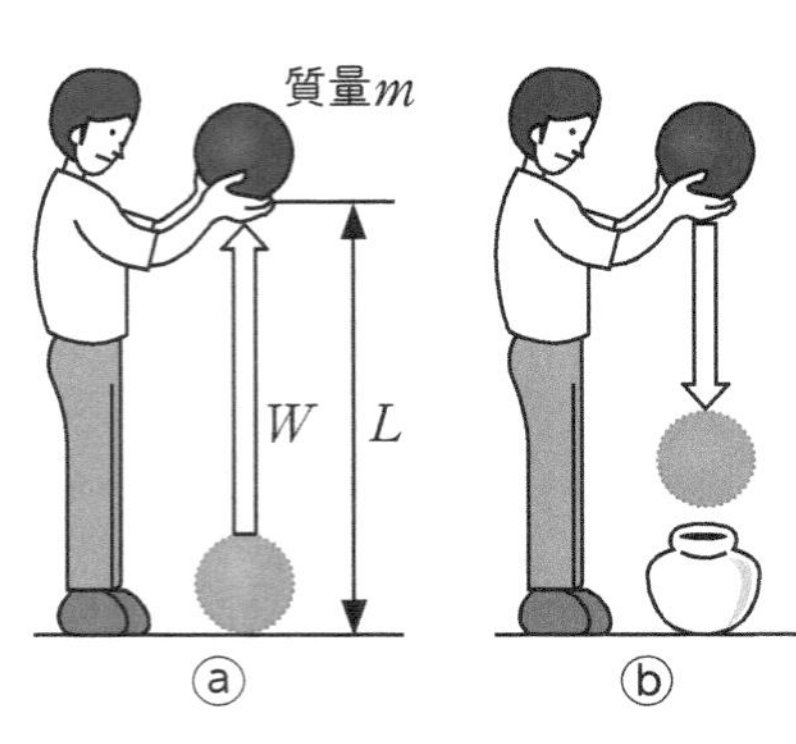

図3−18　仕事とエネルギー

$$W = m \cdot \alpha \cdot L \qquad (式3 \cdot 33)$$

となる。たとえば、図3−18ⓐに示すように、質量mのボウリングのボールを床からLの高さまで持ち上げるとする。そのためには、重力加速度（g）に逆らった仕事、

$$W = m \cdot g \cdot L \quad (式3・34)$$

が必要である。仕事なしに、ボウリングのボールがひとりでに高さLまで上がることはあり得ない（マジックでこのようなことが行われることがあるが、その場合でも、どこかで、観客に気づかれないように、きちんとそれ相当の仕事が行われている）。

次に、図3-18ⓑに示すようにこのボールを自由落下させ、床に置いた壺などに衝突させれば、その壺は粉々に壊れるであろう。つまり、その落下するボールは壺を破壊するエネルギーを持っていたことになる。そして、そのエネルギーの大きさは、手との摩擦や空気抵抗などを無視すれば、式3・34に等しい。そのエネルギーは、ボールを床からLの高さまで持ち上げるという仕事によってもたらされたものである。

つまり、仕事をするにはエネルギーが必要であるし、仕事をすればエネルギーが生まれるのである。このことは、日常的体験から考えてみても当然のことであろう。物理学は決して日常生活と乖離（かいり）しているものではない。それどころか、きわめて身近なものなのだ。

エネルギーを変換する

エネルギーには、その〝源〟の種類や性質によって、力学的エネルギー、光エネルギー、熱エネルギー、電気エネルギー、化学エネルギー、核（原子力）エネルギーなどとよばれるさまざまな形がある。現実的に、私たちはさまざまなエネルギーを、さまざまな装置や器具に用いたり、形を変えたりして活用しながら生活している。

現代の私たちにとって最も身近、かつ最も重要なエネルギーは電気エネルギーだろう（第2章参照）。電気エネルギーは、図3－19に示すようにさまざまなエネルギーを利用（変換）して得られている。また、このようにして得られた電気エネルギーが、暖房器具や照明器具、電気自動車に使われたりすることは、それが熱エネルギー、光エネルギー、力学的エネルギーに変換されることを意味する（79ページ図2－6参照）。エネルギーは〝仕事〟を通して、他のエネルギーに変換されるのである。

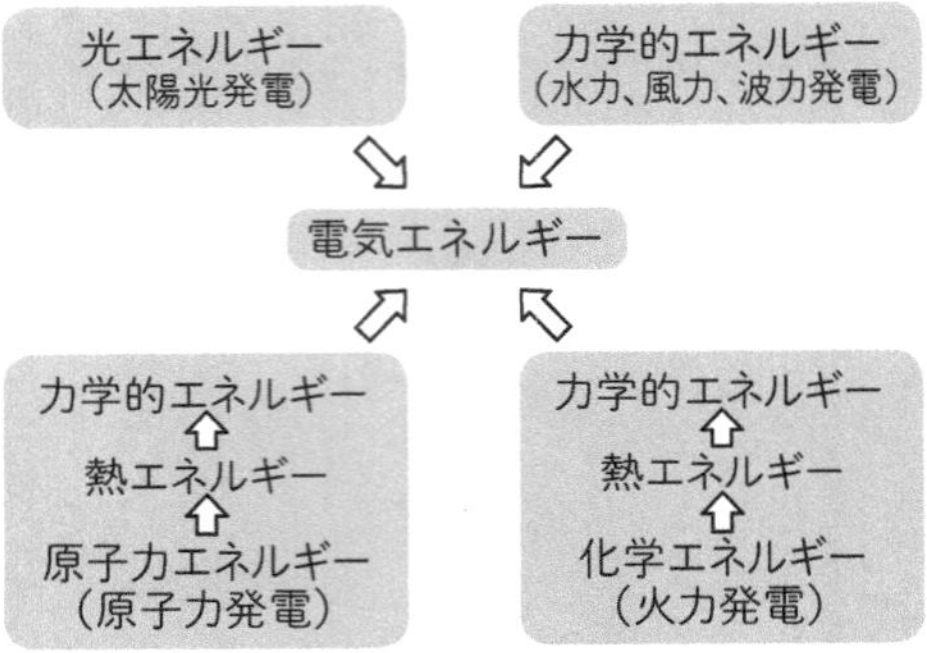

インプットされる（変換される）エネルギーをA、アウトプットされる（新しく得られる）エネルギーをBとすれば、その変換のされ方には、図3－20に示される4通りが考えられる。

図3－19　さまざまなエネルギーとエネルギー変換

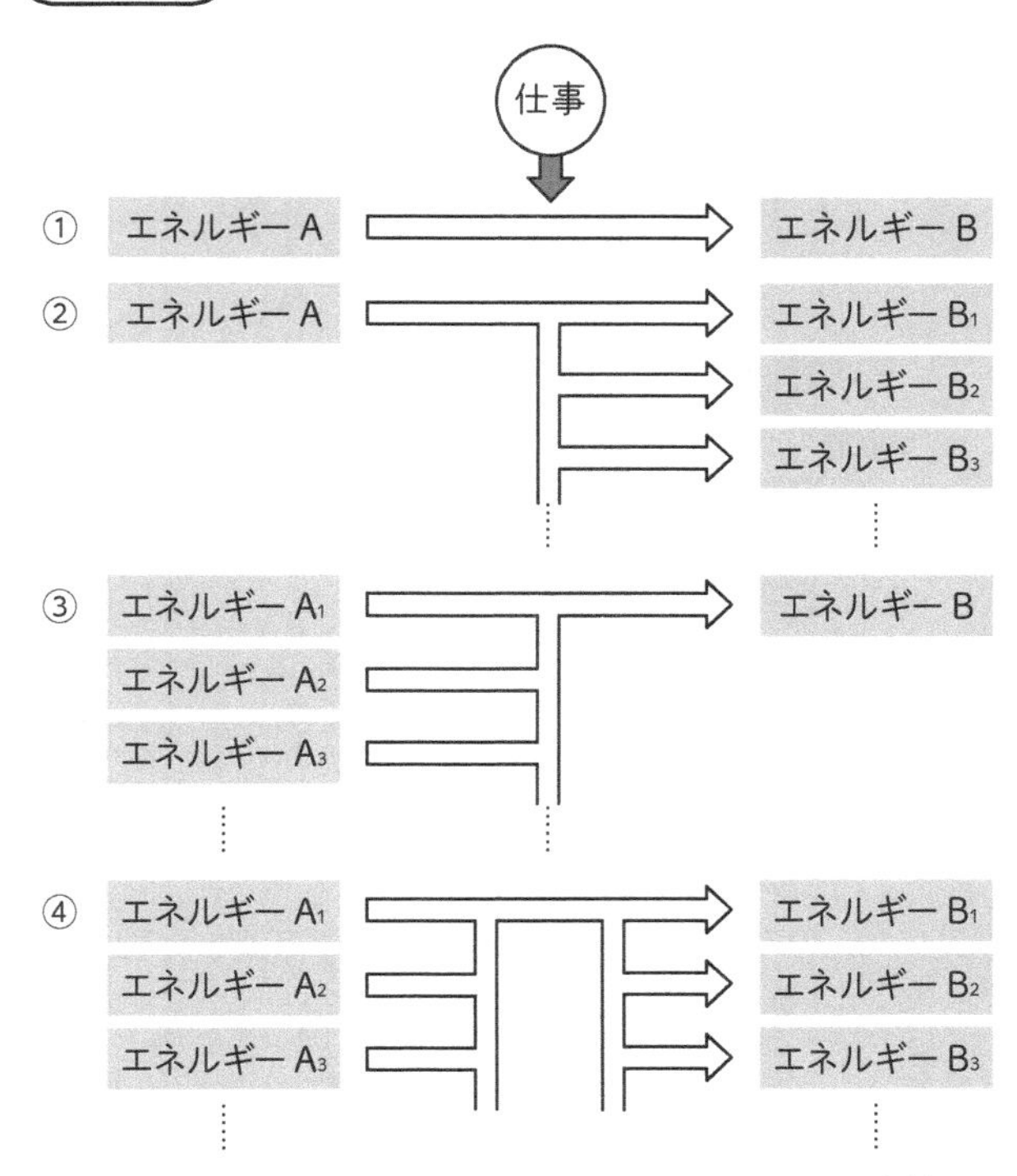

図3-20　エネルギーAからエネルギーBへの変換

①は、水力発電のように、水の力学的エネルギーを電気エネルギー（電力）に変換するような場合である。②は、電気発熱体（電球のフィラメントなど）に電気を流すような場合で、電気エネルギーは光と熱に変換されている。

③は太陽光発電のような場合で、さまざまな波長の光のエネルギーが熱エネルギー（そして電気エネルギー）に変換される。④は、動物がさまざまな食料を食べ、肉体労働、頭脳労働、

新陳代謝などのためのさまざまな形のエネルギーを生んでいる場合である。

これらはいずれも、エネルギーの質的変換の例であるが、このほかにも、A→a、a→Aのように、エネルギーの量的変換が行われる場合もある。このような量的変換は一般に減衰、あるいは増幅とよばれる。

以上、さまざまな「運動」と「エネルギー」の話をしてきたが、「運動」を論理的に記述する「力学」が、私たちの生活に、いかに身近なものであるかがわかっていただけたのではないだろうか。「エネルギー」も私たちの生活環境、ひいては地球および人類の未来のことを考えるうえで、避けては通れない重要テーマである。物理学が、決して学校の試験のためにあるのではないことを、ぜひともわかっていただきたい。

以下、図3-19に示されるように、私たちにとって最も身近で重要な電気エネルギーと密接に関係する「力学的エネルギー」と「熱エネルギー」について説明する。

3-5 力学的エネルギー

位置エネルギー

図3-18で持ち上げたボールが、壺を破壊するようなエネルギーを持っていることを述べた

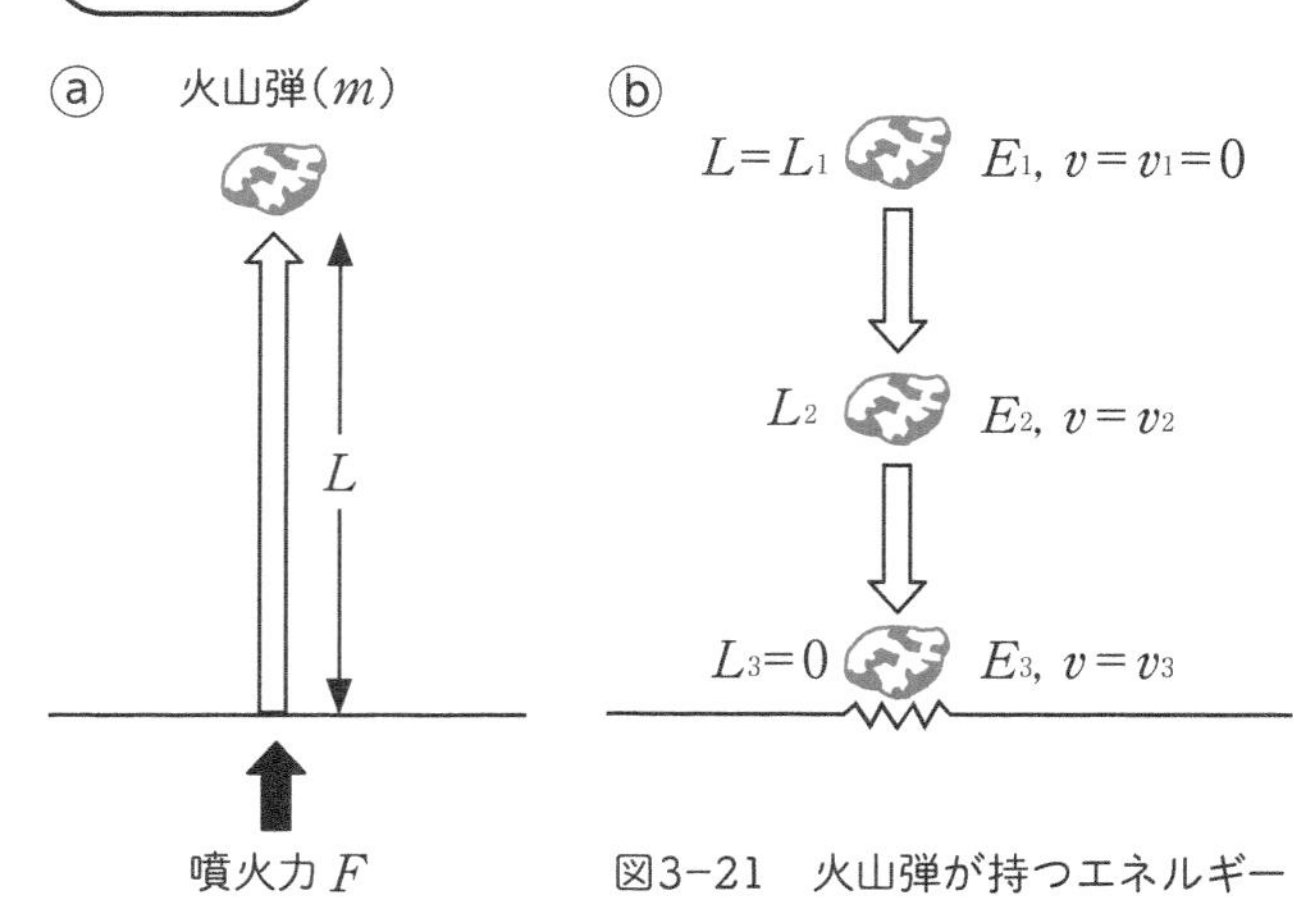

図3–21　火山弾が持つエネルギー

が、同じようなことを、こんどは気分を変えて、図3–21ⓐのように火山が噴火により地上の高さLまで噴き上げた質量mの火山弾が持つエネルギーについて考えてみよう。

噴き上げられた火山弾が地表に落下し、その落下点に何かがあったとすれば、その何かはなんらかのダメージを受けることになる。つまり、その落下する火山弾は、それだけのダメージを与えるエネルギーを持っていることになる。たとえ同じ質量を持つ火山弾でも、地表にころがっているだけではこのようなエネルギーを持つことはできない。

火山弾は、重力の加速度gに逆らって（引力と逆方向に）噴き上げられたわけだから、このとき噴火が行った仕事は式3・34で与えられる。高さLまで噴き上げられた火山弾はmgLのエネルギーを得たことになる。繰り返しになるが、火山が行った式3・34に示される仕事が、火山弾が持つmgLというエネルギーに変わったわけである。このようなエネルギーは高さL（位置）に依存するので「位置エネルギー」（記号E_pで表す）とよばれ、あらためて

$$E_p = mgL \quad (\text{式}3 \cdot 35)$$

と記述する。式3・35から明らかなように、位置エネルギーはLが大きくなるほど大きくなる。つまり、高いところにある物体ほど（そして、重い物体ほど）大きな位置エネルギーを持つことになる。

位置エネルギーの特徴は、その高さ（位置）にまで到達する経路には無関係で、高さ（位置）のみに依存することである。つまり、たとえば、ある高さの山の頂上に登るとき、ロッククライマーのようにまっすぐ真上に登っていこうが、ジグザグあるいは螺旋（らせん）状に登っていこうが、結果的に同じ高さに到達した登山者は、同じ大きさの位置エネルギーを持つということである。

運動エネルギー

図3‐21ⓑに示すように、火山弾は高さL_1（$=L$）から地表（$L_3=0$）まで落下するあいだに徐々に高さを低くするわけだから、位置エネルギーは徐々に小さくなっていく。$L=0$の地表では、mgLのLに0を代入すれば$E_p=0$になってしまう。0（ゼロ）のエネルギーがダメージを

与えられるというのはヘンな話である。

しかし、自然界に矛盾はない。噴き上げられた火山弾が高さLに達して落下を始める瞬間、火山弾は静止（$v=0$）し、ひとたび落下を開始すると

$$v=gt \qquad （式3・13）$$

に従って徐々に速さを増していく。そして、「$P=mv$」（148ページ式3・21）で示されたように、火山弾は速さvに比例した運動量を持ち、結果的に次式で表される「運動エネルギー」（記号E_kで表す）とよばれるエネルギーを増していく。

$$E_k=\frac{1}{2}mv^2 \qquad （式3・36）$$

つまり、火山弾は落下するに従って、位置エネルギーE_p（$=mgL$）を失うが、その失った分を運動エネルギーE_k（$=\frac{1}{2}mv^2$）に変換しているのである。もちろん、落下する火山弾に限らず、速度（速さ）vで運動している質量mの物体は、式3・36の運動エネルギーを持つ。

式3・36を眺めながら「野球で、ボールをより遠くへ飛ばすためには、より重いバットをより速く振ればよい」（150ページ）ということを思い出していただきたい。スウィングされるバットが持つ運動エネルギーをより大きくするにはどうすればよいか。バットの重さ（m）を大きくし

ても1乗の効果しかないが、スウィングの速さ（v）を大きくすれば2乗の効果が生まれる。このことは他のスポーツ、たとえばゴルフやテニスでも同様であり、いかにスウィングの速さが重要かということが物理的に立証されるのである。

全力学的エネルギー

結局、火山弾が持つ全エネルギーEは

$$E = E_p + E_k \quad \text{（式3・37）}$$

で、つねに同じことになる（「エネルギー保存の法則」という）。

ここで、図3-21ⓑに示される高さL_1（$=L$）、L_2、L_3（$=0$）にある火山弾が持つエネルギーをそれぞれE_1、E_2、E_3とすると、

$$E_1 = E_p + E_k = mgL_1 + 0 \quad \text{（式3・38）}$$

$$E_2 = E_p + E_k = mgL_2 + \frac{1}{2}mv_2^2 \quad \text{（式3・39）}$$

$$E_3 = E_p + E_k = 0 + \frac{1}{2}mv_3^2 \quad \text{（式3・40）}$$

となり

$$E_1 = E_2 = E_3 \quad \text{（式3・41）}$$

が成り立つ。

このような位置エネルギーと運動エネルギーをまとめて「力学的エネルギー」という。つまり、式3・41は、落下する物体は落下の過程で徐々に位置エネルギーを失いつつ、運動エネルギーを得ており、位置エネルギーが連続的に運動エネルギーに変換され、すべての時点で落下する物体が持つ全力学的エネルギーの総和は等しい、ということを示しているのである。

3-6 熱エネルギー

熱とは何か?

地球上の生物の中で、人類だけが高度の文明を持つようになったが、その発端の一つは、人類が火を使うことを身につけたことである。

人類にとって、火の利用が重大な意味を持ったのは、暗闇を照らす〝明かり〟のほかに、何よりも、その〝熱〟のためである。火は熱源として、人類の生活に不可欠のものになった。寒いときには火を用いて暖をとった。また、火を用いて食物を加熱処理することにより、人類の食生活は飛躍的に豊かになった。さらに、加熱処理によって食料の保存を可能にし、生活形態そのものの変化をももたらした。文明が進歩するに従い、熱の利用は拡大され続けた。また、科学と技術の発展によって、多種多様な熱源が開発され、実用化された。熱の利用の拡大が人類の文明を発展させてきたといっても決して過言ではない。

〝熱〟は私たちにとってきわめて身近なものであり、また、日常生活においてばかりでなく、生命自体の維持にとっても不可欠なものである。ところが、あらたまって「熱とは何か」と問われると、明快に答えるのはなかなか難しい。

物が燃えれば、（火から）熱が出る。また、私たちは、熱が伝導することを体験的に知っている。このような背景から、人類は当初、〝熱の物質（熱素）説〟を考えた。つまり、熱は熱い物体から冷たい物体へと移動（伝導）する流動性の物質（〝熱素〟）であると考えられたのである。

しかし、〝物質説〟では、摩擦によって熱が生じることがうまく説明できない。そもそも、人類が最初につくった火は摩擦熱を利用したものだった。私はケニヤとタンザニアのマサイ村を訪ねたとき、彼らが摩擦から火を起こすのを目の前で見た。摩擦熱のほかにも〝熱素説〟では説明できないさまざまな熱の現象が存在する。〝熱素説〟は否定されざるを得なかった。

結局、現在の科学知識をもって、「熱とは何か」という問いに対して簡潔に答えるとすれば、「物質を構成する原子・分子の運動エネルギー」ということになる。ここでは「熱とは仕事をする能力を持つエネルギーの一種」と考えておこう。

熱の移動

いま、図3-22ⓐのように、同じ物質でできた同じ体積の物体が2個（AとB）あるとする。Aは100℃に熱せられていて、Bは50℃に熱せられている。物体と外界とのあいだに熱の出入りは一切ないものとし、このA、Bを図3-22ⓑに示すように、理想的に接触させる。〝理想的接触〟とは、AとBとのあいだにいかなる物質も空隙もない、という意味である。

このような理想的接触の後、Aの温度は徐々に低くなり、それに応じてBの温度は徐々に高くなっていく。一定時間後には、図3-22ⓒに示すようにA、B両物体の温度はともに75℃に落ちつく。これは、温度が高いAから温度が低いBへ熱が移動した結果である。Aが失った熱量とBが得た熱量が等しいことは、図3-22から容易に理解できるだろう。

いま「熱が移動した」と述べたが、このとき私たちに観測できるのは、あくまでも接触前後のA、Bの温度変化でしかない。熱素のような物質が移動するわけではないのである。

日常経験では当然なことであるが、ここできわめて重要なことは、熱は高温部（高温物体）から低温部（低温物体）へ移動するのみで、決して逆方向に移動しない、ということである。これは、「熱力学の第二法則」とよばれる自然界においてきわめて重要な法則である。また、いった

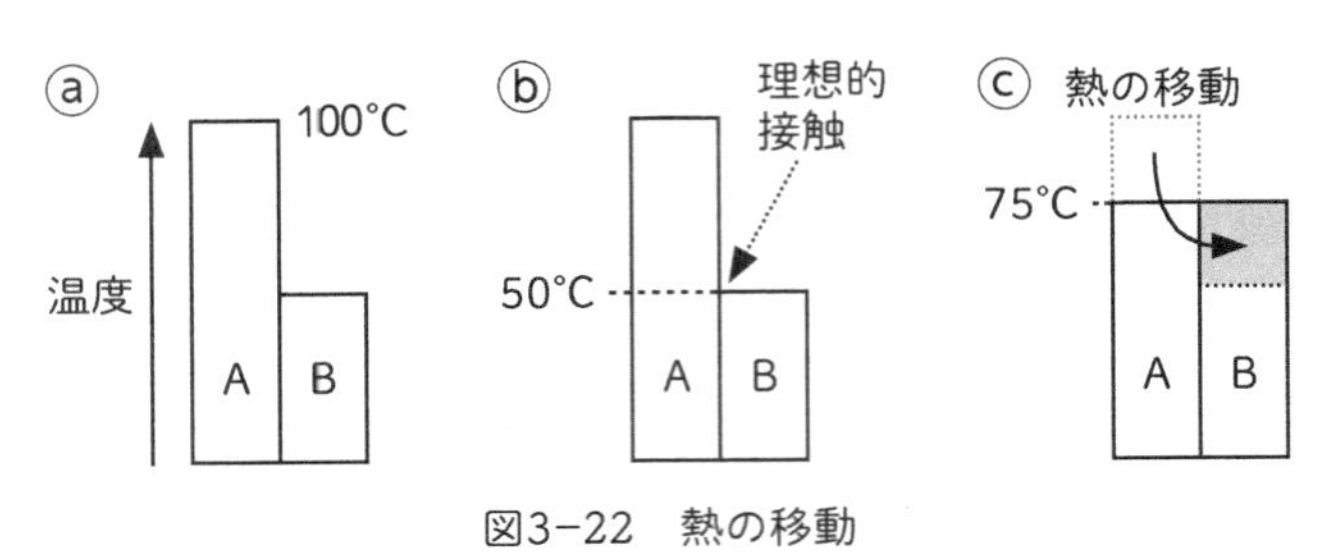

図3−22　熱の移動

ん移動してしまったら、決して元には戻らないような過程を「不可逆過程」とよぶ。熱の〝仕事〟は、熱が高温部（高温物体）から低温部（低温物体）へ移動したときにのみ行われ、たとえいくら高温であっても、熱が移動しないかぎり、いかなる仕事も行われない。

　ここで私は、移動したときにのみ〝仕事〟を行う熱は、人間が持つ金と似ていることに気づいた。金もまた、移動したときにのみ〝仕事〟をする存在である。つまり、金は移動したときに限って、私たちに物や楽しみや喜びを与えてくれる。世の中には、金を持っていること自体が喜びであるという人もいるようだが、一般的には、たとえどれだけたくさんの金を持っていても、それを移動させないかぎり、つまり使わないかぎり、いかなる物も楽しみも喜びも生まれない。金を持っていること自体が喜びであるという人以外の普通の人にとって、金は「目的」ではなく、あくまでも「手段」だからである。

　とてもよく似た性質を持つ熱と金ではあるが、両者で決定的に異なる重要な違いがある。熱は、高温部から低温部へ移動するのみで、決して逆方向には移動しないが、人間の金の場合は、この自然界の大法則が必ずしも成り立たないのである。つまり、自然界の大法則に則れば「金は〝金持ち〟から〝貧乏人〟へ移動するのみで、決して逆方向に移動することはない」でなければならないのだが、人間社会では、これとは逆に、金が〝貧乏人〟から〝金持ち〟へ移動する（〝金持ち〟が〝貧乏人〟から金を巻き上げる）という不自然なこと、不条理なことがしばしば起こるのである。

私はやはり、自然界は美しく、人間界は美しくないという想いを強くする。

●参考図書――さらに深く知りたい人のために

1　藤井清、中込八郎著『物理現象を読む』（講談社ブルーバックス、1978）

2　P・G・ヒューエット著（小出昭一郎監修、黒星瑩一、吉田義久訳）『力と運動』（共立出版、1984）

3　志村史夫著『したしむ熱力学』（朝倉書店、2000）

万物の「究極構造」を考える
——「見えない世界」の物理学

私たちの周囲には、さまざまな〝物〟、〝物体〟が存在する。それらは、自然物—人工物、生物—無生物、気体—液体—固体、導体—半導体—絶縁体、というように、さまざまな観点から分類される。私たち自身の身体もまた、一つの物体である。

〝物体〟は、国語辞典風にいえば「精神でなく、空間に実在し、具体的な形を持つもの」であり、また「人間の感覚で、それがわかるような一定の形をなしているもの」である。このような〝物体〟を形成するのが〝物質〟である。〝物体〟も〝物質〟も、あまりにも〝ありふれたもの〟なので、私たちはふだん、それについて深く考えようとしない。

しかし、人類がこの地球上に現れたときから現在まで、「物質の根源」は、一貫して人類の最も知的な好奇心の対象の一つであり続けている。世界各地に伝えられる「天地創造」の神話は、こうした知的好奇心、探究心の結実の一つであろう。

物質とは何だろうか。物体は物質から、どのようにつくり上げられているのだろうか。本章では、私たちにとってきわめて身近な物質を眺め、「物質とは何か」という人類誕生以来の知的好奇心を満たしてみよう。物質とは何かがわかれば、ちょっと大袈裟にいえば、私たちの人生観が変わるような気がする。なんといっても、私たち自身の「身体」自体が物質なのだから。

具体的な物質の話に入る前に、二つのことを了解しておきたい。

まず、「すべての物質は原子からできている」ということである。じつは、この〝原子〟が何かということを、人類はおよそ2500年ものあいだ、探究し続けてきた。現時点での理解については、のちほど簡単に触れるが、ここではひとまず、原子は大きさが100億分の1m（10^{-10}m＝0.0000000001m）ほどの〝粒〟である、と理解しておいていただきたい（図4－1）。私たちの日常感覚からすれば、1mの100億分の1という大きさは想像を絶するほど小さい。直径10㎝のリンゴを地球の大きさほどに拡大して、原子の大きさはようやく1㎝ほどになるのである。

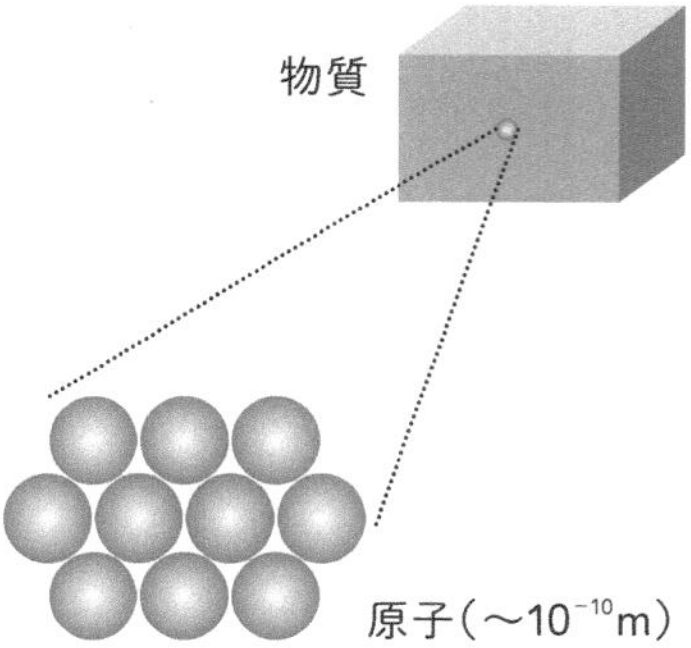

物質

原子（～10^{-10}m）

図4－1　物質を形成する原子

次に了解しておきたいのは、私たちの身のまわりにも、地球上にも、宇宙にも無数の物質が存在するが、それらの構成要素（原料）はわずか１００種類ほどの元素（種類の異なる原子）である、ということである。それは、たとえば英語で、26文字のアルファベットから無数の単語、そして無限の文章がつくられるのと似ている。

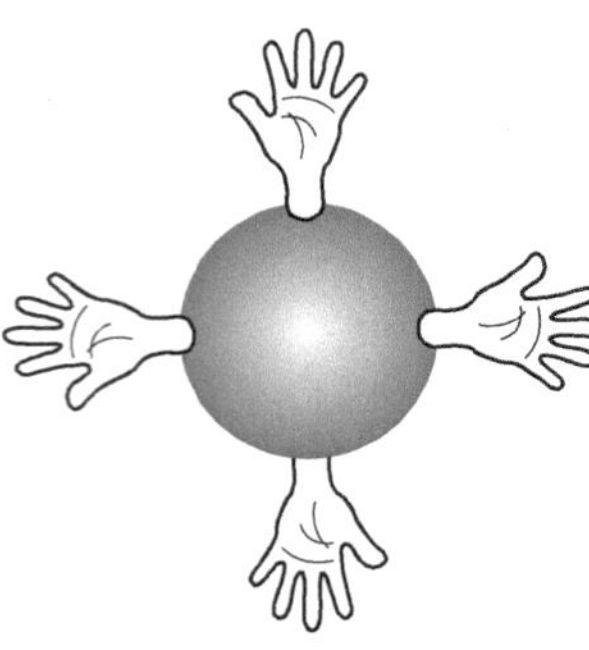
図4−2　原子の“手”

4-1 水と氷と水蒸気

原子は握手する——どう結合するか

いま「すべての物質は原子からできている」と述べたが、物質が形成されるためには、それらの原子が結合しなければならない。コンクリート・ブロックや材木だけを集めても、それらが組み合わされなければ建物にならないのと同じ理屈である。

人間同士の結びつきに、親族・親類関係、主従関係、上下関係、恋人関係、利害関係などのさまざまなタイプがあり、またその絆（きずな）に強弱があるように、原子同士の結びつき方（結合の仕方）にもさまざまなタイプ、強弱がある。

いずれにしても、原子は図４−２に模式的に描く〝手〟のようなものを持っており、その

〝手〟を使って、図4－3に示すように互いに〝握手〟することで結合するのだ、と考えればよい。この〝手〟にもさまざまな種類があり、その結果、〝握力〟も異なるし、また元素によって〝手〟の数が異なる。

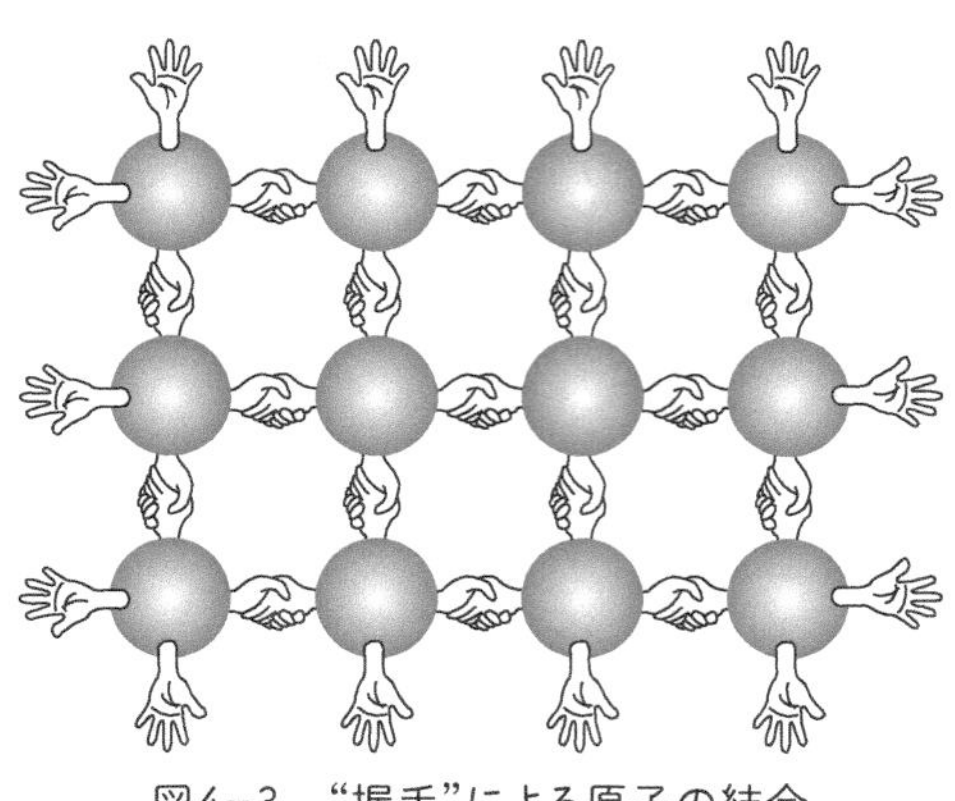

図4−3　“握手”による原子の結合

図4－2、図4－3を見て、「ちょっとヘンだ」と感じた読者は鋭いセンスを持っている。図4－2に示されるように、原子の〝手〟が平面的に伸びており、その結合が図4－3のように平面的に拡がっていったのでは、物質は立体的になれないではないか。ちょうど、バーベキューに使われる四角い網のようになってしまうのではないか？　当然の疑問である。

ところが、自然というのはじつにうまくできていて、実際の原子の〝手〟は、たとえば図4－4のように立体的な方向に伸びているのである。したがって、これらの原子が無数に結合して形成される物質は立体的になれるのだ。

温度と圧力が左右する「物質の三態」

私たち人類を含む動物が生存するうえで、絶対不可欠な物質といえば水と空気だろう。周知のように、水は2個の水素原子（H）と1個の酸素原子（O）からなる分子（H_2O）が結合してできたものである。水分子はほぼ球形をしており、その直径はおよそ0・0000000003m（3×10^{-10}m）である（図4－5）。

〝分子〟とは、独立した固有の物質（厳密にいえば〝電気的に中性の物質〟）として存在し得る最小単位のことである。分子は、それを構成する原子の数によって単原子分子（炭素Cなど）、二原子分子（水素H_2や酸素O_2など）、多原子分子（二酸化炭素CO_2など）に分類される。水の分子H_2Oは多原子分子である。

液体である水は約0℃で凍って氷（固体）になり、約100℃で蒸気（気体）になる。つまり、同じH_2Oという物質でも、それが存在する条件によって、液体、固体、気体という状態をとり得る。これを「物質の三態」という。もちろん、H_2Oに限らず、すべての物質はそれが存在する温度と圧力によって、三態のいずれかの状態をとる。

水のように常温で液体のものもあれば、金属のように固体のものもある（かつて体温計などに

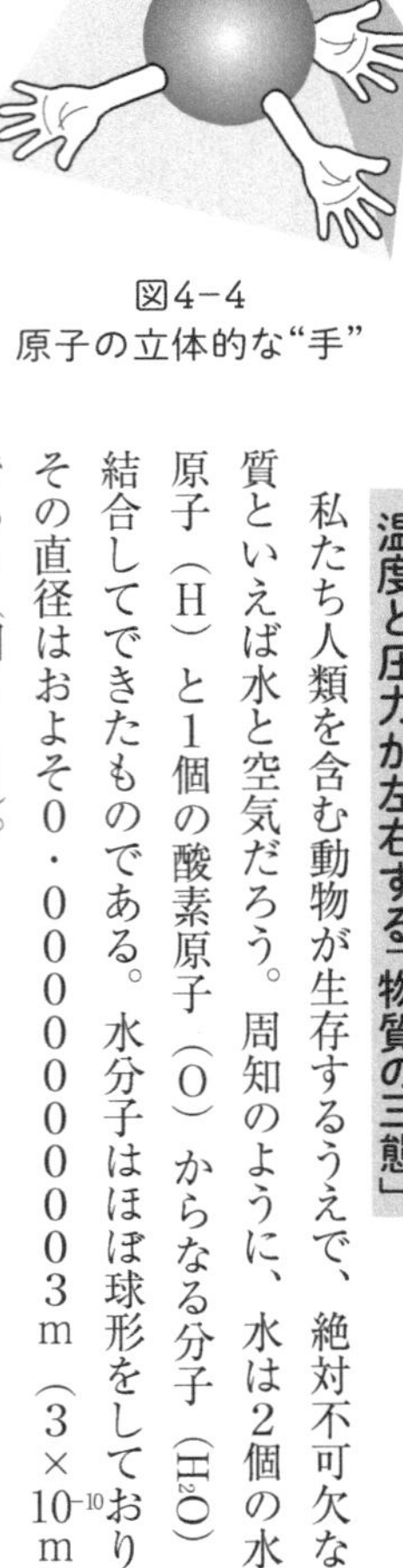

図4－4
原子の立体的な“手”

使われた「水銀」という金属は常温で液体である）。水素や二酸化炭素のように気体のものもある。どの物質も〝三態〟をとり得るが、それらの温度が異なるのは、結合の〝手〟の違い、結合の仕方の違いのためである。

水は100℃で水蒸気に変わる（この温度を「沸点」とよび、気体に変わることを「気化する」という）が、これは1気圧下での話であり、圧力が下がれば沸点も下がる。0・62気圧の富士山頂なら、沸点は約88℃になる。このような場所で米を炊くと、半煮えの美味しくない御飯になってしまう。水温が88℃までしか上がらないからだ。

一方、圧力が上がれば沸点も上がる。このことを応用したのが、圧力鍋である。蓋（ふた）をネジで締めて密閉し、鍋の中の圧力を高める。鍋の中の水とともに、豆や肉も100℃以上に熱せられ、それらが短時間で煮えるというわけである。

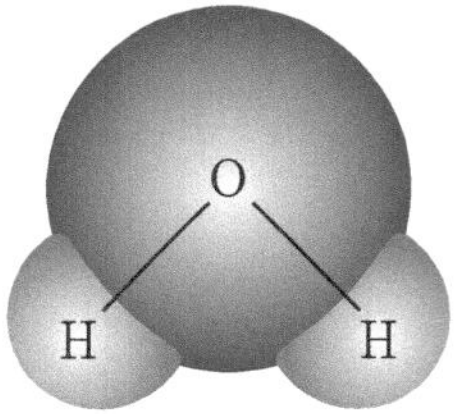

図4-5　H_2O分子

「絆の強さ」は何が決めるか

同じ元素からなる物質が、それが存在する温度や圧力によって、なぜ三つの状態をとり得るのだろうか？　図4-3で説明したように、原子・分子は互いに〝手〟のようなもので〝握手〟しながら結びついているのだが、物質の状態は、その握手の強さ、原子・分子間の絆の強さに依存する。あるいは、物質を構成する要素が持つ「自由度」に依存する、といってもよい。この強さあるいは自由度が、温度、圧力という〝環境〟に左右されるのである。

恋人同士が（別に恋人同士でなくてもよいのだが）手を握り合っているところを想像するとわかりやすい。強く握り合っている者同士は、とても強い絆で結ばれているが、それは同時に、別々になれる自由度が小さいということを意味する。また、当人たちの熱の入れ具合（温度）によって、握り合う強さは異なるだろう。さらに、周囲の状況（圧力）によっても、握り合う強さは異なるに違いない。二人だけの暗闇へいけば、一段と強くなるだろう（これは私の想像であるが）。そんな場所で運悪く、バッタリと昔の恋人に出合ったりしたら……？

人間社会におけるさまざまな現象は、非常に複雑で予測が難しい。その点、自然科学の世界はまことに正直かつ単純で、理解しやすくできている。温度と圧力さえ決まれば、物質の状態は一義的に決まるからである。

物質の三態の違いを多少〝物理的〟に図示したのが図4-6である。図中の●は、原子あるいは分子を表す（実際は「イオン」という〝単位〟も含まれるが、その説明は割愛する）が、以下の説明では原子に代表させる。

気体を構成する原子間の〝絆〟は非常に弱いので、原子はほぼ離れ離れに、ほとんど自由に空間内を運動している。したがって気体は、定まった形を持たないばかりでなく、自ら限りなく膨

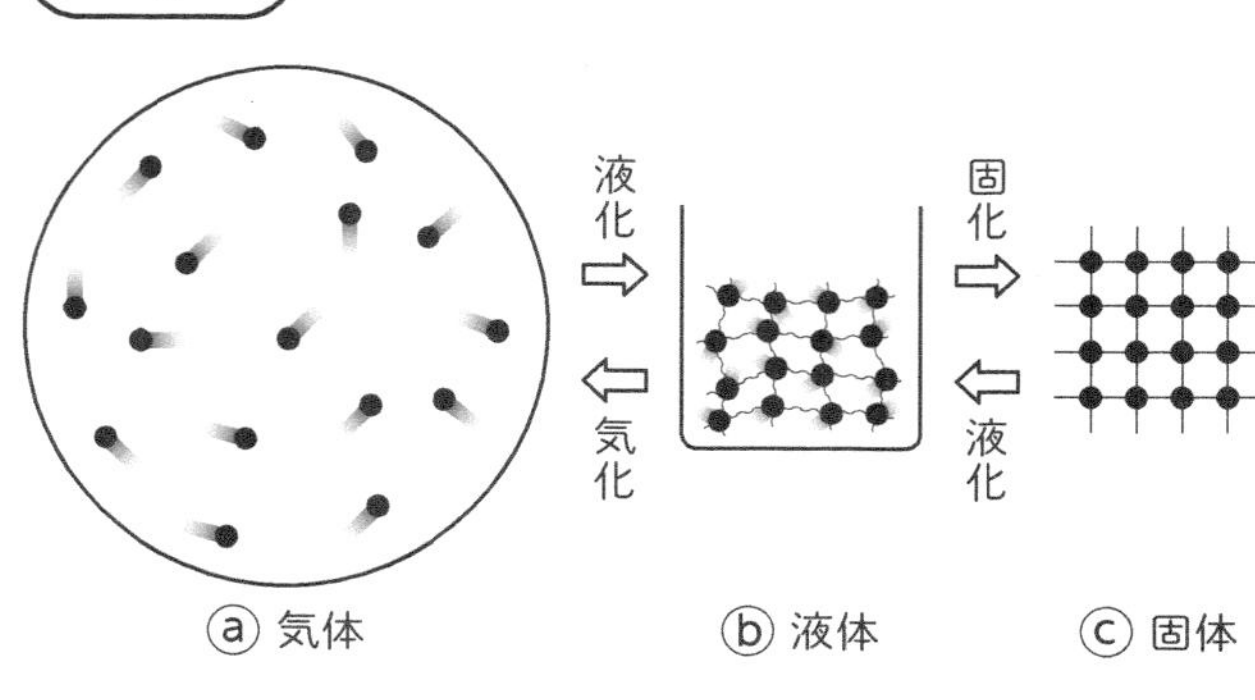

図4−6　物質の三態

張しようとするので、一定の体積も持たない。気体を構成する原子は、大きな運動エネルギーを持ち、〝ハイ〟な状態になっている。

気体の温度を下げていくと、気体を構成する原子の運動エネルギーが減少し、原子間に作用する力が大きな役割を果たすようになる。こうなると原子は離れ離れの状態を保てなくなって（自由度をある程度失って）、液体に変わる（液化する）。このとき、原子同士は互いにぐっと近づき、それらを結びつける〝絆〟は気体のときと比べるとずっと強いものになっている。

しかし、その〝絆〟は、原子の集合体を固定するほどには強くないので、液体は流れの運動ができる程度の自由度を持っている。つまり、気体と同様、液体も定まった形を持たないが、一定条件下では一定の体積を持つ。

液体の温度がさらに下げられると、原子間のより大きな〝絆〟によって原子が固定され（厳密にいえば、原子は微視的に振動しているが)、固体になる(固化する)。したがって、一定条件下で固体の形も体積も一定になる。〝一定条件下〟というのは、固体といえども(気体、液体の場合も同じ)、それが存在する温度、圧力によって膨張して大きくなったり、収縮して小さくなったりするからである。

夏の高圧電線はダラリと垂れ下がっているのに、冬になると、それが心もちピンと張っているのに気づいている人は少なくないだろう。これは、銅とアルミニウムという金属でつくられている電線が、夏は高温のために膨張して長くなり、冬は逆に低温のために収縮して短くなるからである。このような固体(気体や液体の場合も同じ)の膨張・収縮は結局、原子同士を結びつけている〝手〟が長くなったり、短くなったりしていることにほかならない。

同じ温度変化に対する膨張や収縮の量(熱膨張率)は物質によって異なり、その〝差〟を積極的に利用したのが、温度計や種々の温度調節装置に使われているバイメタルなどである。

4-2 ダイヤモンドと炭——同じ物質が見せる「別の顔」

宝石の王様

宝石の好みは個人によって異なるとしても、「宝石の王様は何か」「誰にでも最も好まれる宝石は何か」と問われれば、誰もが「ダイヤモンド!」と即答するに違いない。女性は誰でも、自分の誕生石がなんであれ、ダイヤモンドを欲しがるようである。すべての女性から好かれるものは、それがなんであれ、やはり〝王様〟とよばれる価値があるだろう。

私は、イギリスの課報部員ジェームズ・ボンドが活躍する映画「007シリーズ」が大好きで、上映されたほとんどすべての作品を観ている。このシリーズの1971年の作品に『ダイヤモンドは永遠に』がある。そのなかで、ショーン・コネリー扮するボンドは、「ダイヤモンドは犬に代わる女のよき友だ」というのだ（私にとっては、犬のほうが圧倒的によき友であるが）。

ダイヤモンドは〝宝石の王様〟だけではなく、〝材料〟という広い観点から見ても〝王様〟とよぶにふさわしい。たとえば、ダイヤモンドはこの地球上で最も硬い物質である。その比類なき硬さが珍重され、ダイヤモンドは工業的に広く利用されている。

同じ炭素でも……

この地球上には、およそ100種類の元素が存在するが、私たちにとって最も身近な元素はなんといっても酸素（O）、水素（H）、窒素（N）、そして炭素（C）だろう。私たちは、酸素と水素なしでは一瞬たりとも生きられないし、私たちの身体はほとんど炭素、酸素、水素、窒素の化合物でできている。また、地球上には炭素の化合物が無数にある。

私たちが日常的に呼吸している空気は、ほぼ窒素と酸素からなる気体だが、微量に含まれる二酸化炭素も重要な役割を果たしている。つまり、生物は、酸素を吸収して炭素化合物を酸化し、二酸化炭素を吐き出す（呼吸）。また、植物は二酸化炭素を吸収し、水分とともに炭酸同化作用によって炭水化物をつくって酸素を吐き出してもいる。動植物が死んで腐るときは、有機物がバクテリアによって分解され、二酸化炭素を発生する。自然界では、あらゆる生物にとって不可欠の炭素の循環が行われている。

炭素はまた、単体（元素のまま）で現れることもある。私たちにとって最も身近な炭素の単体は炭（すみ）であろう（かつて、日本の家庭の燃料のほとんどすべては薪（まき）と炭だったが、最近は特殊な場合を除いて見かけなくなった）。

じつは、〝宝石の王様〟ダイヤモンドも、炭素の単体の一種なのである。ダイヤモンドの〝原料〟が炭と同じ炭素であることを知っている人は少なくないと思うが、実際、あの真っ黒な炭とピカピカ光り輝くダイヤモンドの〝元〟が同じ炭素であるということは不思議だろう。つけ加えれば、鉛筆やシャープペンシルの芯の主成分も炭素の単体である。

もちろん、ダイヤモンド、炭、鉛筆の芯のうち、どれが最も価値があるとか、どれがいちばん〝偉い〟などということはできない。それぞれの用途、価値観が決めることである。

しかし、さまざまな炭素の単体の中で、ダイヤモンドが最も稀少であり、貴重でもあり、最も高価であることは確かである。そして、炭が最も安価である。さまざまな観点から見てダイヤモンドが炭や鉛筆の芯と比べて「価値」の高い物質であることは確かなのだが、その「価値」は、あくまでも用途を考えた人間の価値観による価値、〝材料の王様〟としての価値であって、自然にとってはまったく関係ないことである。自然が、ダイヤモンドという宝石を欲しがるわけではない。自然が、ダイヤモンドの用途を考えるわけでもない。

私がいつも不思議で仕方ないのは、「それなのにどうして、自然界でダイヤモンドがいちばん、しかも群を抜いて稀少なのだろうか」ということである。世の中では、一般に稀少なものに高い価値が与えられるが、ダイヤモンドの価値はそれが稀少とか豊富とかいうことに関係なく、それが持つ性質（繰り返すが、それは自然には関係なく、あくまでも人間の都合から見た好ましい性質である）のためである。ダイヤモンドが持つ優れた性質など、自然にとってはまったく意味がないのだから、ダイヤモンドが自然界で最も豊富な、どこにでもある物質でもよいはずである。しかし、ダイヤモンドは自然界で最も稀少な炭素の単体なのである。私には不思議で仕方がない。

現代に生きる私たちは、「ダイヤモンドが炭素である」ことを知っているが、その事実を知ったのは、人類とダイヤモンドとの関わりの全史から見れば、きわめて最近のことである。それは当然のことで、あの光り輝く、地上最高の硬度を持つダイヤモンドが、真っ黒な、たたけば容易に割れてしまう炭と同じ元素からできていると思うほうが不思議である。

ニュートンやボイル、ラヴォアジエら、大科学者たちの発想や実験結果を基礎として、イギリスの化学者・テナント（1761～1815）が「ダイヤモンドは炭素の単体である」という結論を出したのは、およそ220年前の1797年のことなのである。ここで初めて、安価な炭のようなものから高価なダイヤモンドを生成し得る可能性が見出されたわけだ。

このときを出発点として、市井（しせい）の化学愛好家、発明家からノーベル賞級の一流の学者まで、多くの人々が新しい〝錬金術〟の夢を追い始めた。その顛末（てんまつ）から、多くの悲喜劇、成功劇が生まれることになるのだが、それについては、章末の参考図書5として掲げた拙著などを参照していただきたい。ここでは、ダイヤモンドも炭も同じ炭素である、ということを述べるにとどめる。

結晶と非結晶——そこに「規則性」はあるか

〝結晶（クリスタル）〟という言葉は、たいていの人が知っているだろう。日常生活でも、〝汗の結晶〟とか〝努力の結晶〟という言葉が使われるように、〝結晶〟という言葉には「長年の努力の結果でき上がった、あるいは獲得した、非常に尊いもの」というニュアンスがあるように思われる。

一般的に知られている現実の結晶の代表は、ダイヤモンドやルビー、サファイアといった宝石であろう。これらの天然宝石は確かに、地質学的な長い年月を経て、地中で成長した〝尊い存

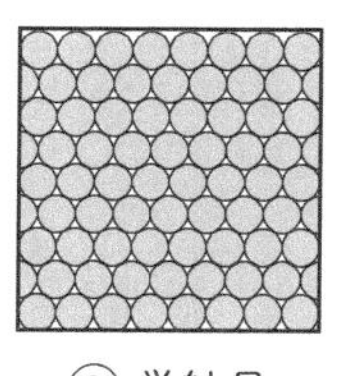
ⓐ 単結晶

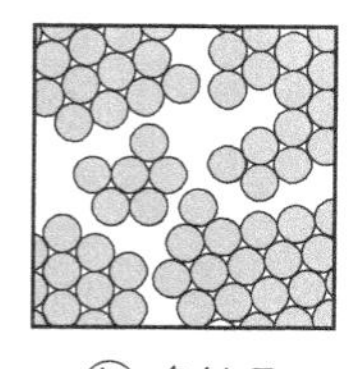
ⓑ 多結晶

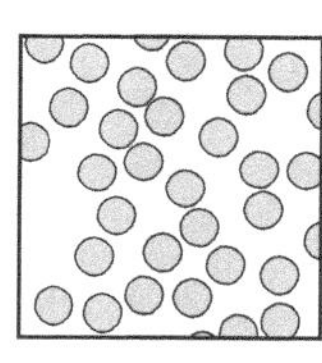
ⓒ 非結晶

図4−7　固体の分類

在〟である。

物理学者の中谷宇吉郎（なかや）（1900〜62）が〝天からの手紙〟とよんだ雪は、水蒸気が昇華（気体→固体）してできた結晶である。雪の結晶は基本的には正六角形だが、生成された条件によってさまざまな形を呈する。無数に天から降ってくる雪ではあるが、完全に同じ形のものは二つとない。個々の雪片を詳細に調べると、その雪ができた環境がわかることから、中谷宇吉郎は「雪は天からの手紙」といったのである。

また、日常生活に欠かせない塩や砂糖や化学調味料も、結晶の一種である。

このように、人間社会の中で、結晶はさまざまなイメージ、姿、種類を持っているが、その結晶の科学的定義は簡単明瞭である。

物質が原子の集合体（結合体）であることは、すでに述べた。原子の大きさは非常に小さく、その実際の集合状態を見るには電子顕微鏡のような特別の装置が必要だが、それを模式的に描いてみると図4−7のようになる。

ここでは、◯が1個の原子（あるいは分子、イオン）を表している。もちろん、実際の物質は〈縦×横×高さ〉からなる三次元の立体であるが、図4-7には平面のみを描いている。立体は、この平面の積み重ねと考えればよい。

結晶とは、原子（分子、イオン）が三次元的に規則正しく配列している物質のことである。図4-7ⓐは、ある体積を持つ物質全体にわたって、その規則性が保たれている場合で、〝全体が一つの結晶〟という意味で「単結晶」とよばれる。ⓑは部分的には単結晶だが、全体にわたる規則性は保たれていないので、〝多くの単結晶〟という意味で「多結晶」とよばれる。一方、ⓒは全体にわたって原子（分子、イオン）の配列に規則性がないので、「非結晶」あるいは「無定形（アモルファス）」などとよばれる。

地球上に存在する岩石や砂、金属など、ほとんどすべての物質は、結晶質（単結晶あるいは多結晶）である。無定形（非結晶質）はガラスなどほんのひと握りの物質に限られる。自然界にはさまざまな状態の物質が存在するが、人間社会は総じて〝多結晶の状態〟のように思える。

同素体とは何か——つながり方が問題だ！

ダイヤモンドと炭の話に戻そう。ダイヤモンドも炭も、同じ炭素の単体だが、両者には歴然とした違いがある。ダイヤモンドが図4-8ⓐに示すような構造の単結晶である一方、炭はⓑに示

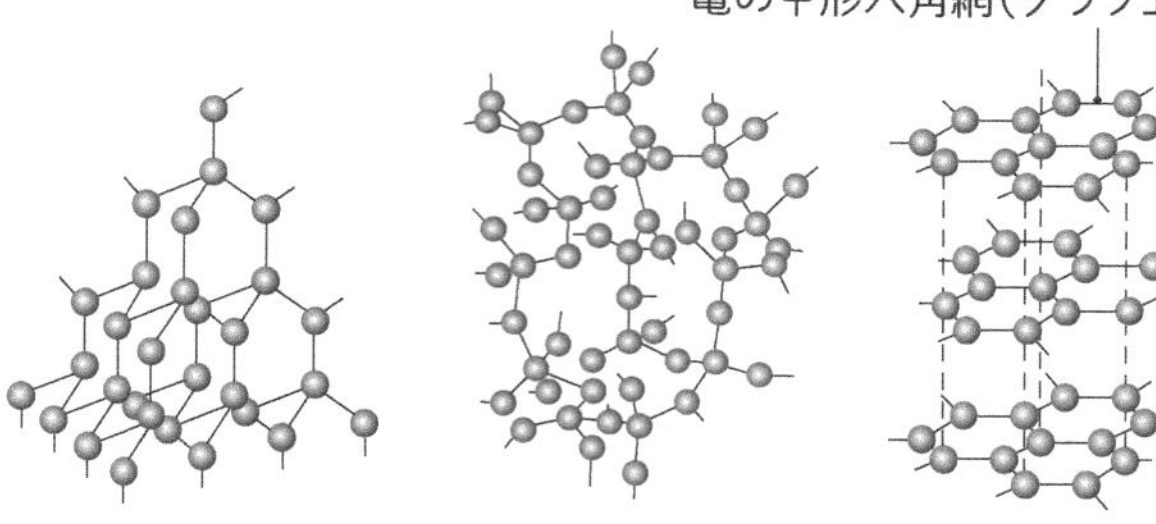

図4−8　さまざまな炭素の同素体

すような非結晶なのである。このように、1種類の同じ元素で構成されていながら性質が異なる単体のことを「同素体」という。

同じ炭素という元素でありながら、その結合の仕方によって、ダイヤモンドか炭かという大きな違いになってしまうのである。

鉛筆やシャープペンシルの芯も炭素からできているが、これは図4−8ⓒに示すように、亀の甲形六角網（グラフェン）が層状に並んだような「グラファイト（黒鉛）」構造の小さな結晶が不規則に並んだ多結晶である。筆圧によって、層状の結晶面が簡単にはがれるので（「劈開性(へきかいせい)」という）、筆記具として用いることができる。

また、炭素の新しい同素体として、図4−9ⓐ、ⓑに示すフラーレンとカーボン・ナノチューブがそれぞれ、1985年と1991年に発見されている。いずれも、図4−8ⓒに示すグラフェンときわめて近い結合様式を持つ結晶

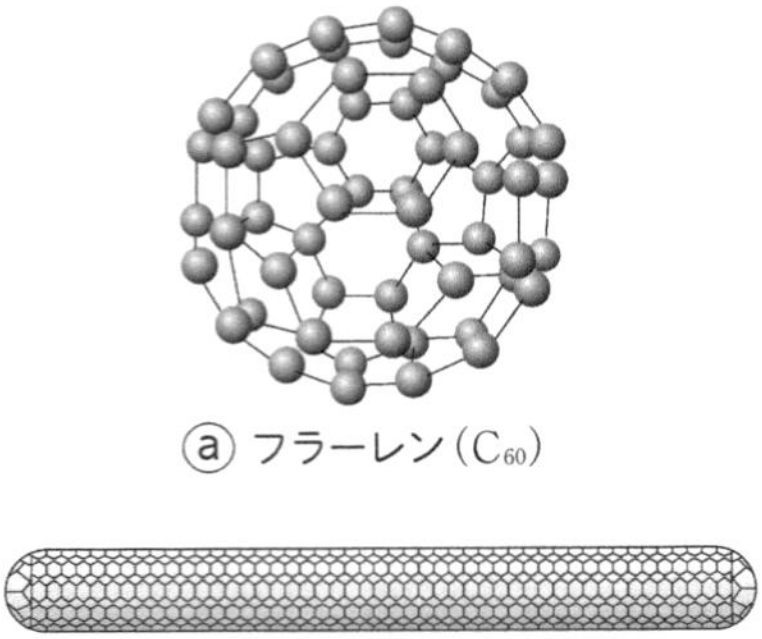

ⓐ フラーレン（C_{60}）

ⓑ カーボン・ナノチューブ

図4-9　炭素の新しい同素体

体である。

フラーレンは、60個の炭素原子からなるボール状の分子で（そのため、一般に〝C_{60}〟と表記される）、その直径は約7×10^{-10} mである。きわめて興味深いことに、フラーレンは、サッカーボールとまったく同じ形状をしている（図4-10ⓐ）。

サッカーボールは、正五角形を12枚、正六角形を20枚張り合わせた三十二面体をしている（各片は空気圧によって丸味をおびるので、全体としては球状になる）。そして、この三十二面体は、図4-10ⓑに示すように、正二十面体の五角錐になっている12個の頂点を、切り口が正五角形になるように、すべて切り落とすことによってできる切頭二十面体である。この三十二面体の頂点の数がちょうど60個であり、ここに炭素原子を配置すると、図4-9ⓐに示すC_{60}になる。自然の神秘さに、ただただ驚くばかりである。

すでにお気づきかもしれないが、フラーレンは、図4-8ⓒに示す〝亀の甲形六角網（グラフエン）〟でつくられた球状構造であり、カーボン・ナノチューブはその六角網をくるりと巻いて

ⓐ ⓑ

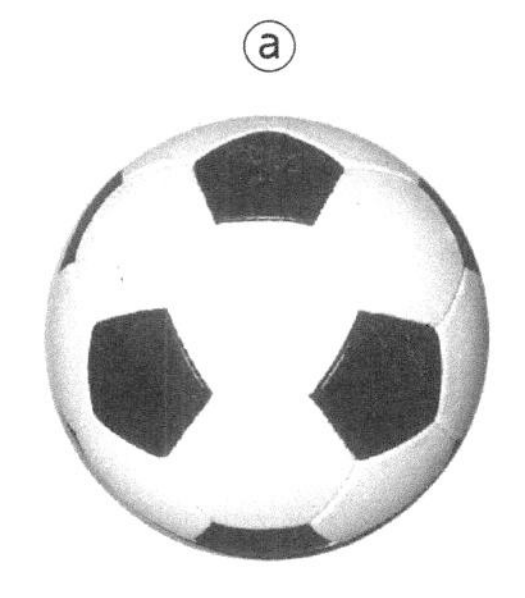

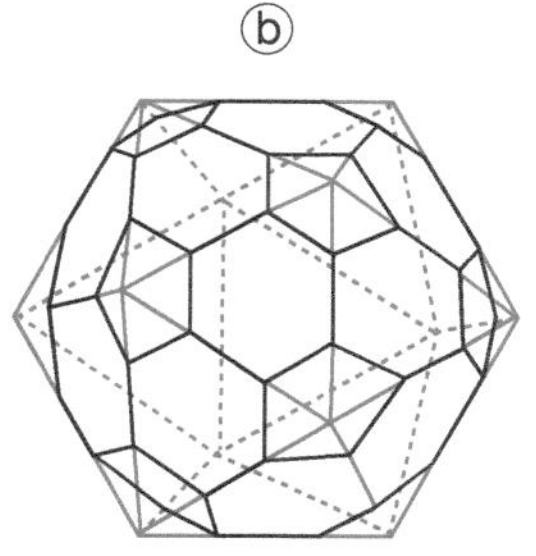

五角錐になっている頂点部分を、断面(底面)が正五角形になるように切り落とす

図4-10 サッカーボールⓐと、切頭二十面体(三十二面体)ⓑ

つくられた筒状構造をしたものである。なお、炭素の原子数が60個を超える、〝C_n(n>60)〟と表記される「高次フラーレン」も多数発見され(n=70、76、78、82、84、90、96など)、また人工的にも生成されている。

図4-8、図4-9に示したように、炭素にはさまざまな同素体があるが、それらはまず、結晶か非結晶かに大別される。そして、同じ結晶でも、炭素原子の結合の仕方によって、さまざまな形態の同素体になる。同じ〝原料〟であっても、それらの結合の仕方によっては、まったく異なる物質になってしまう。私は、そこに〝自然の神秘〟を感じずにはいられない。

まあ、この人間社会においても、同じ〝素材〟を使っても、料理人の腕次第では味がガラリと変わってしまったり、同じ両親からでも性格がまったく異なる兄弟や姉妹が育ったりといった類(たぐい)のことはしばしばあるが。

最近、さまざまな電子機器やパソコン、壁掛けテレビのディスプレイ（表示装置）などに多用されている「液晶」については、すでに2－4節で述べた。

ピラミッドとダイヤモンド、半導体結晶

〝宝石の王様〟としてのダイヤモンドは、うっとりするような輝きを持っているが、それは、「ブリリアント・カット」とよばれる特別の人工的研磨加工を施されたものである（図4－11）。

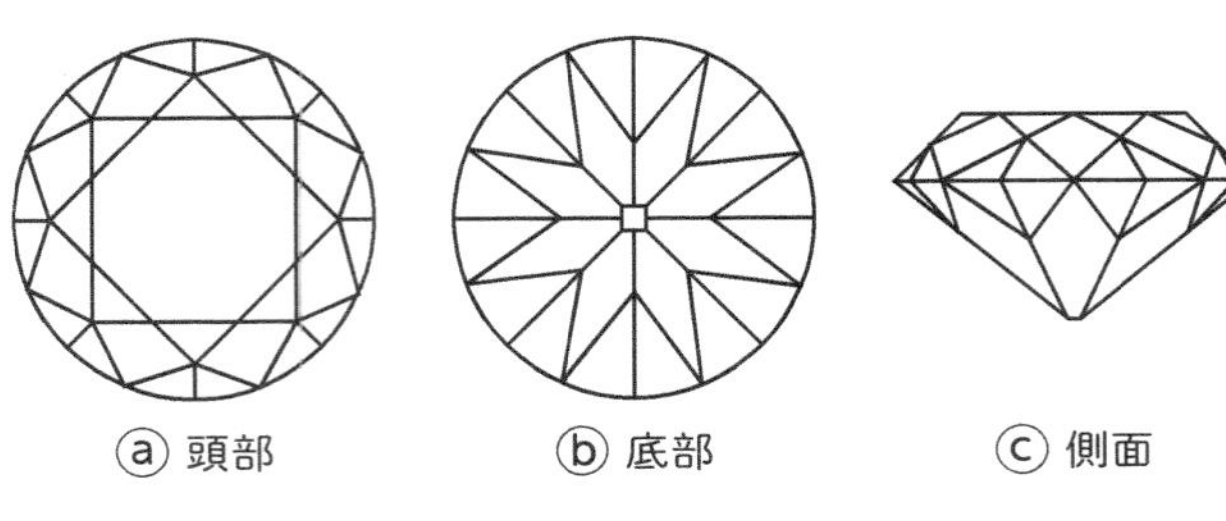

図4－11　ブリリアント・カット

じつは、天然に産するダイヤモンドの形状は、宝石のダイヤモンドとは大いに異なる。天然ダイヤモンドの〝理想形〟は、正三角形8枚からなる正八面体（2個のピラミッドの底を合わせたような形）であるが、実際に産するのは図4－12に示すような形状である。ブリリアント・カットは、まず正八面体形状のダイヤモンド結晶を半分に切り、それぞれの半分（ピラミッドの形になる）を一つずつ加工することによって得られる。

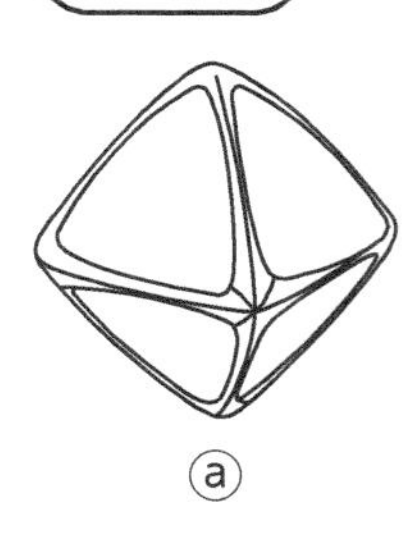
ⓐ
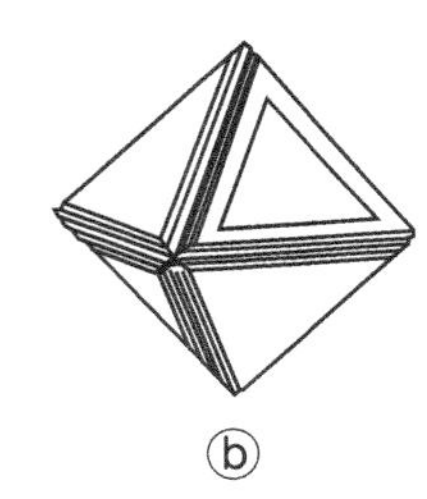
ⓑ

ⓒ

図4−12　天然ダイヤモンド結晶の形態（写真提供：田中貴金属）

私は、歴史的な遺物を見たり遺跡を訪ねるのを趣味の一つにしており、これまでにエジプト、ギリシャ、イタリア、ペルー、中国など、古代史を彩る遺跡や遺構を訪ねてきた。いずれもスケールの大きさ、技術的なすごさ、美しさに圧倒されるばかりであるが、なかでも私が特別に感動したのが、エジプト・ギザに立ち並ぶ三大ピラミッドである。そこにあるクフ王のピラミッドは現存する最大のピラミッドで、高さ約１４０ｍ、底辺は約２３０ｍもある。

このピラミッドの写真は何度も見ていたが、実際に目の前にしたときの、その大きさに対する驚き、そして、それを建造した古代エジプト人に対する驚きは、とうてい筆舌に尽くせるものではない。

私は、ピラミッドの形そのものに魅了される。まことに美しい形だと思う。このように美しい形を最初に思いついたのは、どのような人間なのだろうか。何か参考になるものはあったのだろうか。不思議に思う。

じつは、このピラミッドの形は、天然のダイヤモンドや磁鉄鉱、さらには〝半導体の王様〟であるシリコン（Si）などの結晶の〝理

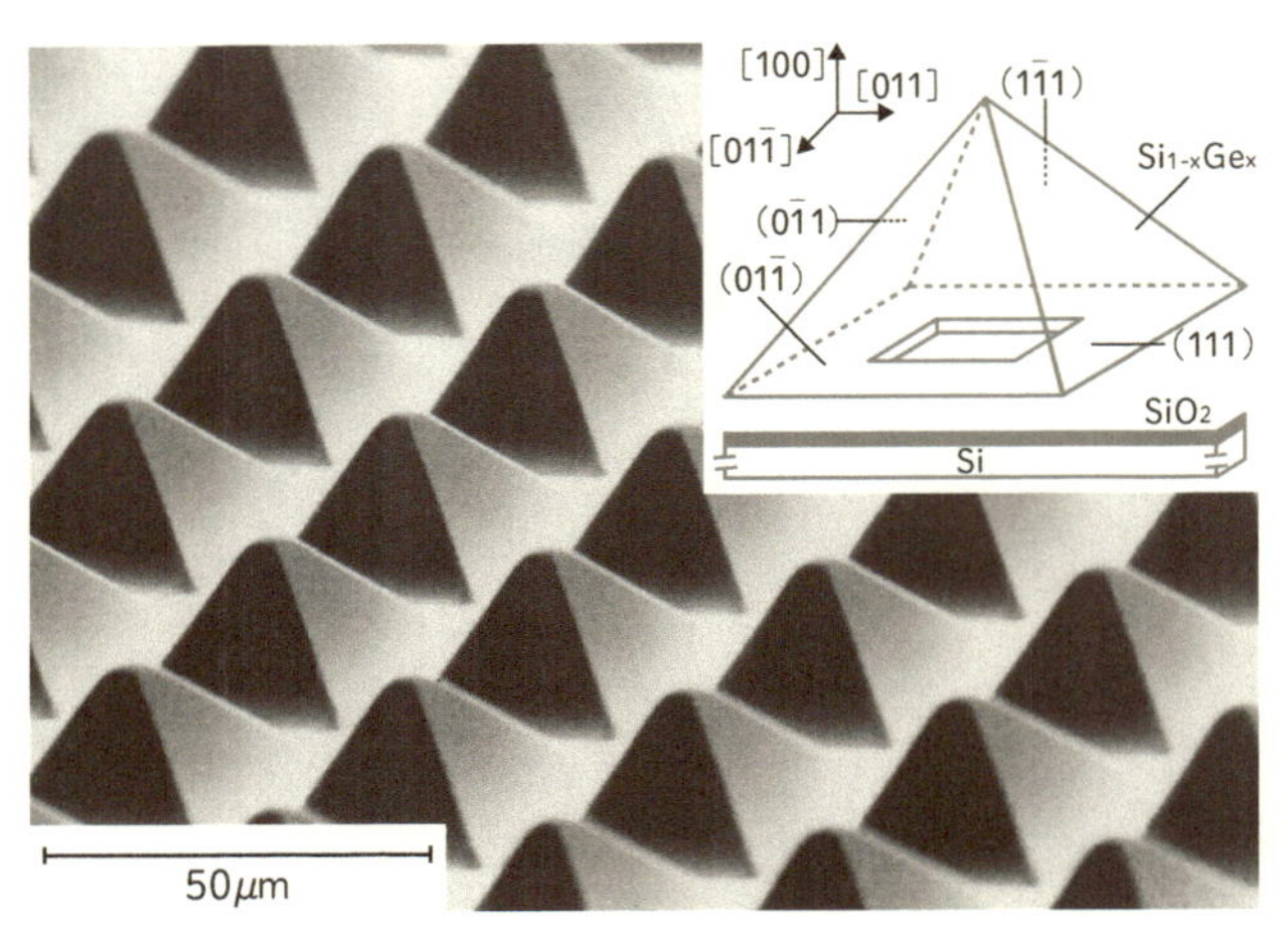

図4−13　シリコン・ピラミッド　シリコンの表面に成長させたシリコン結晶の走査電子顕微鏡像（H. P. Trah, J. Crystal Growth, 102,175, 1990より）

想形〟である正八面体（図4－12ⓑ）を真っ二つに切った形とほとんど同じなのである。長らく〝シリコン結晶のピラミッド〟を電子顕微鏡で観察していた私は、30年ほど前、現実のクフ王のピラミッドを目の前にしたとき、両者の相似性に驚愕したことをいまでもはっきりと憶えている。

じつは、ある条件下で半導体結晶を成長させると、ピラミッドの形そのものになる。図4－13は、シリコン結晶の面上に成長させたシリコン・ゲルマニウム結晶の走査電子顕微鏡像である。結晶学にかかわる記号や数が書かれているが、それらは無視し、形だけに注目していただきたい。他方、図4－14はギザの三大ピラミッドの航空写真なのだが、図4－13と見比べると、

図4−14 ギザの三大ピラミッドの航空写真（Danita Delamont／アフロ）

互いの相似性に驚くのではないだろうか。

ダイヤモンドや磁鉄鉱のような天然の結晶や、人工の半導体結晶であるシリコンがピラミッド形になるのは、それが物理的、化学的、結晶学的に安定だからである。自然は〝安定〟を好む。不安定なものは、長い歴史の中で淘汰されてしまう。自然の歴史に耐えるのは、安定なものに限られるのである。

とはいえ、古代エジプト人が、その〝結晶ピラミッド〟とほとんど同じ形のピラミッドを建造したことを、どのように説明すればよいのだろうか。単なる試行錯誤の結果なのだろうか、それとも彼らは、自然が造り上げた〝結晶ピラミッド〟から学んだのであろうか。

私は、自然の神秘とともに、古代エジプト人に対しても、畏敬の念を抱かざるを得ないのである（拙著『古代世界の超技術』講談社ブルーバックス）。

結晶に教えられること

私と〝結晶〟とのつき合いは長い。大学4年生のとき、卒業研究で結晶学研究室に入って以来である。私は長らく、大学で〝結晶〟に関係することを教える立場にあったが、私自身は一貫して〝結晶〟に教えられることが少なくない。

まず、図4－8や図4－9に示したような同素体から学ぶこととして、「モトが同じでも結果が違う」ということがある。特に、炭素の同素体であるダイヤモンド、炭、グラファイトの実例は強烈である。あの真っ黒で、脆い炭や鉛筆の芯と、透明に光り輝き、地上の物質で最も硬く、〝宝石の王様〟とよばれるダイヤモンドが同じ炭素からできている、というのはあまりにも劇的だ。このような同素体の存在は、人生における後天的な環境、努力の重要性を教えてくれているのではないだろうか。

ダイヤモンドの結晶構造は図4－8ⓐに示す通りだが、その基本単位は図4－15に示すような5個の炭素原子からなる正四面体（外側にある4個の原子のうちの3個で正三角形をつくると、正三角形4個からなる正四面体となる）である。これが三次元的に規則正しく連結すると、187ページ図4－8ⓐのようなダイヤモンドの結晶格子になるのだ。

先ほど述べたように、ダイヤモンドの〝理想形〟は正八面体なので、外形が正八面体になっている結晶格子模型を考える。図4-16ⓐは、そのような模型を不特定な方向から眺めたものである（黒い球が炭素原子）。これでは、外形や炭素原子の配列がわからないが、この模型を回転し、ピラミッドの頂点の位置から見おろすと、図4-16ⓑのように正方形のきれいなトンネルが見える。また、同じ模型をピラミッドを真横から見る角度で眺めるとⓒ、正八面体を形成する正三角形の真上から眺めるとⓓのように見える。繰り返すが、図4-16のⓐ～ⓓは、同じ正八面体の結晶模型を四つの異なる方向から眺めたものだ。見る方向によって、〝見え方〟がまったく異なるのである。

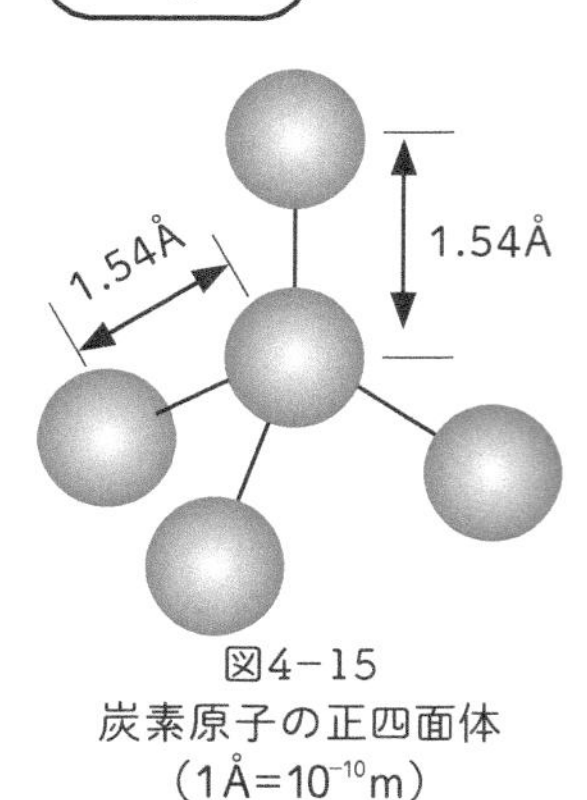

図4-15
炭素原子の正四面体
（1Å=10^{-10}m）

私たちの人生を考えてみると、図4-16ⓐのような状況に置かれることがあるだろう。先がまったく見えない状況である。壁に突き当たったり、スランプに陥ったりして、二進（にっち）も三進（さっち）もいかなくなった状態だ。ブルドーザーのように、あるいはドリルで穴を開けるように、強引に突き進むのも一つの方法かもしれない。気が弱ければ諦めるか、最悪の場合は自殺してしまうかもしれない。

しかし、少し見方や視点を変えることで、図4-16ⓒの

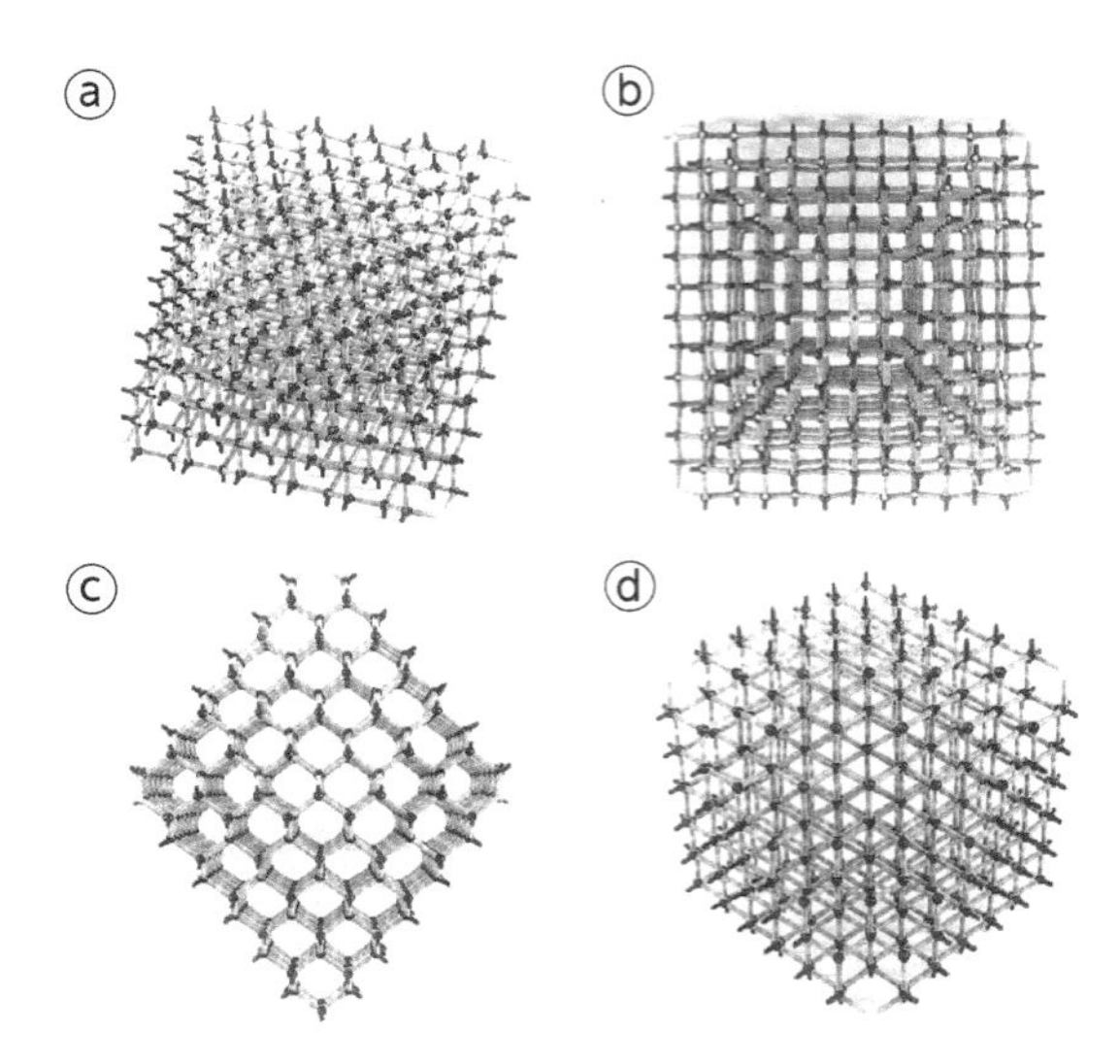

図4−16　正八面体ダイヤモンド結晶模型のさまざまな見え方

ように、サアーッと道が開ける可能性があることを、この結晶模型は、私たちに教えてくれている。同時に、物事や人物を見るときは、一方向、一面だけではなく、多角的、多面的に見て、その姿や価値を正しく評価することの大切さも教えてくれている。

じつは、図4−16に示す結晶模型は、私が1983年の春、永住のつもりでアメリカへ渡ったとき、自分自身で組み立ててつくった模型なのである。その模型は、それから40年近く経たいまも、私の机の前にある。この模型を何度見ても、決して飽きることがない。

ところで、176ページ図4−4や図4−15に示した正四面体形は、波の荒い海岸線

図4−17　海岸線に積み上げられたテトラポッド

に、護岸用に積み上げられているテトラポッドとまったく同じ形である（図4−17）。テトラポッドは、図4−15と同じ方向に4本の突起をもつコンクリート塊だが、この4本の突起が互いに強く絡み合って、荒波にも流されずに、海岸線を守っている。もちろん、テトラポッドというコンクリート塊は人間が考え出したものだが、その原形は図4−15に示す、非常に強固な原子の結合形（正四面体結合）からヒントを得たものであろう。

最近はあまり見かけないが、一時、この正四面体（図4−4参照）は〝テトラパック〟として牛乳やジュースのパッケージに使われていた。先述のように、ダイヤモンドやシリコンの結晶は、この正四面体が三次元的に規則正しく、すき間なく積み重ねられた構造をしているが、このことは、牛乳やジュースのテトラパックがきちんと箱の中に詰め込まれているようすを考えれば理解できるだろう。ちなみに、〝テトラ（tetra）〟というのは〝4〟を、〝ポッド（pod）〟は〝足〟を意味するギリシャ語である。

4-3 宝石——〝隠し味〟の妙味

古代から現代にいたるまで、美しい石——宝石は多くの人間、特に女性を魅了してきた。さまざまな色と輝きを見せる宝石は確かにうっとりとするほど美しいが、ひとくちに宝石といっても、じつは、その種類はたいへん多い。〝宝石〟とは、一般的に「さまざまな鉱物の中で、硬くて、色や光沢が美しく、屈折率が大きく（つまり、キラキラし）、装飾品として用いられるもの」である。〝宝石〟の重要な条件をさらにつけ加えれば、色、光沢、美しさが永く保たれる耐久性を持つこと、つまり化学的、機械的に強固であること、であろう。

この地球に、石は無数に存在する。だが、右の条件を満たすような石は、量的にもきわめて稀だ。その結果、世の中の常として、高価である。やはり、〝宝石〟は宝となるような石なのだ。したがって「古来、装飾品のほか、富の蓄積にも用いられる」（『新明解国語辞典』）とも説明される。

宝石は一般的には鉱物であるから、通常は地中で地質学的年代を経て形成された〝天然物〟である。しかし現代では、科学・技術の発達によって、数多くの人工宝石（合成宝石）が量産されている。世界で初めて人工宝石の合成に成功したのは、フランスの化学者・ヴェルヌーイ（18

56〜1913）である。ヴェルヌーイは1902年、きわめて巧妙な方法（こんにち「ヴェルヌーイ法」とよばれている）でルビーを合成した。現在では、種々の方法でサファイアやエメラルド、水晶など、じつにさまざまな宝石が人工的に合成されている。ダイヤモンドも1955年以降、さまざまな方法で人工的に生成されているが、単純に科学・技術上の問題ではない複雑な理由のために、〝宝石〟として使われる人工ダイヤモンドはつくられていなかった。しかし、1995年頃から合成ダイヤモンドが市場に出回るようになり、2019年の初頭から日本でも本格的に流通が始まっている。

人工宝石は、ガラスや類似の物質でつくられた模造品とは異なり、成分的にも結晶学的にも天然宝石とまったく同じである。純粋に〝物〟としての価値は天然宝石になんら劣るものではなく、人工宝石と天然宝石を見分けることはきわめて困難である。少なくとも、素人には不可能であろう。

ところが、〝稀少価値〟という点で、天然宝石と比べ、ダイヤモンドも含み、人工宝石は圧倒的に値段が安い。また、大きさも形もまったく同じように加工された同種の天然宝石と人工宝石の好きなほうをあげるといわれれば、その人工宝石の開発に関わったというような人を除けば、おそらく100％の人が天然宝石を選ぶだろう。

美しさだけに興味があるのなら、安い人工宝石のほうが実用的である。しかし、自分の身につける装飾品となると、実用性のみでは割り切れない要素がいくつかありそうだ。宝石は、その機械的、物理的、化学的、電気的性質の有用性から、装飾品以外のさまざまな工業的分野で大活躍しているが（時計の振動子としての水晶や、切断・研磨材としてのダイヤモンドなど）、工業用宝石のほぼ100％が人工宝石である。実用性と経済性のみが関心事である工業においては、当然のことだ。

自然は料理の達人だ！——ありふれた素材が生む驚きの変化

宝石は〝宝の石〟であり、真珠やサンゴなどの例外を除けば鉱物である。地球（地殻）は、いろいろな種類の岩石から成り立っており、岩石を形成する構成単位が鉱物である。それぞれの鉱物は均質な無機物で、特有の化学組成を持っている。

地球には約3000種の鉱物があるが、その鉱物を形成するのは、自然界に存在する100種に満たない元素である。鉱物に限らず、地球上に存在するすべての物質は、これらの元素の組み合わせや、結合の違いによる結果であることはすでに述べたとおりである。

地殻中の元素の存在度は、一般に「クラーク数」（1933年に命名）という数値で表される。この数値は、地表近くの火成岩の分析結果をもとに得られたもので、基本的には〝大陸地殻〟の元素の存在度である。現在では、〝大陸地殻〟と〝海洋地殻〟の構造的、化学組成的な違いが明らかになっているので、この数値をそのまま〝地殻中の元素の存在度〟と考えることにはいささか問題がある。しかし、一応の目安であることは間違いないので、その上位8位（オリンピックの〝入賞〟）までを表4－1に示す。

元素	存在度（組成重量%）	
1　酸素（O）	46.4	82.8
2　シリコン（Si）	28.2	
3　アルミニウム（Al）	8.2	
4　鉄（Fe）	5.6	
5　カルシウム（Ca）	4.2	
6　ナトリウム（Na）	2.4	
7　マグネシウム（Mg）	2.3	
8　カリウム（K）	2.1	

表4－1　地殻における元素存在度（『岩波理化学辞典 第4版』岩波書店、1987をもとに作成）

宝石は稀少な〝宝の石〟だが、その〝成分（化学組成）〟を知れば、じつに意外なことに驚くはずだ。主な宝石の特徴と化学組成を表4－2に示す。

〝宝石の王様〟ダイヤモンドの成分がどこにでもある炭素（C）であることはすでに述べたが、他のほとんどの宝石は、地殻の約83%を占める酸素（O）、シリコン（Si）、アルミニウム（Al）を主成分にしているのだ。つまり、宝石は、きわめてありふれた〝原料〟でできてはいるものの、普通の石とは異なる〝何か〟のために、稀少で貴重な美しい〝宝の石〟になっているということである。

ダイヤモンドの〝原料〟である炭素のことを〝どこにでもある〟と記したが、じつは、その地殻中の存在

宝石名	特色、色	化学組成
ルビー	赤色、透明	Al_2O_3
サファイア	青色、透明	
水晶	無色、透明	SiO_2
アメシスト	紫色、透明	
オパール	虹色のきらめき	$SiO_2 \cdot nH_2O$
トパーズ	黄色、透明	$Al_2SiO_4(F, OH)_2$
ガーネット	赤色、透明	Mg, Fe, Ca, Alなどのケイ酸塩*
エメラルド	緑色、透明	$Be_3Al_2Si_6O_{18}$
アクアマリン	青色、透明	
ムーンストーン	乳白色、青色の閃光	$(K, Na)AlSi_3O_8$
トルコ石	青色	$CuAl_6(PO_4)_4(OH)_8 \cdot 4H_2O$
ダイヤモンド	強い光輝、無色、透明	C

＊一般式$xM_2O \cdot ySiO_2$で表される化合物。MはMg、Fe、Ca、Al、Na、Kなど。

表4−2　主な宝石の特徴と化学組成

度は意外に小さく、０・０２％である。この数値が示すように、地殻中の炭素の量は確かに膨大なものではないが、炭素が私たちの周囲の〝どこにでもある物質〟であることは間違いないだろう。

名誉ある〝不純物〟

さて、宝石に含まれる「普通の石とは異なる〝何か〟」とは何なのか？　その秘密を探る前に、まずは主要な宝石の成分について簡単に説明しておく。

宝石の代表格である赤いルビーも青いサファイアも、その化学組成は研磨などに用いられる白い粉、あるいは耐火るつぼなどに用いられる白いセラミックスと同じ酸化アルミニウム（Al_2O_3）である。つまり、この地球上に豊富に存在するアルミニウムと酸素の化合物だ。水晶やアメシスト（紫水晶）の化学組成は、いずれも海浜の〝砂〟と同じ二酸化シリコン（SiO_2）で、これは地殻に最も多量に存在する酸素とシリコンの化合物である。青や赤あるいは緑と、虹の色に輝くオパールも、タネを明かせば二酸化シリコンと水からなる化合物である。ガーネットやエメラルドの組成は一見複雑そうだが、これらもやはり、ありふれた元素からなる化合物である。

美しく輝く宝石たちも、その化学組成の点においては、ありふれた白い研磨粉や砂や炭となんら変わりがない。宝石が普通の石と著しく異なるのは、原料以外の〝何か〟のためなのである。それはいったい何か？

大多数の宝石は〝結晶〟であり、特に〝単結晶〟である（185ページ図4－7参照）。宝石の美しさはまず、それが単結晶であることによる。ただし、すべての宝石が単結晶であるとは限らず、またすべての単結晶が宝石のように美しいとは限らないが、表4－2に示したような透明の宝石は、すべて美しい単結晶である。

図4－7ⓐや図4－16ⓑ～ⓓに見られるように、単結晶の原子配列は幾何学的に整然としたものであるが、単結晶の大きな特徴の一つは、その外形がいくつかの平面で囲まれた幾何学的に整った形（たとえば正八面体）をしていることにある。自然界において、天然のままで光沢のある

平面で囲まれ、規則正しい対称性を持った形で発見される鉱物があるとすれば、それは単結晶の鉱物である。これらの中には、非常に完全な形をしており、そのままでも宝石あるいは装飾品として使えそうなものもある。

観光地のみやげもの屋などで、天然の水晶や紫水晶の塊が売られているのを見たことがある方もいるだろう。それは六角柱を基本形としており、面は平滑で、面と面の境は真っすぐな稜になっている。そして、その面間角は、正確に120度になっている。自然がつくり上げた見事な形である。

先ほど、赤いルビーも青いサファイアも、化学組成的には同じ酸化アルミニウム（Al_2O_3）であると述べたが、それらは結晶構造もまったく同じである。それなのに、一方は赤、他方は青と、どうして外見がまったく異なるのだろうか？

じつは、ルビーもサファイアも「コランダム（鋼玉）」とよばれる鉱物で、純粋なAl_2O_3の単結晶であれば無色透明なのである。にもかかわらず、ルビーとサファイアが美しい赤、青の色を呈するのは、その中に含まれる微量の〝不純物〟のはたらきのためである。つまり、微量の酸化クロムが無色のコランダムの結晶構造の中に入り込むと美しい赤色を発し、ルビーとよばれる宝石になるのだ。また、微量の酸化チタニウムと酸化鉄が入り込めば青色になり、サファイアとよばれる宝石になる。したがって、このような〝不純物〟の量によって、同じルビー、サファイアとよばれる宝石であっても、それらの色は微妙に違ってくることになる。

このように、主成分、結晶構造が同じでも、その中に微量に含まれる〝不純物〟の種類によって色が異なり、別名が与えられている宝石は、表4-2の中ではほかに水晶とアメシスト（紫水晶）、エメラルドとアクアマリンがある。

宝石の美しさの秘密の一つは、〝不純物〟というあまり名誉でない名前でよばれる、微量に含まれる化学物質に隠されているのだ。この〝不純物〟は、料理でいう〝調味料〟や〝隠し味〟に喩（たと）えることができる。また、前述のように、宝石の〝素材〟はどこにでもあるような、ありふれたものである。自然は、これらから見事な〝料理〟をつくる。私は、つくづく、自然は料理の達人だと思う。

現代のスーパー宝石

前項まで、装飾品としての宝石について述べてきたが、私が勝手に〝現代のスーパー宝石〟とよんでいる「半導体」についても簡単に触れておきたい（詳細は、章末参考図書4の拙著を参照）。

現代が情報化社会あるいはエレクトロニクス時代とよばれるようになってからすでに久しいが、その根幹を担っているのが「半導体」とよばれる材料である（2-2節、2-4節参照）。

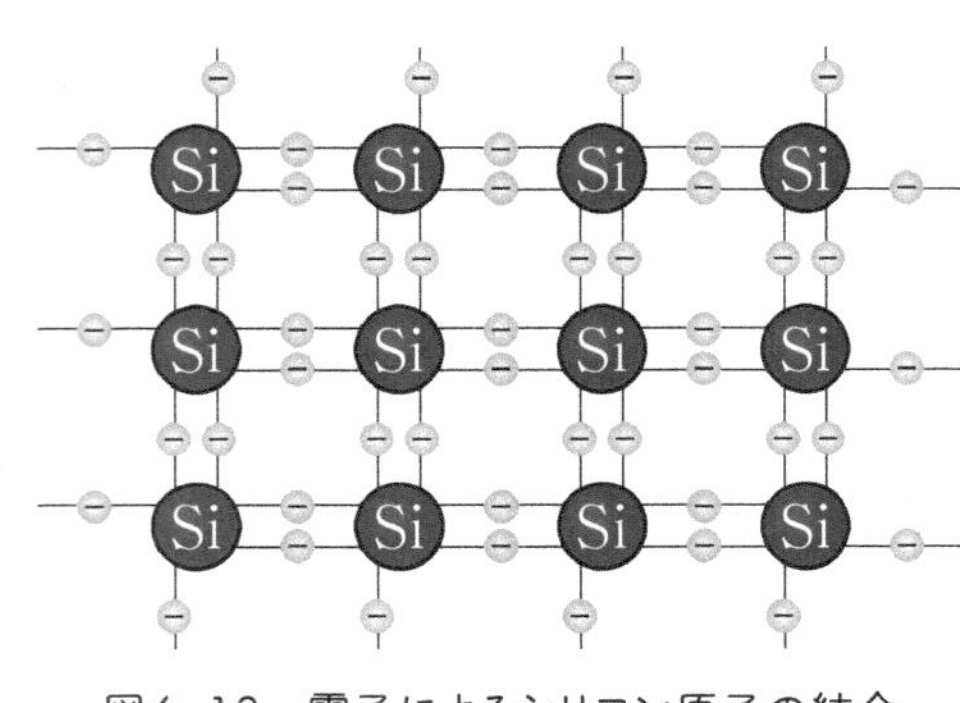

図4−18　電子によるシリコン原子の結合

エレクトロニクスに代表される現代技術の根幹を支える半導体の100%が人工の結晶であり、人間が創り出した最も価値ある〝現代の魔法の石〟である。私が半導体を〝現代のスーパー宝石〟とよぶ所以(ゆえん)である。

ひとくちに〝半導体〟といっても多種多様なのだが、ここでは、〝半導体の王様〟(じつは、これも私が勝手に命名したのであるが)であるシリコン(Si)について述べる。シリコンは4価の原子で、176ページ図4−4に示したような4本の〝手〟を持っており、それらが立体的に結合している。その三次元結晶構造は187ページ図4−8ⓐおよび196ページ図4−16に示すダイヤモンドの構造とまったく同じである(じつは、図4−16の模型はシリコン単結晶を意識してつくったものだ)。わかりやすいように、175ページ図4−3に沿って話を進めよう。

図4−2や図4−3に描く〝手〟は、じつは原子の重要な部分を構成する「電子」を表している(原子の構造については次節で述べる)。そこで、図4−3をもとに、シリコン原子の結合の

ようすを、もう少し〝物理的〟に描くと、図4-18のようになる。図中の⊖は電子を示している（Siで示される原子核については220ページ参照）。

エレクトロニクス（electronics）とは、電子、すなわちエレクトロン（electron）の性質や挙動（具体的には〝移動〟や〝流れ〟など）を利用した技術や学問のことである。そして、2-2節で述べたように、電流とは電子の集団的移動のことだった。したがって、図4-3や図4-18に示すように、電子がきっちりと固く〝握手〟してくれていては困る。このままでは電子は動かず、電流が生じないので、半導体としての〝仕事〟をしてくれないからだ。

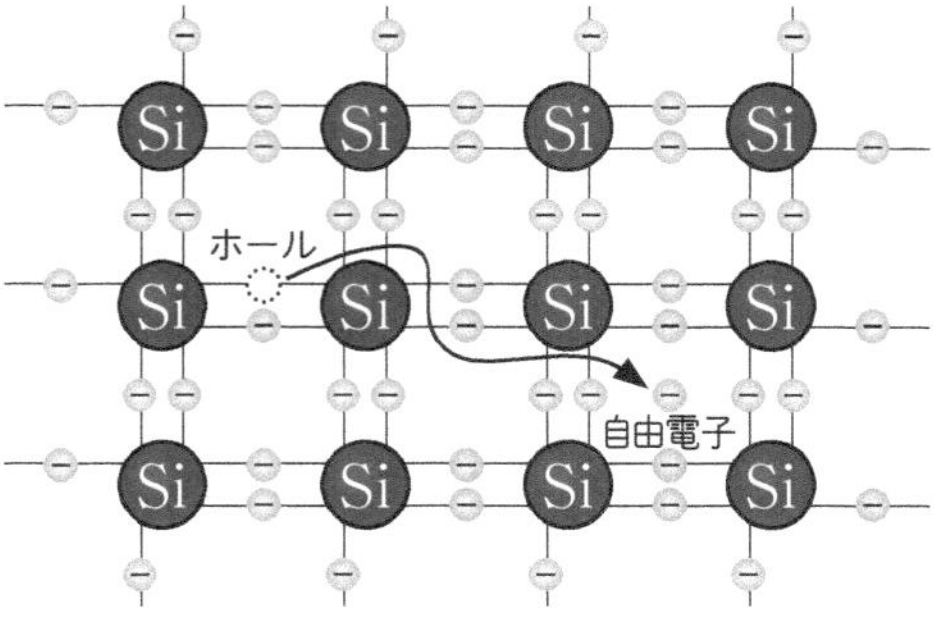

しかし、よくしたもので、学校でも会社でも、組織を構成する人間の中には一定の枠（拘束）から飛び出していってしまう者がいるのと同じように、数ある電子の中には〝結合（握手）〟という拘束を嫌って外に飛び出し、自由の身になる電子（「自由電子」とよばれる）もいる（図4-19）。このような〝飛び出し〟は、外部からなんらかの力か刺激が与えら

図4-19 自由電子とホールの発生

れた場合に起こりやすい。人間の飛び出しの場合も同様だろう（私自身、何度か組織、国から飛び出したことがあるので、こうした事情はよくわかる）。

社会的にはあまり好ましくないこのような自由電子が、エレクトロニクスの重要な仕事をしてくれるのだが、普通の状態では1兆分の1個ほどで、いかんせんその数が少なすぎて、仕事にならない。どこの世界でも〝異端者〟の数は少ないし、芸術の世界はまだしも、一般的な組織において異端者だらけになってしまうのも困りものだ。しかし、エレクトロニクスの世界では、もっと多量の自由電子が必要であり、シリコン結晶中のシリコン原子の電子に頼っていたのでは限界がある（なにせ、シリコン原子同士が結合してくれなければシリコン結晶は形成されないのだから、電子の多くに〝自由の身〟になってもらっては困るのである）。

図4-20
5本の“手”を持つヒ素

そこで、人間は絶妙な方法を考えた。図4-20に示すような、5本の〝手〟を持つ原子（5価の原子）、たとえばヒ素（As）をシリコン結晶中の一部のシリコン原子と置換するのである。シリコン原子と結合するためには〝手〟が4本あれば十分なのだから、5価の原子1個の置換につき1個の自由電子が、自動的に生まれることになる（図4-21）。つまり、所望の自由電子の数の分だけ、ヒ素のような原子をシリコン結晶中に放り込めばよいのだ。

純粋なシリコン結晶の観点からいえば、この場合のヒ素は〝不純物〟である。だが、このような〝不純物〟がエレクトロニクスを支えることになるのだ。この〝不純物〟も、料理に使われる調味料のような存在であり、シリコン（他の半導体の場合も同じ）が、半導体材料として、エレクトロニクスの分野で大活躍するためには、〝不純物〟のはたらきが必要不可欠なのである。

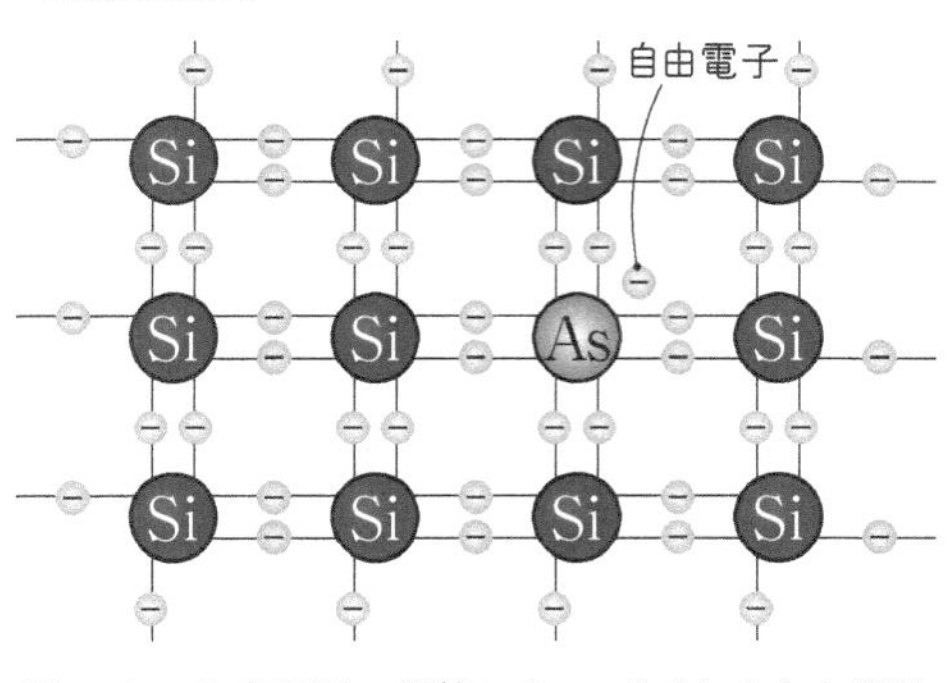

図4-21 ヒ素原子の置換によって生まれる自由電子

したがって、そのように重要な物質に対して、〝不純物〟などというような不純な名前を与えるのは非常に失礼なことだ。普通、〝不純〟という言葉に好ましいイメージはないし、「あなたは不純だ」といわれて喜ぶ人はいないだろう。そこで、そのような〝重要物質〟に敬意を表し、「添加物（ドーパント）」とよぶべきである。

もちろん、同じヒ素であっても、それが、カレーなどの食品に放り込まれてしまうと、人を死にいたらしめるほどの猛毒となる。この場合はいうまでもなく〝不純物〟であり、決して〝添加物〟であってはならない。同じヒ素であっても〝善玉〟になったり〝悪玉〟になったりするのだが、それを決めるのはほかならぬ人間である。ご用心。

宝石に教えられること

〝結晶〟に教えられることが少なくないと先に述べたが、同様に、〝宝石〟に教えられることもまた少なくない。〝宝石〟に教えられることの第一は、201ページ表4－1や202ページ表4－2を眺めていただければわかるように、「どこにでもある、ありふれたモノから貴重なモノができる」ということである。同じ素材、限られた素材でも、工夫次第で、予想もできなかったような素晴しいモノをつくり得るのである。

また、装飾品としての宝石や〝現代のスーパー宝石〟半導体を見て、つくづく感心するのは〝不純物〟、〝添加物〟の妙味である。宝石の美もエレクトロニクスも、〝異端者〟あってのことなのだ。日本のような〝均質社会〟においては、とかく〝異端者〟は嫌われがちだが、異質なモノこそが色や味を添え、また母体や組織に思わぬ力を発揮させることを知っておいて損はない。

確かに〝不純物〟は、ある意味では〝欠点・欠陥〟である。世の中に〝完璧・無垢〟な人間は一人としておらず、誰でも〝欠点・欠陥〟を持っている。〝宝石〟は私たちに、それらを活かすことを教えてくれているのではないだろうか。

4-4 物質の究極は〝空っぽ〟？——日常感覚からかけ離れた世界

物質の構造

冒頭で述べたように、本章では「すべての物質は原子からできている」という了解のもとに話を進めてきた。本節では、その原子の話をしたい。一般的な「教科書」では、「原子」の話から「物質」の話へと進むのが普通だが、本書ではあえて逆の道筋をたどった。まず先に「森」を見てから、「木」へと焦点を移したかったからである。

物質の究極の構造、構成要素はいったい、どのようなものなのだろうか？　私たちの目で見える範囲の大きさは知れたものなので、最終的には想像力に頼るほかはない。

この地球上に文明が誕生して以来、哲学者、自然科学者たちは、物質の究極の構造、要素について考え、その究明に努力してきた。二千数百年にも及ぶこの間の努力によって、物質の構造は徐々に明らかになってきてはいるが、〝究極的なゴール〟に達しているわけではない。私たちはいまだその全貌を知らず、現在も究明の努力が続けられている。

古代ギリシャの自然哲学者の元素論、原子論は、デモクリトス（前460頃～前370）によって体系化されているが、そこに述べられている基本的な考え方は、現代の科学から見てもまった

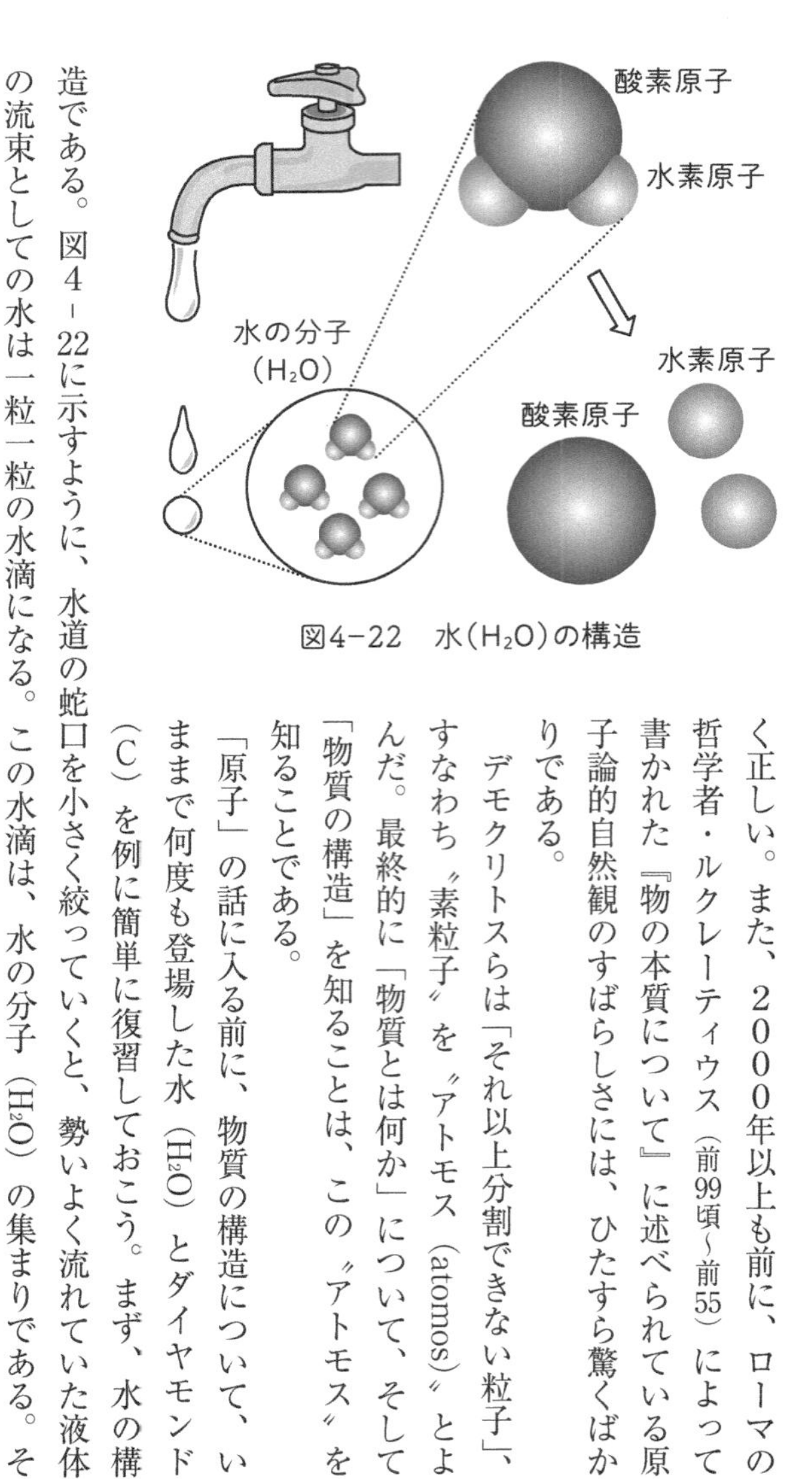

図4−22　水（H_2O）の構造

く正しい。また、２０００年以上も前に、ローマの哲学者・ルクレーティウス（前99頃～前55）によって書かれた『物の本質について』に述べられている原子論的自然観のすばらしさには、ひたすら驚くばかりである。

デモクリトスらは「それ以上分割できない粒子」、すなわち〝素粒子〟を〝アトモス（atomos）〟とよんだ。最終的に「物質とは何か」について、そして「物質の構造」を知ることは、この〝アトモス〟を知ることである。

「原子」の話に入る前に、物質の構造について、いままで何度も登場した水（H_2O）とダイヤモンド（C）を例に簡単に復習しておこう。まず、水の構造である。図４－22に示すように、水道の蛇口を小さく絞っていくと、勢いよく流れていた液体の流束としての水は一粒一粒の水滴になる。この水滴は、水の分子（H_2O）の集まりである。そして、この水の分子は、177ページ図４－５でも説明したように、1個の酸素原子（O）と2個の水素原子（H）からなっている。

水の温度がおよそ100℃に達すれば気体の水蒸気（179ページ図4－6ⓐ）になり、およそ0℃になれば固体の氷（図4－6ⓒ）になるが、いずれにせよ、それらが図4－22に示すように水の分子、そして酸素原子と水素原子からなることには違いがない。ダイヤモンドの場合は、分子という構造を経ずに、187ページ図4－8ⓐに示すように、いきなり炭素原子が構成要素である。

つまり、すべての物質は原子からなり、2000年以上のあいだ、この原子がアトモス（それ以上分割できない粒子＝不可分割素）と考えられていた。ギリシャ語の〝アトモス（*atomos*）〟は〝*a*-（～できない）〟という接頭語と〝*tomos*（分割する）〟からなり、ちょうど英語の〝individual（in-dividual）〟に相当する。〝*atomos*〟は英語では〝atom〟となり、それは「原子」という日本語に訳された。

となると、こんどは、それでは原子は何からできているのか、原子の構造はどうなっているのか、という当然の疑問が湧いてくる。

原子とアトモス──それはほんとうに「不可分」か

原子の構造の理解が急速に進んだのは、ドイツのレントゲン（1845～1923）がX線を発見した1895年以降のことである。周知のように、X線はこんにち、物理学の分野に限らず、

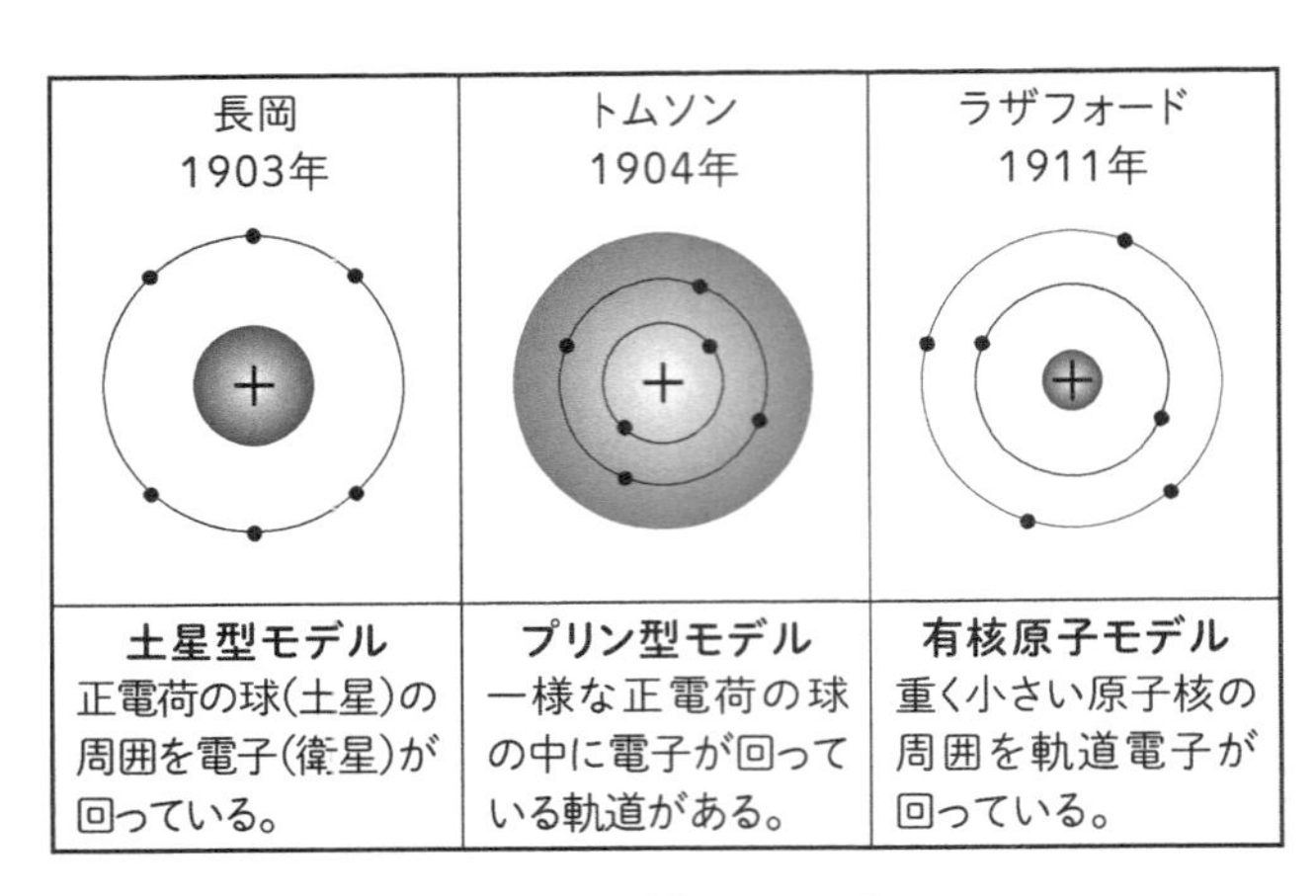

図4-23　近代原子モデル

広範な自然科学や医学、そして工業の分野で重要な役割を果たしており、私たち人類にとって、最も有用な道具の一つになっている。ノーベル賞が制定されたのは20世紀の初年、つまり1901年のことだが、X線の発見者であるレントゲンが、栄誉ある物理学賞の第一号に選ばれている。現時点から振り返れば、それはあまりにも当然であるが、発見からわずか5年ほどの段階で、X線発見の計り知れない重要性を認めたノーベル賞選考委員の見識にも、私は深甚なる敬意を表さざるを得ない。

さて、X線の発見を契機に原子構造の解明が飛躍的に進み、20世紀の初頭に図4-23に示すようないくつかの近代原子モデルが提案された。最初の近代原子モデルは、1903年に、日本の長岡半太郎（1865〜1950）によって発表された「土星型原子モデル」とよばれるものである。ほぼ同時に、ト

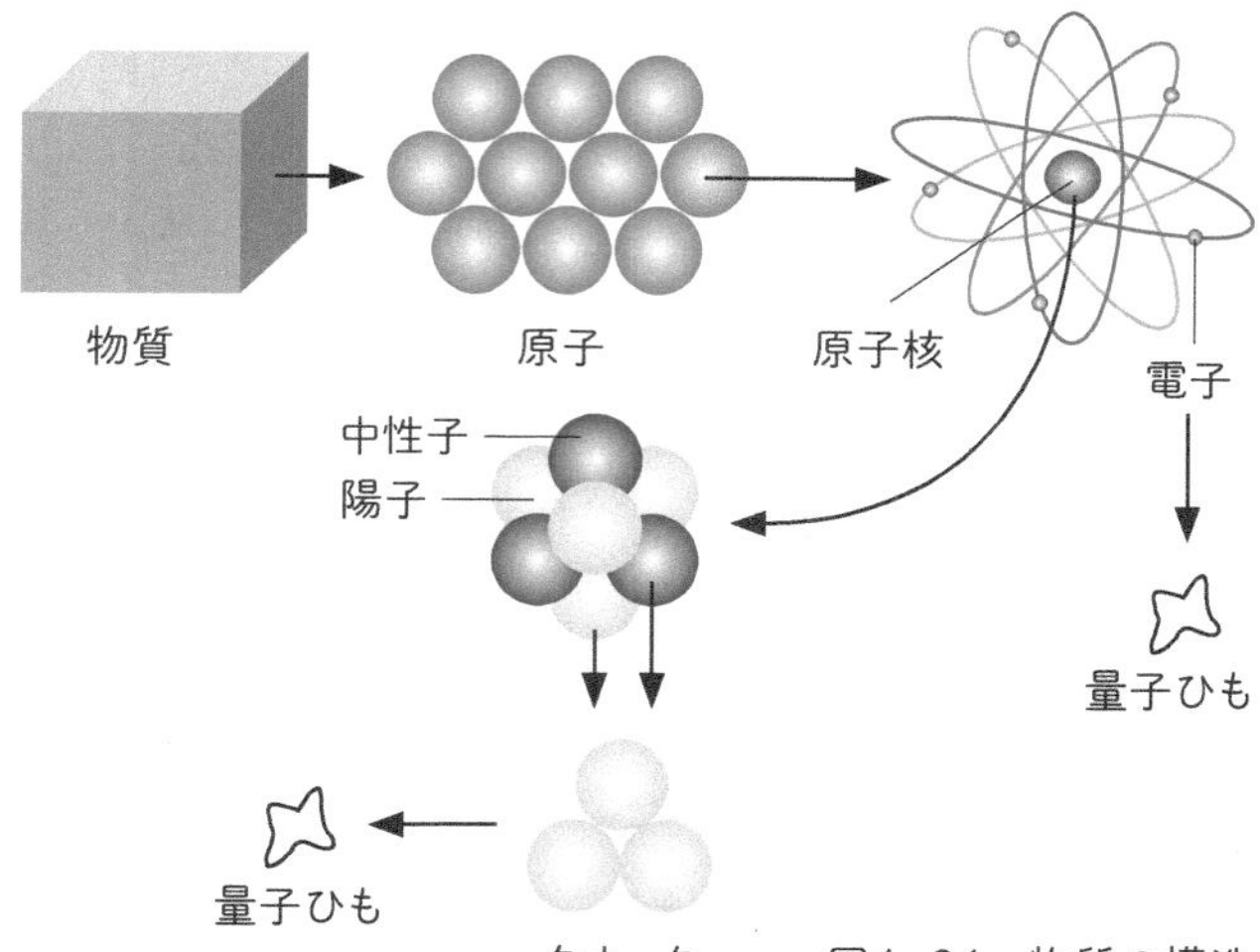

図4-24　物質の構造

ムソン（1856〜1940）も「プリン型モデル」とよばれる原子モデルを提案している。長岡、トムソンの原子モデルに共通するのは、マイナスの電荷を持つ電子の存在が重要であることと、原子は全体として電気的に中性なので、原子内に電子の負電荷を打ち消す正電荷の担い手（球）を想定したことである。

しかし、誰もが学校で一度は習ったことがあるであろう有核原子モデルを考えたのは、ラザフォード（1871〜1937）である。原子の中心には重くて小さい正電荷の原子核が存在し、その周囲の円軌道上を負電荷の電子が周回している、というものである。アトモス（不可分割素）だと思っていた原子は、じつはアトモスではなく、原子核と電子からなる複合的な存在であった。だとすれば、とりあえずのアトモスである原子核と電子の構造はどうなっているのか？——疑問はさらに続くことになる。

現在でも、原子の構造、つまり物質の根源を解明する努力は続けられており、かなりゴールに近づいているという感じはあるものの、究極的な結論はまだ出ていない。そこで、現時点において、私たちが理解する物質の構造を図4－24に模式的に示すことにする。

物質を構成するのは原子である。原子は、原子核と電子からなる。原子核は陽子と中性子で構成され（水素原子の場合は陽子のみ）、それらを結合させる「核力」を持つ仲介役の粒子（ここでは図示していない）が「中間子」である。一般に、これら陽子と中性子、中間子を「素粒子」とよんでいる。現在の素粒子論の理解によれば、これらの素粒子を構成する基本粒子は6種類の「クオーク」である。そして、6種のクオークのうちの3個で陽子と中性子が、2個で中間子が形成される。クオークを「強い力」によって結びつけるのが、「グルオン」とよばれる粒子（図示していない）である。

さらに現在、究極のアトモスとして考えられているのが、10^{-33}㎝という極限小の長さ（プランク長さ）の「量子ひも」である。その振動の仕方の違いが、結果的に電子や陽子、中性子などの素粒子を生むと考えられている。しかし、量子ひもは、そのあまりの小ささのために〝発見〟されることはないであろう。究極のアトモスを追求し、その性質や起源を探究する素粒子理論物理学の領域である。

ところで、いまさらこんなことを書くと読者に叱られそうだが、じつは図4-24は、本当は正しくない。一般に、「原子は、中心の原子核と、その周囲の軌道を回る電子から成り立っている」と説明される。そして、太陽を中心にして、その周囲の一定の軌道を惑星が回っている太陽系の姿を思い浮かべる。このような原子モデル（古典物理学的原子モデル）は、原子や原子間の結合の基礎的概念、さらには固体、特に結晶の原子構造の概略を理解するには有効なのだが、ほんとうは正しくない。原子の〝ほんとうの姿〟を説明するのが、量子物理学とよばれる、古典物理学（その代表が〝ニュートン力学〟）に対する〝現代物理学〟である。

もちろん、古典物理学も量子物理学も自然現象を説明するものであり、互いに矛盾するわけではない。量子物理学では、古典物理学では説明できない現象をも説明できる。つまり、古典物理学は量子物理学に包含されるものと考えればよい。量子物理学については、その概略を次の4-5節で述べるが、詳細について興味のある読者は、章末の参考図書6など、量子論・量子力学の教科書を参照していただきたい。

色即是空、空即是色

仏教についてほとんど何も知らない人でも『般若心経（はんにゃしんぎょう）』という名前は知っているだろう。『般若心経』は、全部で5000巻以上といわれる仏教の「経（きょう）」の中で一般に最もよく知られた

「経」である。その理由の一つは、この経がわずか262文字で書かれた、最も短く、最も簡潔なものであることにある。しかし、この〝わずか262文字〟は、膨大な『大般若経』600巻の内容を圧縮したものなので、〝簡潔〟ではあるが、〝簡単〟ではない。『般若心経』に書かれた言葉の意味には、きわめて奥深いものがある。

『般若心経』の名を世に知らしめているのは、「色不異空、空不異色、色即是空、空即是色」という有名な文句である。これを文字通りに訳せば「色は空に異ならず、空は色に異ならない。色は即ち空であり、空は即ち色である」ということになる。わかったようなわからないような、キツネにつままれたような気分にさせてくれる文句である。

この場合、「色」は〝形あるもの〟〝物質〟の意味であり、森羅万象のすべてを指す。「空」を理解するのは簡単ではないが、一般的には〝固定した実体のないもの〟と解されている。〝真空〟の〝空〟と考えてもよいだろう。つまり、「色不異空、空不異色、色即是空、空即是色」は、簡単にいえば「形があるもの（物質）には実体がなく、実体がないものが形があるもの（物質）である」ということである。私たちの日常的な感覚、あるいは常識には、いささか反する文句である。

ところが、原子の構造をさらに詳しく知れば、「色不異空、空不異色」「色即是空、空即是色」が実感として迫ってくるのだ。まず、原子を構成する電子、陽子、中性子の質量を記してみる

と、

電　子：9.1×10^{-31}kg

陽　子：1.7×10^{-27}kg

中性子：1.7×10^{-27}kg

である。このように指数で表してしまうと、その軽さの実感が薄れるが、たとえば電子の質量は、およそ、

0.0000000000000000000000000000001（$=1\times10^{-30}$）kg

である。想像を絶するほどの軽さなのだ。原子自体、想像を絶するほどの軽さだが、電子、陽子、中性子の質量を見ると、原子全体の質量のほとんどが原子核（陽子、中性子）の質量であり、電子の質量は無視できるほど小さいものであることがわかる。

次に、それぞれの〝大きさ〟を見てみよう。一般に、原子の大きさは10^{-10}m程度と考えられている。陽子と中性子はほとんど同じ大きさで、10^{-15}mである。原子核の大きさは10^{-14}mほどだ。電子は静止状態で存在できないので、その大きさを正確に知るのは容易ではないが、陽子や中性子と同程度の10^{-15}mと推定されている。以上をまとめてみると、

原　子：10^{-10}m

原子核：10^{-14}m

電　子：10^{-15}m

ということになるのだが、このような値は私たちの日常的感覚からあまりにもかけ離れているので、大きさの相対的関係が理解しにくい。そこで、〝日常的な感覚〟に訴える大きさに換算してみよう。原子核の大きさを仮に１cmとすれば、電子は１mmであり、原子は１００mになる。次のような状態を想像していただきたい。

直径が１００mのピンポン球の中央に直径１cmのビー玉が置いてある。このビー玉が原子核であり、このビー玉と比べれば重さが無視できるような直径１mmの〝電子〟がピンポン球の外殻に沿って回っている。このビー玉（原子核）と外殻（電子軌道）のあいだは、何物も存在しない直径99・９９mの〝空間〟である。

215ページ図４－24で示したように、物質（〝色〟）は原子によって形成されているが、その構成要素の原子のほとんどの部分は、なんにもない〝空間〟なのである。すなわち、「色不異空」「色即是空」である。また、その〝空間〟自体が原子そのものであり、したがって物質（〝色〟）そのものでもある。すなわち「空不異色」「空即是色」である。合掌。

4-5 ミクロ世界の摩訶不思議

「見えない世界」がある！

私たちの肉眼に見える〝光〟は、すべての〝光〟の中で、ほんの一部にしかすぎないことを第1章で述べた（73ページ図2－4も参照）。事実として「私たちに見えない世界」があるのだ。

それでは、私たちの肉眼には、どれくらい小さな物まで見えるのだろうか。私は、乱視の上に近視（さらに最近は老眼？）なので、いずれにせよメガネの世話になっての話であるが、〝物〟として認識できるのは1000分の1、あるいは100分の1㎜ぐらいの大きさまでではないかと思う。特殊技能を持つ名人級の職人であれば、もっと小さな物まで見えるかもしれないが、いずれにせよ、人間の肉眼で見える物の大きさはたかが知れている。同様に、私たちに見える遠くの物にも限界がある。ときどき、イギリスから日本まで「透視」してしまうような「超能力者」がテレビに現れるが、マサイの人といえども普通の人間に何十㎞も先にある物が見えるわけではない。

ここで、私が大好きな金子みすゞ（1903～30）の詩「星とたんぽぽ」を紹介しておきたい。

青いお空の底ふかく、
海の小石のそのやうに、
夜がくるまで沈んでる、
昼のお星は眼にみえぬ。
　見えぬけれどもあるんだよ、
　見えぬものでもあるんだよ。

散つてすがれたたんぽぽの、
瓦のすきに、だァまつて、
春のくるまでかくれてる、
つよいその根は眼にみえぬ。
　見えぬけれどもあるんだよ、
　見えぬものでもあるんだよ。

　私は一人の人間として、特に自然科学者の端くれとして、この詩を読むたびに、〝やさしさ〟と〝謙虚さ〟が、自分自身の中に湧き上がってくるような気持ちにさせられる。これは、私にとって、とても大切な詩なのである。

人間はいままで、可視光のみならず、電子や電波、X線、赤外線などを利用したさまざまな顕微鏡や望遠鏡を発明し、自らの〝視力〟の限界を補ってきた。それらの道具は、人間の肉眼では見ることのできないほど小さな、あるいは遠くの物の形を拡大し、その物を実見する手助けをしてくれた。その結果、人間の〝物〟に関する知識は飛躍的に拡大した。〝大きいほう〟は130億光年の拡がりを持つ宇宙であり、〝小さいほう〟は物質の究極のアトモスの世界である。

いずれにおいても、さまざまな新発見がなされ、それらは、私たちの「自然観」に革命をもたらした。私たちは、物理学をはじめとするさまざまな自然科学を学ぶが、それは究極のところ、「自然」の学習を通して、懐疑する精神と、「自然」の不思議に驚嘆する心を養うことであろう。そして、「自然」の見方、すなわち自然観を確立し、「自分」とは何かを考え、それを、各自の人生に活かすことだろうと思う。

本書が目指すものも、そこにある。

マクロ世界とミクロ世界

私は小さい頃から動物園が大好きで、日本でも外国へいったときも、そして〝おとな〟になったいまでも、折にふれて訪れるのだが、そのたびに、世界にはじつにさまざまな生きものがいるものだなあと感心する（しかし、近年の地球環境の悪化によって、恐ろしいことに、年間5万種もの生きものが絶滅の危機に瀕しているらしい）。大きさも、形も色も、そして動きも、まことにさまざまな生きものたちである。キリンやゾウのそばにいけば、その見上げるばかりの大きさに驚き、アリを見れば、その小ささと俊敏な動き、そしてその〝社会性〟に感心する。

動物園をひと回りして感じることは、ヒトというのは、地球上の生きものの中で、相当に大きい部類に属するのではないか、ということである。

しかし、グランドキャニオンやアルプスの山々を目の前にしたとき、さらには満天の星を見上げたとき、こんどは逆に、私は人間の小ささを実感する。船で、360度見わたすかぎり大洋の真っただ中に出たときには、地球の大きさに驚いた。だが、日常的な実感からすれば、広大無辺に思えるこの地球も、文字通り無限の宇宙空間を飛ぶ宇宙飛行士の目には小さなものに見えるのだろう。

また、私が長年つきあってきた、マイクロチップに刻まれた電子回路（指先に乗るような大きさのチップの中に、真空管10億本にも相当するような機能素子がつくられている）や、半導体結晶の原子や電子のことを考えると、その〝小ささ〟に改めて驚愕する。

真言宗の開祖・空海（774〜835）は、真言密教の世界観を述べた『吽字義（うんじぎ）』の中で、物の大きさや量が相対的であることを「ガンジス河の砂粒の数も、宇宙の広がりを考えれば多いとは

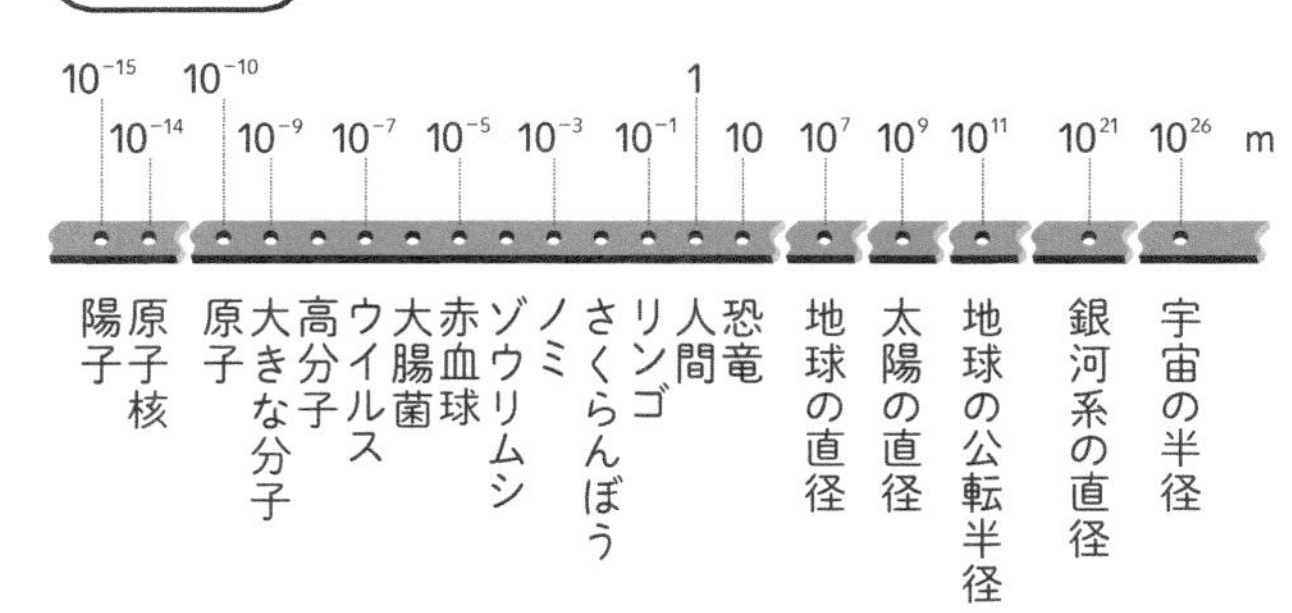

図4‒25　自然界の物の大きさの比較（原康夫『量子の不思議』中公新書、1985より一部改変）

いえず、また全自然の視野から見れば、微細な塵芥も決して小さいとはいえない」という喩えで述べている。つまり、人間の認識はあくまでも相対的であり、相対的な基準を尺度としたのでは、真の自然、世界を見きわめることはできない、と戒めているのであろう。

　ここで、自然界の〝物〟の大きさを比較してみよう。物の大きさを考えるには、私たちの〝日常的な長さ〟であるメートル（m）を基準の単位にするのがよい。人間の大きさのオーダーを1mとして、自然界のさまざまな物の大きさを指数の物差しで比較すると図4‒25のようになる。数値を指数で表してしまうと、その大きさの実感が湧きにくいが、たとえば、銀河系の直径は、およそ

　1000000000000000000000（＝10^{21}）m

である。日常的な感覚ではきわめて大きな物体と思われる地球の半径ですら、およそ640万mなのだから、銀河系、さ

らには宇宙がいかに大きなものであるかが、少しは体感できるだろう。小さいほうでは、原子の大きさがおよそ

0・0000000001（$=10^{-10}$）m

である。想像を絶する小ささだ。

私たちの周囲にも、自然界にも、図4-25に示すようなさまざまな大きさの世界があるが、物理の世界では一般に、原子の大きさ程度より小さい世界を「微視的（ミクロスコピック）世界」、略して「ミクロ世界」とよんでいる。一方、私たちの日常的な感覚に合致する〝普通の大きさ〟から宇宙規模の世界を「巨視的（マクロスコピック）世界」、略して「マクロ世界」とよぶ。そして、これらの中間の世界が「メゾスコピック世界」とよばれるが、それぞれの境界は必ずしも明確ではない。

古典物理学と量子物理学

20世紀には、「自然観革命」が起こったといわれる。具体的には、現代物理学（量子物理学）の誕生を指している。現代物理学に対比されるのが、それ以前に確立されていたニュートン力学やマクスウェルの電磁気学などを基盤とする古典物理学である。もちろん、物理学に〝古典〟が

冠せられるようになったのは、〝現代〟物理学が誕生してからのことである。

古典物理学は、人間的スケールから宇宙スケールまでのマクロ世界の諸現象をじつに見事に説明し、また見事に予測する。しかし、20世紀に入り、観測技術の進歩にともなって原子や電子などミクロ世界の研究がさかんになると、従来の物理学、つまり〝古典〟物理学ではどうしても説明のつかない問題が続出した。この新しい問題（難題！）を説明するために考え出されたプランク（1858〜1947）の「量子論」が「自然観革命」、つまり現代物理学（量子物理学）誕生の契機となった。

もちろん、古典物理学も量子物理学も、同じ自然を扱うのだから、両者のあいだに矛盾はない。また、私たちの身体自体、マクロ世界の存在ではあるが、その身体は、ミクロ世界に属する原子や素粒子から形成されている。そのようなミクロ世界の〝素材〟とマクロ世界の〝身体〟とのあいだにもし〝断差〟があったなら、私たちは自分自身のことも、自然のことも、わけがわからなくなってしまうだろう。古典物理学は量子物理学に包含されるのである。

「非常識」なミクロ世界

あらためて、ミクロ世界のようすを垣間見ておこう。

原子、そしてそれを構成する電子や陽子、中性子の大きさや重さが、いかに私たちの〝日常的感覚〟から離れたものであるかということは、すでに述べた通りである。また、物質（〝色〟）の実体がほとんど〝空〟であることも先に紹介した。最も身近なところで、私たち自身の身体の実体が、ほとんど〝空〟であるというのは本当に考えにくいことではあるが、事実である。

次に、物質には、このような原子がどれくらいの密度で詰まっているものなのかを考えてみよう。密度を計算するには、原子が三次元的に規則正しく配列している単結晶の場合を考えるのがよい。たとえば、代表的な半導体であり、こんにちのエレクトロニクスの基盤材料であるシリコン結晶は、196ページ図4−16に示したような構造をしている。わかっている原子半径や原子間距離を考慮して原子密度を求めると、

50000000000000000000000（$=5\times10^{22}$）個／cm³

になる。つまり、一辺が1cmの立方体の空間の中に、これだけの数の原子が詰まっているのである。完全に想像を絶するほどの数である。

さらに、1個のシリコン原子は全部で14個の電子を持っているので（結合に重要な役割を果たすのが174ページ図4−2、206ページ図4−18に示した4個の電子）、シリコン原子の電子密度は、

700000000000000000000000個／cm³

となる。とても想像すらできない数である。

　原子（分子）の多さを示すたとえに「いま仮に、コップ一杯の水の分子にすべて目印をつけることができたとします。次にこのコップの中の水を海に注ぎ、海を十分にかきまわして、この目印のついた分子が七つの海にくまなく一様にゆきわたるようにしたとします。もし、そこで、海の中のお好みの場所から水をコップ一杯汲んだとすると、その中には目印をつけた分子が約一〇〇個みつかるはずです」（E・シュレーディンガー著、岡小天・鎮目恭夫訳『生命とは何か』岩波新書）というのがある。まさに想像を絶する多さであろう。

　いま、くどくどと数字を並べたのは、ミクロ世界が、私たちの日常感覚からいかに離れたものであるかを実感していただきたかったからである。まさに、ミクロ世界は〝非日常的〟な世界なのである。実際、ミクロ世界では、私たちの「常識」や日常的な感覚からは理解できないような、具体的には、私たちが慣れ親しんできたマクロ世界の〝古典物理学〟では説明できないようなさまざまな現象が登場する。たとえば、
①自然界のエネルギーは連続しておらず、飛び飛びの値しかとれない
②光、電子、素粒子は波でもあり粒子でもある
③物質（私たちの身体も！）は波の性質を持っている
④物体の存在は確率でしか予測できない（いつ、どこにあるか、いるか、ということは明言でき

ない！）

⑤互いに矛盾する状態、たとえば〝生きている状態〟と〝死んでいる状態〟とが共存する

などなどである。①と④については後述するとして、ここでは②と⑤について説明しておきたい。

すでに述べてきたことから明らかなように、物理的にいえば〝波（波動）〟と〝粒子〟とは別モノである。にもかかわらず「波でもあり粒子でもある（波と粒子の二重性）」というのは矛盾である。さらに「互いに矛盾する状態が共存する」（一般的に、有名な「シュレーディンガーの猫」という話で説明されるがここでは割愛する）というのも矛盾そのものである。しかし、この「矛盾の共存」こそ「ミクロ世界」、ひいては「量子物理学」の真髄であり、それを「相補性の原理」とよぶ。「相補」とは「互いの欠けた部分を補うこと」である。

図4－26　太極図

古典物理学的「二元論」でいえば、確かに、波と粒子は対立する概念であるが、じつはミクロ世界にあってはそれらの波動性と粒子性が〝同一の実在〟を相補的に描写するものであることがわかったのである。この相補性の概念、別の言葉でいえば「一元論」は、20世紀以降、自然に対する考え方の基本になったが、じつをいえば「対立する概念は互いに相補的な関係にある」とい

うのは、2500年も前に古代中国で明らかにされていた陰陽思想の真髄である。古代中国では、対立する概念の相補性を「陰」と「陽」で表し、この両者の相互作用をすべての自然現象、すべての社会現象、すべての人間活動の本質と見なした。相互作用をする陰と陽の性質は、図4-26に示す「太極図」に象徴的に表されている。太極図には、陰と陽が対称的に描かれているが、その対称性は静的なものではなく、つねに回転する躍動的なものである。

しかし、何度も述べるように、マクロ世界を基準にすれば、ミクロ世界は実際に、想像を絶するような世界なのである。だとすれば、ミクロ世界で起こる現象が、マクロ世界での現象に比べ、はなはだ「異常」であっても、それは当然ではないか。どれだけ不思議なことが起こっても、不思議なことが起こること自体、少しも不思議なことではないのではないか。私たちの「常識」を基準にするから、それらが「非常識」に思えるだけである。「常識」は必ずしも真理ではない。逆に、ミクロ世界の「常識」から考えれば、マクロ世界の現象はすべて「非常識」に思えるはずである。

連続的エネルギーと非連続的エネルギー

エネルギーに限らず、物事を連続的に考えることは古典物理学の大前提である。〝連続的〟というのは95ページで述べた〝アナログ〟である。にもかかわらず、いま「①自然界のエネルギーは連続しておらず、飛び飛びの値しかとれない」と述べた。じつは、このことが量子物理学における〝量子〟の所以（ゆえん）である。

連続的エネルギーと非連続的（飛び飛びの）エネルギーを図示すれば、図4-27のようになる。図の縦軸はゼロ（0）から無限大（∞）までのエネルギーの大きさを示している。横軸には特別の意味はない。ⓐは古典物理学の連続的エネルギーで、0から途切れることなく∞まで、どのような値のエネルギーをとることも可能である。このことは、私たち自身の日常的経験から、当然のこととして理解できる。エネルギーの値に〝途切れ〟があるということは、そこではエネルギーが〝ない〟という状態になってしまうことであり、それは私たちの常識では考えにくい。

ところが、ミクロ世界の粒子が有するエネルギーはⓑのように、飛び飛びの非連続的値をとる。というより、「飛び飛びの非連続的値しかとれない」のである。そして、その〝飛び飛び〟のエネルギーの間隔は$h\nu$であることがわかっている。ここでhは「プランク定数」とよばれる現代物理学においてきわめて重要な定数であり、ν（ニュー）（速さ、速度を表すvとは異なることに注意）は波動性を持つ粒子（後述）の振動数を意味する（このあたりの詳細な議論は章末の参考図書6などを参照していただきたい）。つまり、ミクロ世界では、エネルギーの授受がこの$h\nu$という〝エネルギーの塊〟を単位として行われる。そして、このような〝エネルギーの塊〟を「量子」とよんだのである。これが「量子物理学」、「量子論」の原点である。

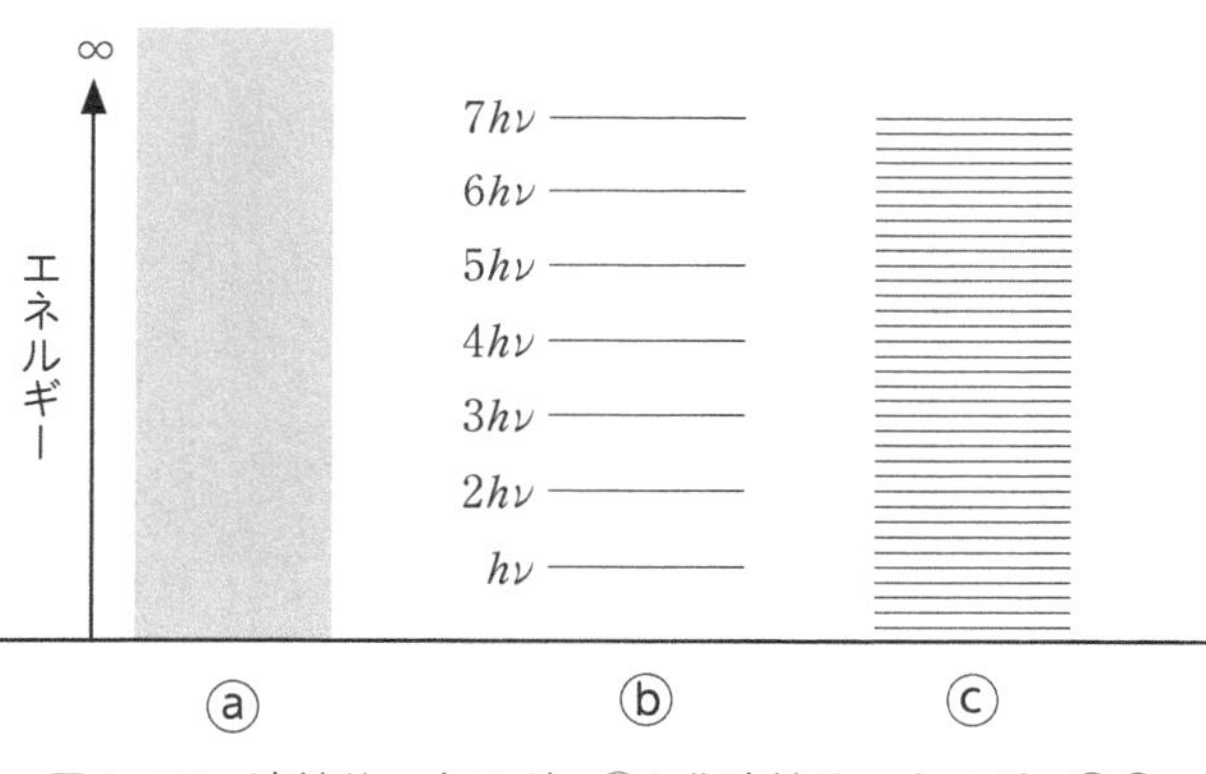

図4−27　連続的エネルギーⓐと非連続的エネルギーⓑⓒ

図4－27ⓑにおけるhの値を小さくしていけば、同図のⓒに示すように、エネルギーの飛び飛びの間隔がしだいに狭くなる。hが限りなく0に近づけば、エネルギーの非連続性はほとんど無視できるようになり、実質的に連続的エネルギーと見なせるだろう。

また、図4－27ⓒを私のような強度の近視・乱視の者が見れば、ⓐとの区別がつかない。つまり、$h\nu$の間隔が無視できるほどの尺度で考えれば（じつは、そのような世界がマクロ世界なのである）、量子物理学と古典物理学とが合体する。

量子物理学の真髄は、エネルギーを飛び飛びの〝塊（量子）〟として扱うことである。このような〝飛び飛びの値をとること〟を「量子化されている」という。量子化の概念を図4－28で確認しておこう。

ボールが持つエネルギーE（位置エネルギー）を考える。ボールは高い位置にあるときほど大きなエネルギー

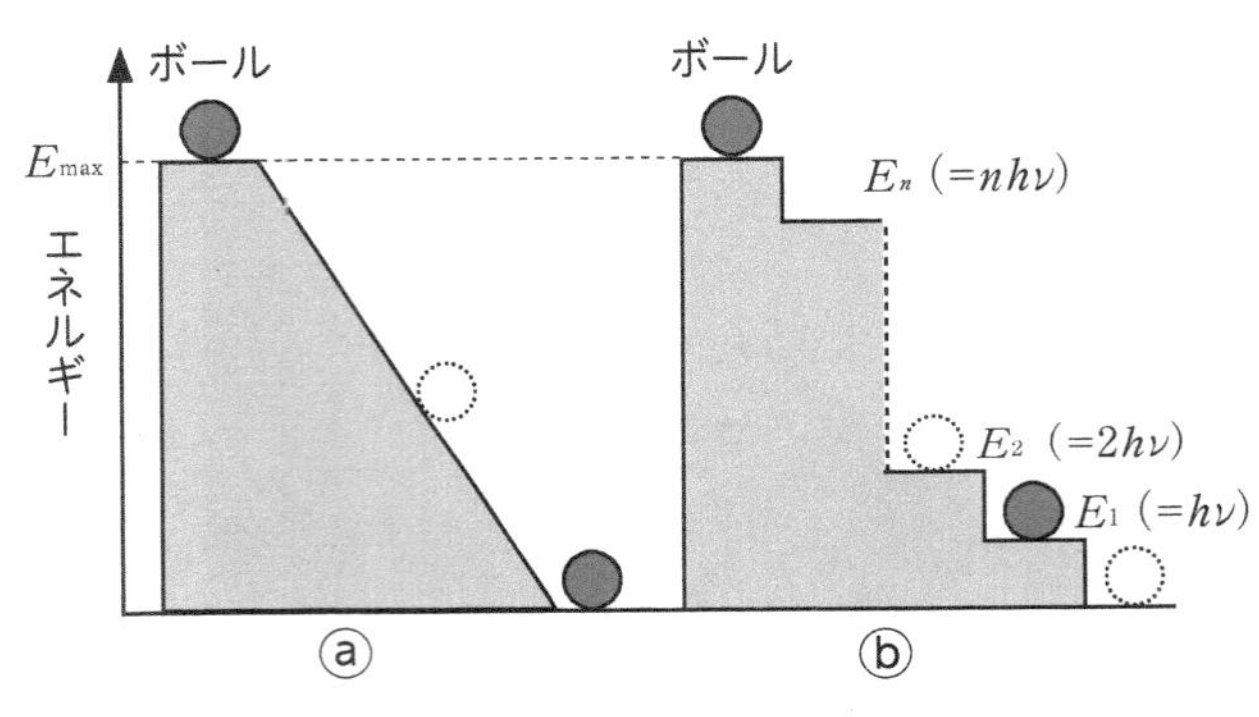

図4−28　連続的エネルギーⓐと量子化されたエネルギーⓑ

を持つ。図4−28ⓐはマクロ世界で、ボールはスロープ上を移動し、$0 \leqq E \leqq E_{max}$のいかなるエネルギーも連続的に持つことができる。

一方、図4−28ⓑはミクロ世界で、ボールは一段が$h\nu$の高さのステップからなる階段上を移動する。ボールはステップ以外の場所にはとどまれないから、ボールが持つエネルギーは、$0 \leqq E \leqq E_{max}$の範囲で$h\nu$の整数倍である$nh\nu$に限られる。つまり、ボールが持つエネルギーは量子化されている。ボールの大きさがステップの高さ$h\nu$を無視できるほど大きければ（つまり、マクロ世界のことである）、ⓑの階段は実質的にⓐのスロープと同じものになる。すなわち、量子物理学のミクロ世界から古典物理学のマクロ世界に入ることになる。

私たちの日常生活で電気が不可欠であることは第2章で述べたが、この電気の〝もと〟である電子も〝飛び飛びの量子化された〟エネルギーを持っており、このことが現代のエレクトロニクスを支える基盤となっている。

ミクロ世界の不確定性

次に「④物体の存在は確率でしか予測できない」について述べておこう。

すでに述べたように、私たちの日常生活圏から宇宙までを含むマクロ世界では、物体の運動は100%正確に予測できるし、観測という行為が対象に与える影響は無視できる。古典物理学の世界では、物体の位置と運動量は、初期条件さえ与えられれば確定する。月に人間を送って地球に生還させたり、宇宙ステーションを建設できたりするのは、まさに古典物理学の〝勝利の証(あかし)〟である。もし、物体の位置と運動量に不確定性が入るとすれば、それは人間の観測技術、観測操作が不十分、不適切なためであり、原理的なものではない。

32ページ図1－9で、暗闇の中の時計を懐中電灯で観察することについて述べた。この場合、懐中電灯の光で時計が動かされるようなことはないし、時計の存在状態が攪乱(かくらん)されるようなこともない。懐中電

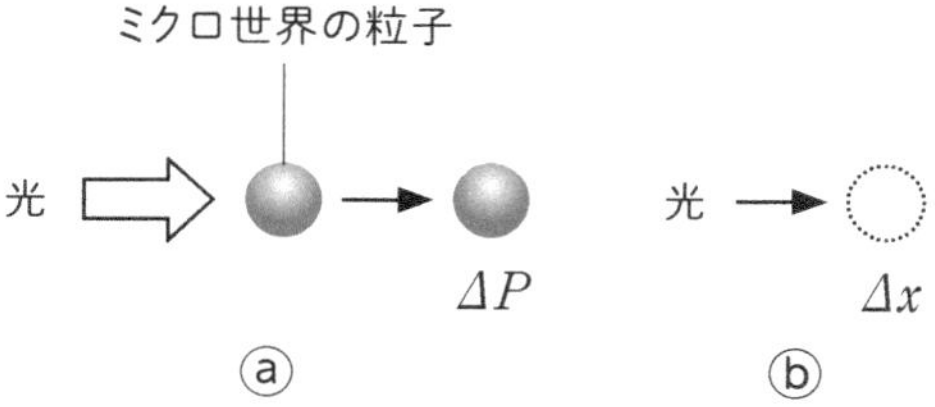

図4−29　ミクロ世界の粒子の観察

灯の光が持つエネルギーが、時計の質量に比べて無視できるほど小さいからである。

ところが、図4-29に示すように、暗闇の中で電灯に照らされるのが時計のようなマクロ世界の物体ではなく、ミクロ世界の粒子の場合はどうだろうか？

図4-29ⓐに示すように、光のエネルギーが粒子の質量に比べて無視できないほど大きいとすれば、光を照射された粒子は動いてしまう（物理学的にいえば、加速度を得る）。つまり、粒子の運動量P（148ページ式3・21参照）が変化してしまう。電灯に照射される、すなわち観察される前後の粒子の運動量の差をΔPとすれば、$\Delta P \neq 0$である。このことは、観察という行為が粒子の状態を変えてしまうということ、つまり正しい観察が行われていないことを意味する。正しい観察のためには、$\Delta P = 0$でなければならない。

そこで、粒子が動かないように、電灯の明るさを弱く、つまり粒子に照射する光のエネルギーを小さくしていくことにする。そうすると、こんどは暗くて粒子がよく見えなくなってしまう。つまり、図4-29ⓑに示すように、粒子の位置xを正確に知ることが困難になってしまう。この〝位置の不正確さ〟をΔxで表せば、$\Delta x \neq 0$である。この場合も、正しい観察（$\Delta x = 0$）ができていないのである。

粒子の位置xを正確に知るためには、つまり$\Delta x \to 0$にするためには、電灯を明るく（照射する光のエネルギーを大きく）しなければならないが、そうするとこんどはΔPが大きくなってしま

う。しかし、$\Delta P \to 0$にしようとすればΔxが大きくなってしまう。この事情は、

$$\left.\begin{array}{l}\Delta x \searrow \ \Downarrow \ \Delta P \nearrow,\quad \Delta x \to 0 \ \Downarrow \ \Delta P \to \infty \ (\text{無限大}) \\ \Delta P \searrow \ \Downarrow \ \Delta x \nearrow,\quad \Delta P \to 0 \ \Downarrow \ \Delta x \to \infty \ (\text{無限大})\end{array}\right\} \quad (\text{式}4\cdot1)$$

と書き表すことができるだろう。そして、このΔxとΔPの関係は、ある定数U（先述のプランク定数hに関係する値を持つことがわかっている）を用いて、

$$\Delta x \cdot \Delta P \approx U \quad (\text{式}4\cdot2)$$

と書き表すことができる。このUをミクロ世界の不確定性定数とでもよぶことにしよう。なお、〝U〟は「不確定性（uncertainty）」の頭文字である。ここで述べたミクロ世界の不確定性は、人為的なものではなく、原理的なものであることを理解していただきたい。

原子の「本当の姿」とは？

原子の構造について、「原子は、中心の原子核と、その周囲の軌道を回る電子から成り立っている」と述べ、そのようすを図4-24に示した。そしてこれを、古典物理学的原子モデルとよんだ。

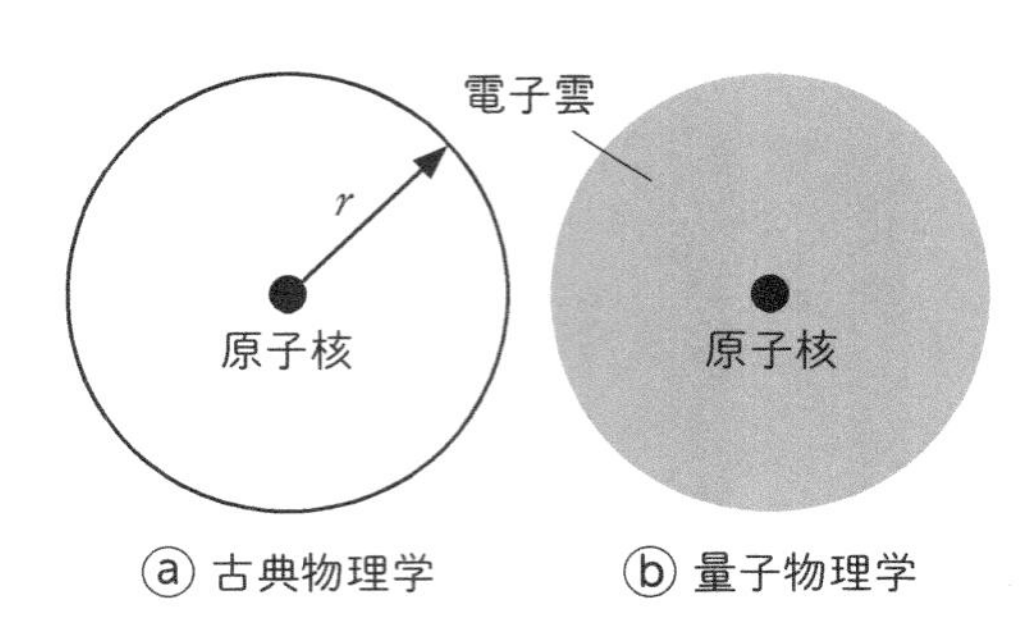

図4−30　水素原子の電子の存在位置

いま、あらためて最も簡単な構造を持つ水素原子の1個の電子の軌道を図4－30ⓐに示す。電子は半径rの円周上のどこかに100％存在するので、〝線状の電子軌道〟が描かれる。しかし、ミクロ世界の不確定性原理に基づけば、電子の軌道をはっきりした〝線〟で表すことはできず、図4－30ⓑに示すような、雲のような形の空間的な確率（「電子雲」とよぶ）の中のどこかに存在する、と表現せざるを得ない。

しかし、電子の存在確率はデタラメというわけではなく、電子が最も高い確率で存在しそうな位置は理論的計算によって求められる半径rの近辺ということになる。したがって、図4－30ⓑは、現実的に図4－31のように描かれる。なお、電子雲は三次元的に拡がるので、図4－30と図4－31はボールの皮のような電子雲の中心を含む断面を表している。

これこそが、〝原子の本当の姿〟なのである。

ミクロ世界の諸現象が、私たちの日常的感覚と合致しないのは、私たちの身体も私たちが日常的に接する物体も、すべてマクロ世界のものだからである。しかし、215ページ図4－24に示されるように、私たちの身体を含め、すべての物質を構成するのはミクロ世界の原子、素粒子である。つまり、マクロ世界はミクロ世界の集積によって形成されているということだ。それにもかかわらず、ミクロ世界とマクロ世界の諸現象、諸法則が合致しないとすれば、それは根本的な矛盾である。

物質を構成する電子、素粒子が〝粒〟でもあり〝波〟でもある、といわれても、私たちの身体が〝波動現象〟を起こすとは考えられない。物体の存在は確率でしか予測できない、といわれても、天体やスペースシャトルの運行は100％確実に予測できる。私自身、いま、ここに、100％確かに存在している。

このように、ミクロ世界とマクロ世界の現象はとても合致するものではない。それでは、ミクロ世界とマクロ世界とのつながりは、いったいどうなっているのだろうか？　マクロ世界がミクロ世界を集積したものだとすれば（事実、その通りである！）、その両者間に不連続性（断絶）が存在することはあり得ないはずだ。

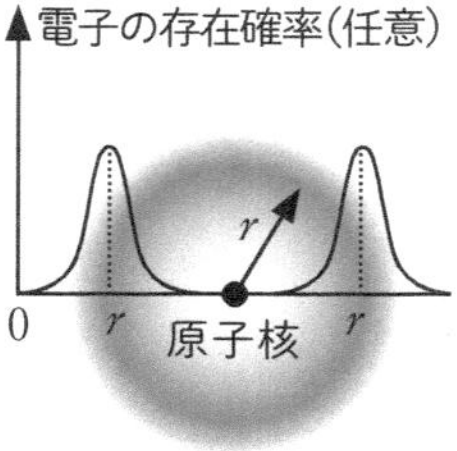

電子の存在確率（任意）
0　r　原子核　r

図4－31 水素原子の電子の量子物理学的分布

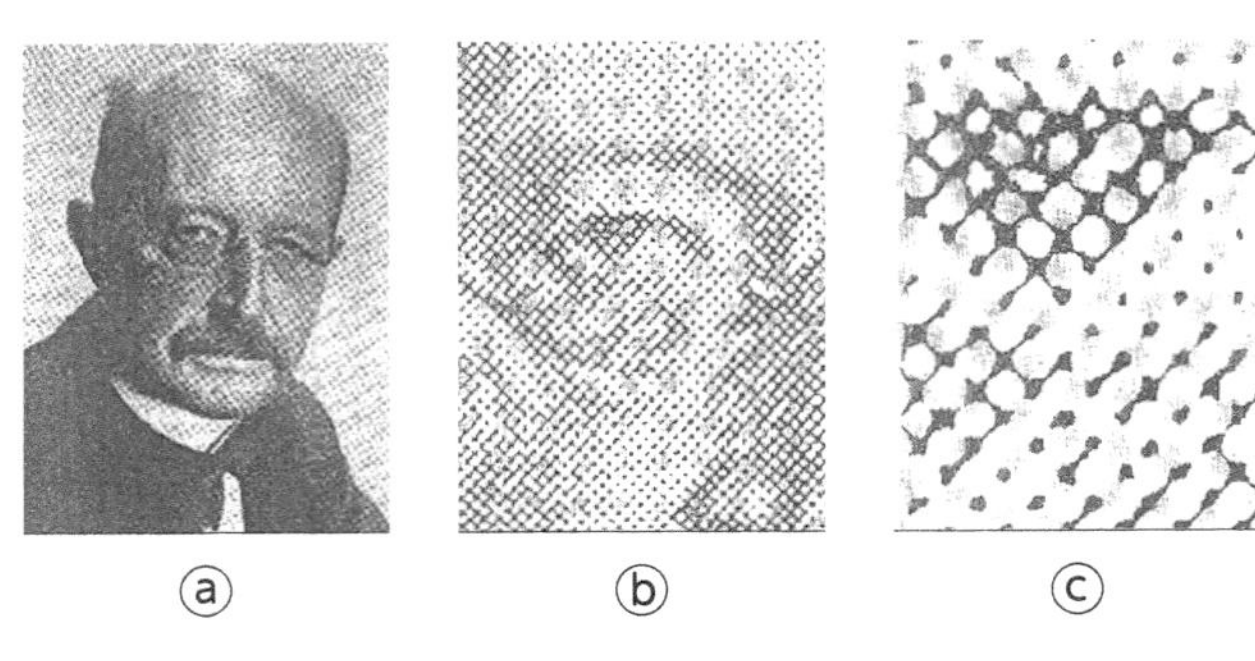

図4−32　白黒写真の“マクロ世界”と“ミクロ世界”（志村史夫『したしむ量子論』朝倉書店、1999より）

図4−32ⓐは、ミクロ世界の現象を説明する量子物理学の端緒を開いたプランクの肖像写真である。ⓐのプランクの右目のあたりを順次拡大したのがⓑ、ⓒである。つまり、ⓐの白黒写真は、ⓒに示されるような黒点の集まりによって形成されていることがわかる。ⓐは中間色（灰色）を含む見事な〝写真〟だが、その〝写真〟を形成しているのは、中間色など持たない黒点にすぎないのだ。いわば、白黒写真は白か黒か、2進法でいえば、〝0〟か〝1〟かで形成されているのである（2−4節参照）。〝ミクロ世界〟の黒点（粒）が〝マクロ世界〟の写真を形成している、と考えてよいだろう。黒点と〝写真〟とのあいだには、なんらの不連続性も存在しない。

この地球上には、およそ100種類ほどの元素が発見されており、それらの組み合わせで、無数の種類の物質が存在している。きわめて興味深いことに、それらの〝素材〟である電子、素粒子はすべてに共通であり、まったく同じものである。〝水の電子〟とか〝シリコンの電子〟、あるいは〝ダイヤモンドの電子〟といった具合に特別の電子があるわけではない。電子は宇宙全体において共通であり、すべて同じものであり、個々にはまったく区別がつかない。このことは、ちょうどまったく同じ〝黒点〟が、その組み合わせ、集合の仕方によって、無数の白黒写真像を形成し得るのと同じである。1－6節で述べたように、カラー写真やカラーテレビの場合も、〝黒点〟が三原色の点に替わるだけで、現象としてはまったく同じである。

空海は、先に紹介した『吽字義』の中で「激しく降る雨は、水流のように見えるが、ほんとうは一粒ずつの水滴の集まりである」と述べている。このことは212ページ図4－22を見ていただければよく理解できるだろう。

私たちはふだん、印刷物の写真を見るときにそれを形成している〝点〟のことを意識しないし、水を使うときにそれを構成する水滴や原子のことを意識しないが、それらは一体なのである。マクロ構造（マクロ世界）は、ひとたびそれが形成されてしまうと、もはや、それを構成している原子や分子のミクロ構造のミクロ的性質を現すことなく、それをつくり上げた外的な力、あるいは総体としてのマクロ的性質を示すようになるのである。

そのマクロ的性質を体系化したのが古典物理学であり、ミクロ的性質を体系化するのが量子物理学である。マクロ世界がミクロ世界の集積であるならば、古典物理学がミクロ世界を説明できなくても、量子物理学はマクロ世界を説明できなければならない。つまり、図4-32ⓐのような白黒写真を見て、その説明が〝黒点〟にまで及ばなくてもよいが、ⓒの〝黒点〟はⓐの写真を説明するものでなければならない。

事実、古典物理学と量子物理学との関係はそのようなものなのである。

実在、真実、客観性

古典物理学は天体の観測から発展したものだが、それは人間的スケールから宇宙スケールまで、つまりマクロ世界の現象を見事に理路整然と説明した。マクロ世界ではスケールに関係なく、空間・時間の〝枠〟が観測とは独立に客観的に実在し、物体の現象は、その〝枠〟内で行われる客観的な挙動であると見なされたのである。平たくいえば、観測という操作が観測の対象物になんらの影響をもたらさないということである。

したがって、物理学が対象とするのは〝実在〟であり、それはまず第一に個々の人間に特有のものではなく、普通の、一般的な能力の持ち主であれば誰にでも共通に認識できるものである。つまり、〝実在〟は任意性のない数式を使って論理が展開され得る体系である。また、第二に、それは実験、あるいは観測結果をあいまいさなしに〝予言〟できた。

このために、物理学においては、このような〝実在〟に対する実験や観察が重視され、それらで得た結果を〝客観的事実＝実在〟として認め、自然を理解していた。事実、マクロ世界においては、正しく行われた実験・観察によって得られた〝結果〟と〝自然〟とが見事に対応していたのである。

もう一度強調しておけば、私たちは自然界を観測者とは独立に、そして客観的に存在する〝事物〟と見なしてきた。そのような自然観からいえば、自然界は私たちの観測活動と切り離すことのできる客観的存在、つまり実在なのである。私たちが月見をしようがしまいが月は客観的に存在するであろうし、ニュートンがそばにいようがいまいがリンゴの木は客観的に存在するであろうし、リンゴはニュートンに関係なく落ちるときには落ちるであろう。

しかし、ミクロ世界を覗いて見ると、そこにはマクロ世界とは〝別世界〟としか思えないような世界があった。簡単にいえば「観測される事物は、観測されることによって、その状態を変えてしまう」ということである。古典物理学の基盤、そして同時に私たちの常識であった「観測という操作・行為は、観測される事物になんらの影響をもたらさない」ということが覆されたのである。そして観測とは、人間の〝意志〟でもある。

ミクロ世界の現象を説明する量子物理学は、物理的〝実在〟に対して、人間の〝意志〟が、本質的な役割を演じることを明らかにする証拠を提供している。つまり、ミクロ世界の現象は、心の本質と外界の実在とに深い関わりがあることを示している。また、ミクロ世界においては、観測の結果に原理的な不確定性が含まれることが明らかである。

このようなミクロ世界の二つの〝主張〟が、私たちの自然観、認識観、価値観、ひいては人生観に与える影響は甚大である。しかし、ミクロ世界の〝観察結果〟は、マクロ世界に生きる私たちを当惑させるのに十分である。しかし、私たちのマクロ世界がミクロ世界の集積によって成り立っていることは、すでに何度も述べたとおり、まぎれもない事実である。

最後に、私が敬愛する寺田寅彦（1878〜1935）が、量子物理学の「不確定性原理」が発表された年（1927年）よりも10年も前に書いた随筆の一節を引用しておきたい。


現在の物理学はたしかに人工的な造営物であってその発展の順序にも常に人間の要求や歴史が影響する事は争われぬ事実である。

物理学を感覚に無関係にするという事はおそらく単に一つの見方を現わす見かけの意味であろう。この簡単な言葉に迷わされて感覚というものの基礎的の意義効用を忘れるのはむしろ極端な人間中心主義でかえって自然を蔑視したものとも言われるのである。　（「物理学と感覚」より）

1 水島三一郎著『物質とはなにか』（講談社ブルーバックス、1975）
2 室岡義広著『わが輩は電子である』（講談社ブルーバックス、1985）
3 都筑卓司著『10歳からのクォーク入門』（講談社ブルーバックス、1989）
4 志村史夫著『ここが知りたい半導体』（講談社ブルーバックス、1994）
5 志村史夫著『ハイテク・ダイヤモンド』（講談社ブルーバックス、1995）
6 志村史夫著『したしむ量子論』（朝倉書店、1999）
7 志村史夫著『したしむ固体構造論』（朝倉書店、2000）

「時間」と「空間」を考え直す
——「絶対」から「相対」へ

宇宙・自然界は物質とエネルギーの組み合わせでつくり上げられている。すべての物体は物質で形成されており、宇宙・自然界は、この物体が運動する〝場〟でもある。そして、物体（物質）の運動の〝源〟がエネルギーなのである。この自然界の事物のすべて、そして、人間がつくり上げてきた利器や技術のすべても、結局は物質・エネルギー・運動の「三位一体」で成り立っている。

人類は数千年間にわたり、このような物質・エネルギー・運動の観察を通して自然を理解することに努めてきた。そして、自然界が物質・エネルギー・運動が壮大なドラマを繰り広げる舞台であることを知った。この舞台の基盤は、誰も疑うことがなかった「絶対空間」と「絶対時間」である。

このような〝自然〟の理解に革命をもたらしたのが、本書でもすでに何度となく登場したガリレイやデカルト、ニュートンら〝近代科学の父〟であった。しかし、20世紀に入り、近代科学の絶対的基盤であった「絶対空間」と「絶対時間」が、一人の大天才・アインシュタインによって揺るがされた。それは、単に物理学だけにとどまらず、哲学上の究極的な革命でもあった。

この第5章では「時間」と「空間」について考え直したい。それは、私たちの思考を宇宙空間にまで拡げてくれることだろう。

本章の主役を務めるのは、本書の冒頭で登場した「光」である。

5-1 アインシュタイン16歳の空想

光の速さで動く

アインシュタインの仕事の中で最も有名な「特殊相対性理論」(内容の理解はともかく「相対性理論」という言葉は誰でも知っているだろう)は、アインシュタインが16歳のとき、すなわち1895年の空想に端を発している。

113ページ図3-2で述べた〝相対的な速さ〟を思い出していただきたい。図に示される時速はいずれも、地上の静止している点(地面)を基準にした速さであった。実際には、地球は公転も自転もしているので、宇宙空間から地球を眺めれば決して静止しているわけではないが、地面を静止しているものと考えたのである。ニュートンの「慣性の法則」を考えれば、日常生活においてはそれでまったく問題ない。

ここで、図3-2の車Aを光に置き換えてみよう。もし、その光（車A）に並行して走る〝光速車〟に乗って光を見れば、光はどのように見えるだろうか？ 車Aを車Bから見たときと同じことが起これば（起こるはずである⁉）、光は止まって見えるに違いない！ しかし、〝止まった光〟とは、いったいどのようなものなのか？

じつは、アインシュタインが16歳のときに抱いた〝空想〟とは、こういうことだった。具体的には、アインシュタイン少年は、もし自分が鏡を持って光速で走ったならば、自分の顔が鏡に映るのが見えるだろうか、と考えたのである。31ページ図1-8、32ページ図1-9で説明したように、私たちに物が〝見える〟のは、反射光（可視光）が私たちの目に届くからである。図1-9の懐中電灯を自分、時計を鏡と考えるとわかりやすい。いささかまわりくどい説明になるが、鏡に映る自分の顔が自分に見えるのは、顔に当たった光が反射し、その光が鏡に当たって反射し、その反射光が目に届くからである（図1-8参照）。

しかし、自分（図1-9の懐中電灯）が光速で走ったのでは、顔に当たった反射光は同じく光速で移動する鏡に届くことができないではないか。つまり、自分の顔が鏡に映ることはない！

この〝空想〟が、それから10年後、1905年のあの「特殊相対性理論」が生まれる遠因となったのだ。

図3-2で説明したように、車の場合は、私たち自身が日常的に経験していることだから話は簡単である。しかし、たとえば、秒速20万kmで光を追いかけたら、光速は秒速10万kmに見えるのだろうか。あるいは、秒速20万kmで光とすれ違ったら、光速は秒速50万kmに見えるのだろうか。そしてもし、秒速30万kmで並走すれば、光は止まって見えるのだろうか。〝静止した光〟というのは想像しがたい。

ふたたび、不思議な光

18ページ表1-1でさまざまなモノの速さの比較を行った。いずれの速さも、静止した地面を基準にしたものであった。したがって、宇宙から見れば、表1-1に示されるような速さにはならない。

じつは、光速が秒速30万kmというのは、電磁波に関するマクスウェル方程式から理論的に得られたものであり、それは実験的にも確認されている。また、この光速は、ニュートンがいうところの「絶対空間」あるいは「宇宙の中心」に対しての速さである。したがって、「絶対空間」の中で公転と自転をしている地球から見た光速は、秒速30万kmではないはずである。つまり、光の方向と地球が動く方向との相対的な関係によって、観測される光速は異なるはずである。

このことを確かめるための、じつに巧妙な、そしてきわめて精密な実験が、1887年、マイケルソン（1852～1931）とモーレイ（1838～1923）によって行われた。具体的には、太陽に対して地球が動く方向と、それに垂直な方向の光速を測定したのである。実験の詳細は省くが、驚くべき結果が得られた。なんと、光速はどの方向でも一定だった。つまり、秒速20万kmの〝準光速車〟で光を追いかけても、光速はやはり秒速30万kmに見えるということである。

この実験結果が意味するのは、次のいずれかである。

①地球が絶対空間に静止している
②実験装置が悪い（実験が失敗）
③光は地球の運動に影響されない
④光（電磁波）は媒質を必要としない（真空中をも伝播する）

①はいわば「天動説」になるし、実際の観測事実から論外である。③はこれまでの物理学の「常識」から考えて、あり得ない。となると、残りは②であり、事実、物理学会では当初、そのように思われた。そのため、マイケルソンは追実験のための過労と、科学者としての自信喪失のせいで精神を病んでしまったといわれる。この実験の後日談と顛末は割愛するが、結論として、③が正しかった！　そればかりでなく、④光（電磁波）は媒質を必要としない（真空中をも伝播する）ことが確認されたのである。

光とは、じつに不思議な存在である。

光速不変の原理

古典物理学において、速度が〝観測者の立場〟によって相対的であることは実例を示し、何度も述べた。しかし、最初に光（電磁波）の速度を予測したマクスウェルの電磁方程式には、じつは〝観測者の立場〟が含まれていない。つまり、光速は、観測者が止まっていても動いていても同じ値になる。事実、精密な実験・計測結果もその通りであった。この光の不可解な性質は、多くの物理学者を悩ませた。

ここでさっそうと登場したのが、アインシュタインである。彼は、「物理法則はそもそも、普遍的に成り立つべきものであって、観察者の運動状態によって、あるいは観察者の意思によって、バラバラに成り立つようなことはあり得ない」という信念を持っていた。そんなアインシュタインは、量子物理学の「不確定性原理」を決して認めようとしなかった。

アインシュタインが立てた大胆な仮説は、次のようなものだった。

「光速は、光源や観測者の運動状態に関係なく、つねに一定である」（光速不変の原理）

この仮説が正しければ、物理学者を悩ませてきた「光の謎」（それまでの物理学の「常識」を

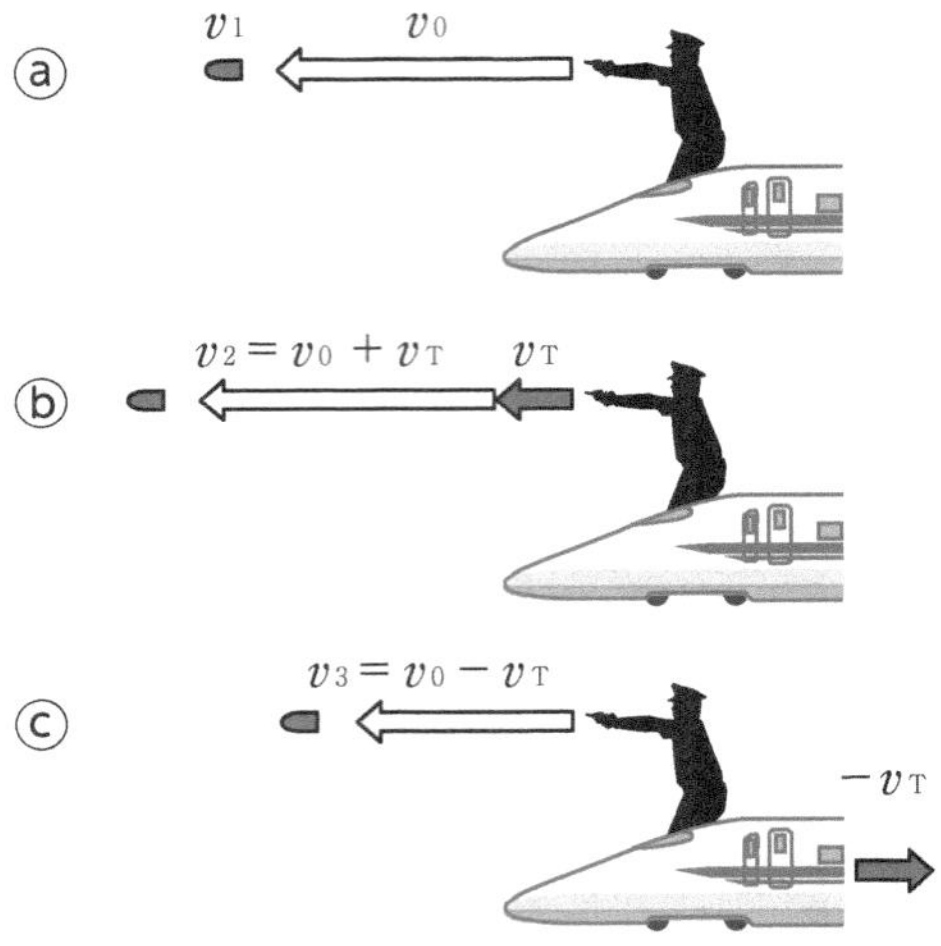

図5−1　速度の合成

前提にしていては絶対に解けない謎だった）はすべて解決する。アインシュタインは、物理学者らしくなく「光は別モノと考えればいいんじゃないか」と考えたのである。これは、一種の掟破りのような発想である。なにせ、これまで物理学者が悩んでいたのは「すべてのものに共通の法則がある」という前提で物事を考えていたからである。それを「例外があってもいいじゃないか。そう考えればすっきりする」というのだから。

だが、結論をいえば、この「光速不変の原理」は掟破りの仮説などではなく、まさしく〝真理〟であり、〝自然法則〟だったのである。図5−1を用いて、「光速不変」の意味を確認しておこう。

速度v_0で弾丸を発射するピストルがあるとする。ⓐのように止まった列車内から弾丸を発射するとき、弾丸の速度v_1はもちろんv_0である。ⓑのように、速度v_Tで弾丸と同じ方向に走行する列車から発射した弾丸の速度v_2は、v_0+v_Tである。一方、ⓒのように弾丸と逆方向に走行する列車から発射された弾丸の速度v_3は、v_0-v_Tである。このように、物体の速度は〝合成〟される。

ところが、図5−1で弾丸に置き換えられた光の速度はⓐ〜ⓒいずれの場合も不変で、秒速30万kmなのである。先述のマイケルソンとモーレイの実験・測定結果が「光速はどの方向でも一定だった」というのはこういうことであり、これが「光速不変の原理」なのだ。

それまでの「常識」から考えると、光の性質があまりにも不可解であったし、「光速不変の原理」など思いもよらなかったので、多くの物理学者が悩んだのであった。アインシュタインは「常識」にとらわれることなく、目の前の〝事実〟を素直に認め、文字通り〝発想の逆転〟をしたのである。アインシュタインは〝16歳の空想〟の頃、すでに「光速不変の原理は自然法則である」ということを看破していたようである。やはり、アインシュタインは天才だった。

常識的に、あるいは私たちの日常的感覚から考えれば、「光速不変」も光の諸性質も依然として不可解である。しかし、厳然たる事実として、光は私たちが知っているものとはまったく違ったふるまいをする特別なモノであると考えるほかはない。なんといおうが、光は〝別モノ〟なのである。つまり、光速は私たちが理解してきた普通の速さ、つまりガリレイやニュートンの物理学で説明されるような速さではなく、自然法則の中に組み込まれた普遍的、かつ絶対的な〝定数〟なのである。光速は、109ページ式3・1に示した「進んだ距離」と「それに要した時間」から求められるような〝二次的な量〟ではなく、宇宙の絶対的な真理なのである。

5-2 時間と空間は切り離せない？——「時空」とは何か

特殊相対性理論は難しくない

本節では、アインシュタインの仕事の中で最も有名な、そして難解と思われている「特殊相対性理論」について紹介しよう。それが導く「特殊相対性効果」とは、

①時間と空間を独立に扱うことはできない
②動いている時計の時間は遅れる
③動いている物体の長さは運動方向に縮む
④動いている物体の質量は大きくなる
⑤宇宙に光速を超えるものはない
⑥エネルギーと質量は等価である

にまとめられる。いずれも、私たちの「常識」から考えれば、きわめて不可解なコトなのであるが、その不可解さはひとえに〝光の不可解さ〟に起因するものである。なお、なぜ「特殊相対性理論」なのかについては5-4節で述べる「一般相対性理論」まで待っていただきたい。それま

では「特殊」は忘れて、単に「相対性理論」と思っていただければよい。

長年、物理学の分野で仕事をしてきた私ではあるが、正直に告白すれば、長いあいだ、ほんとうに長いあいだ、「特殊相対性理論」が理解できずにいた。理解できないまま一生を終えてしまうのではないかと諦めかけてもいたのだが、理解できない理由が、不可解な光を日常的な感覚を持った頭で理解しようとしたからにほかならないことに気づいた。私を含め、多くの「常識人」は、光速が一定なのはなぜかということを物理学の基本法則から理解しようとした。これに対し、アインシュタインは「光速不変」を自然界の原理、つまり物理学の基本法則と考え、すべての物理現象は、この「光速不変の原理」から導かれると考えたのだ。

私にとって、光が依然として不可解きわまりないモノであることに変わりはないが、ひとたび「光速不変」を〝自然界の真理〟として否応なしに認めてしまえば、「相対性理論」は決して理解しがたいものではない。

光速の不変性、絶対性を認めてしまえば、上記の①〜⑥の不可解なコトが当然に思えてくるはずである。読者のみなさん、どうか安心してください。

ノーベル賞級の仕事をした物理学者であり、数々の名随筆を遺した文学者でもあった寺田寅彦が、いみじくも「アインシュタインの相対性原理は、狭く科学とは限らず一般文化史上に一際目立って見える堅固な石造の一里塚である」と述べたように、アインシュタインの「特殊相対性理論」は物理学における革命的な理論であったばかりでなく、広く、哲学や芸術の分野にまで革命的な影響を及ぼした。たとえば、20世紀の天才画家・ピカソ（1881～1973）の、あの奇怪なキュービズム絵画はアインシュタインの影響なしに語れないだろう。私には、アインシュタインが「相対性理論」で論じる「時空」（後述）と、ピカソが「キュービズム」で描く「時空」がそっくりに思える。

時間が遅れる

さまざまなしくみの正確な時計が市販されているが、ここでは光を使った完璧な〝光時計〟というものを考える。光時計は、図5-2ⓐに示すように完全に平行で、光を完全に反射させる2枚の鏡と光源（たとえば、62ページで述べたレーザー）から成る。A点から発した光がB点で反射してA点に帰ってくるまでの時間が、この時計の周期である。光がA→B→Aと進む間隔が、普通の時計で秒針が一つ動くのと同じように、この時計での最小の時間単位になる。

この光時計を高速で走行する電車に載せ、鏡の面を電車が進む方向に平行に設置する。この時計を電車の中で観察すれば、もちろん地上での観察と同様にⓐのように見える。このときの光の経路もA→B→Aである。

ところが、電車の中のこの時計を電車の外から観察すれば、電車に載せた光時計の2枚の鏡は

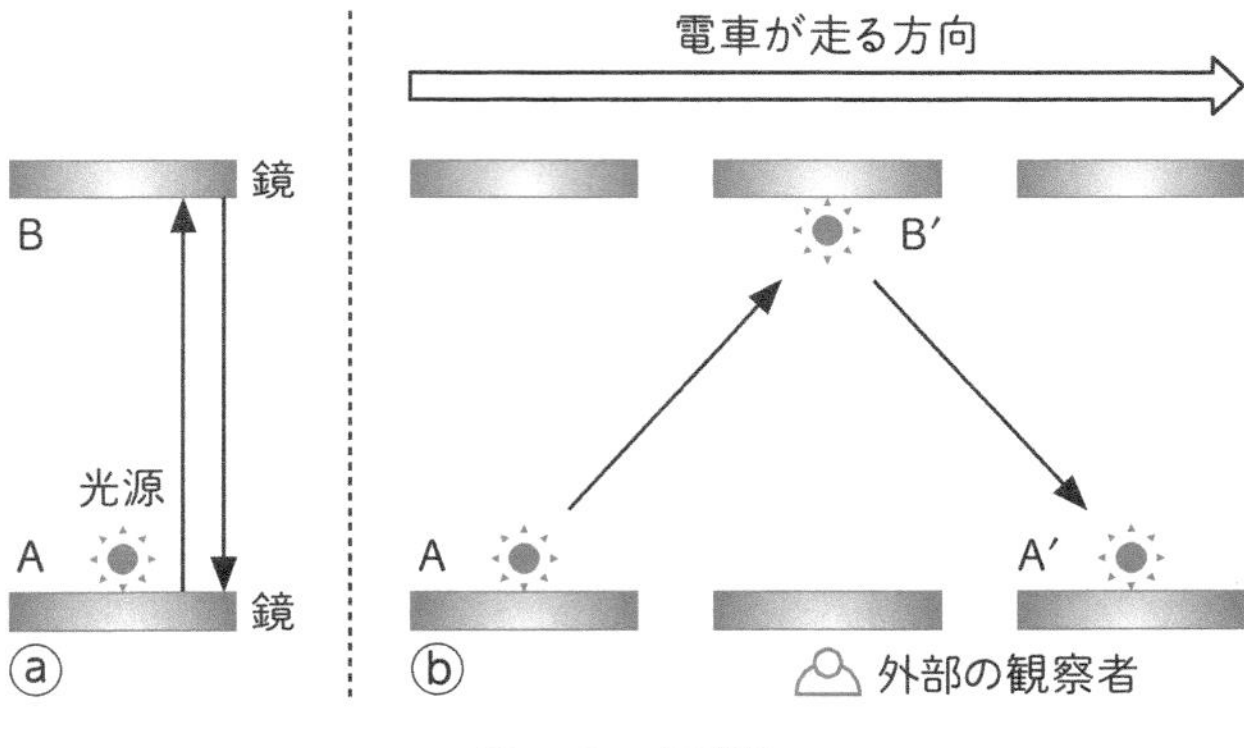

図5−2　光時計

図5－2ⓑに示すように、電車が走るにつれてたえず移動しているから、この場合の光の経路はA↓B′↓A′となる。電車の中で自分の正面に座っている人はずっと正面に座ったままで動かないが、外から見ればどんどん進行方向に動いているのと同じことである。

いま、話を簡単にするために、あまりにも極端な話ではあるが、2枚の鏡の距離を15万㎞としよう。15万㎞にすれば往復30万㎞になり、ちょうど1秒が光時計の周期となるからである。物理学の世界では、このように、頭の中で考える「思考実験」というものがしばしば行われ、それがきわめて重要な役割を果たすことが多いのである。

高速で走行する電車の中では、静止した地上の場合と同様、図5－2ⓐに示されるように、AB間の往復距離は30万㎞だから、Aを発した光がBで反射してAに戻ってくるまでの時間は1秒である。一方、図5－2ⓑの場合、光の経路A→B′→A′の距離がA→B→Aよりも長くなるのは明らかである。ここで「光速不変の原理」を適用すると、Aを発した光がB′で反射してA′に戻るまでの時間は1秒よりも長くなることになる。つまり、電車の中では1秒で終わる現象が、電車の外の静止した観察者の時計では1秒以上になっていることになる。これは「動いている場では〝時間が遅れる〟」ということを意味しているのにほかならない！

観察者が高速で走行する電車の中にいて、地上で静止している時計の動きを観察した場合はどうなるだろうか。この場合は、観察者に対して地上の時計は逆向きに高速で走っているのと同じことだから、こんどは地上の時間のほうが遅れることになる。〝時間の遅れ〟は、相対的なのである。

時間がどれくらい遅れるのかは、図5－2のAB′A′とABAの距離の差、つまり電車の速さに依存する。図5－2を見れば明らかなように、電車の速さが光速に匹敵するほどの場合でなければ、〝時間の遅れ〟が顕著になることはない。実際に、この〝時間の遅れ〟がどれくらいなのかについては、図5－2からピタゴラスの定理を使った簡単な計算で求められる。Tを走る電車の中の時間、T_0を地上の時間、vを電車の速さ、cを光速とすれば、

$$T = T_0 \frac{1}{\sqrt{1 - v^2/c^2}} \quad \text{（式5・1）}$$

が得られる。なお、一般的に光速を表す〝c〟は、「敏速」を意味するラテン語の〝celeritas〟の頭文字である。

式5・1から、vがcに近づいたときにのみ〝時間の遅れ〟が顕著になることがわかるだろう。一般に、vはcと比べればほとんど0に等しいので、$T=T_0\times1$となって、$T=T_0$と考えてよい。そもそも光速に近い速さで走行する乗り物も存在しなければ、それを観察できるほどの動体視力の持ち主もいないから、幸いなことに、私たちは日常生活において、このような〝時間の遅れ〟を気にする必要はまったくない。

しかし、式5・1は有史以来信じられ、ニュートンが「絶対時間」とよんだ時間、つまり、誰がどこにどのような状態でいようが〝同じ〟あるいは〝共通〟と思われていた時間は、決して絶対的なものではなく相対的なものであることを意味する。すなわち、「絶対時間」の否定であり、これはまさしく「時間観」の革命である。物理学の分野のみならず、広く哲学や芸術、さらには人生観にまで大きな影響を及ぼすことも想像にかたくないだろう。

念のために書き添えるが、ここでの話は、完璧な時計を使っての時間の遅れであって、不正確な時計による時間の遅れ（あるいは進み）とか、個人の怠惰によって時間が遅れるような話とはまったく別のことである。

空間が縮む

物の長さを測るには普通、物差しや定規などの道具を使う。そのような道具の長さを基準と認めているからである。もちろん、日常生活においては、これで問題ない。ここでは、一定の速さで動く物を使って長さを測定することを考えてみよう。

たとえば秒速10ｍの「計測カー」があるとする。この計測カーで長い棒の長さを測る場合、棒の端から端まで移動するのに要した時間から、109ページ式3・2によって、その棒の長さが計算できる。棒の端から端まで移動するのに5秒かかったとすれば、その棒の長さは50ｍということになる。このような測定原理は、きわめて単純明快である。

ここでまた極端な話になるが、30万kmほどの長さの棒を計測カーで測ることを考えてみよう。またまた物理学が得意とする思考実験である。30万kmほどの距離を動くのはたいへんだから、計測カーには超高速で走ってもらう。

測定者Aは、この計測カーに乗って時間を図5－2に示した光時計で測る。そして同時に、計測カーの外の静止した地上でも、測定者Bが時間を測る。先ほど述べたように、静止した地上での計測時間より計測カー内での計測時間が短くなり、式3・2に従って、移動する計測カーの中で測定される棒の長さは地上で測定される長さよりも短いことになる。すなわち、移動する計測カーの中では棒の長さが縮んでいる。

いま、棒が静止し、計測カーが動く場合の説明をしたが、これは計測カーを静止させ、棒を動かしても同じことである（長さ30万㎞ほどの棒を動かすのはたいへんだが！）。つまり、相対的に動いている物体を測定すると、その物体の長さが運動方向に縮むのである。長さが縮む割合は、時間の遅れの割合に等しいことは容易に理解できるだろう。

Lを移動する物体の長さ、L_0を静止しているときの物体の長さ、vを物体が移動する速さ、cを光速とすれば、

$$L = L_0\sqrt{1 - \frac{v^2}{c^2}} \quad \text{（式5・2）}$$

が得られる。この式からも、vがcに近づいたときにのみ、〝長さの縮み〟が顕著になることがわかる。一般に、vはcと比べればほとんど0に等しいので$L = L_0 \times 1$となり、$L = L_0$と考えてよい。

ところで、いま〝長さが縮む〟と書いたが、これは〝物体が縮む〟ということであり、さらに厳密にいえば〝物体が存在する空間が縮む〟ということである。たとえば、金属が低温になると縮むというような現象とはまったく異なる話であることを理解していただきたい。

このことは、有史以来、誰もが信じていた「絶対時間」が否定されたのと同じように、誰もが共通、不変と信じていた「絶対空間」が否定されたことを意味する。つまり、時間も空間も絶対

的、普遍的なものではなく、運動状態によって変化し得るということである。この世界には（物理用語を使えば慣性系ごとに）固有の時間があり、その時間は、その空間によって決まるということを意味しているのだ。すなわち、時間と空間は切っても切れない関係にあり、それらを独立に扱うことはできないのである。このあたりの時間や空間のことは、一度読んだだけでは頭に入りにくいと思う。なにせ、長年物理学に従事した私ですら、理解するのに一苦労したのだ。ともあれ、このようなことから、空間（三次元）と時間（一次元）とを融合、一体化した革命的な「時空（四次元）」という概念が誕生した。時間と空間もまた、相補的な関係にあるといえるのかもしれない（4－5節参照）。

「光速より速いもの」は存在しない

特殊相対性理論の絶対的基盤は、自然法則としての「光速不変の原理」であり、そこから必然的に〝時間の遅れ〟や〝長さの縮み〟、つまり「絶対時間」と「絶対空間」の否定が導かれるのであるが、もう一つの重要な結論として、「光速より速く動くものはない」という原理がある。

先ほど述べたように、式5・1、式5・2は、図5－2からピタゴラスの定理を使って簡単に求められるものである。じつは、これらの式こそ254ページに列挙した「特殊相対性効果」の②と③を具体的な数式で表すものであり、両式中の$\sqrt{1-v^2/c^2}$がまさに「特殊相対性効果」を特徴づける因子である。

ここでもし、物体が移動する速さである v が光速 c よりも大きくなると、ルートの中がマイナスになってしまう。平方根の定義から、ルートの中はある数の2乗にならなければならず、それは必ず「正の数」だから、ルートの中がマイナスの数になれば、それは現実には成り立たない式になってしまう。逆にいえば、「光速より速く動くものはない」と理論的に結論づけられるのだ。

事実、素粒子物理学の分野で最先端の大型加速器を使って光速より速い素粒子をつくり出す実験が進められているが、それは実現されていないし、宇宙にそのようなものは発見されていない。もし、光速より速く動くものがあるとすれば、どのようなことが起こるだろうか？

いま、実際に太陽を見るとすると、それはおよそ8分20秒前の姿である。光が太陽から地球に届くのに、それだけの時間がかかるからである。

光速の2倍の速さで飛ぶロケットがあるとする。あなたはそれに乗って宇宙旅行に出かける。地球を午後1時に出発し、ある天体に1時間後の午後2時に到着したとしよう。到着後すぐに、超高性能の望遠鏡で地球上の出発点を眺めてみると何が見えるだろうか？

地球を発した光がその天体に届くには2時間かかるから、その天体からあなたが見るのは2時間前、つまり、昼12時の地球のようすである。あなたは午後1時に地球を出発したのだから、それはあなたが地球を出発する前のようすであり、あなたは同行者と昼食中で生ビールを飲んでいるかもしれない（私のいつもの習慣！）。いずれにせよ、少し前に、あなたがいまいる天体に到着したはずのロケットは、まだ地球にあり、出発してさえいないのである！

あらゆる現象は、原因があって結果がある。しかし、この場合は、出発という〝原因〟が起こらないうちに到着という〝結果〟が生じてしまっている。つまり、因果関係が逆転してしまっているのだ。物理法則上、このようなことは起こり得ない。

質量が増大する

前項までで、254ページで述べた「特殊相対性効果」の①、②、③、⑤について説明した。どうだろう。光の不可思議さを認めてしまえば、それほど難解ではないのではないだろうか。

次は、「④動いている物体の質量は大きくなる」話である。速さ（速度）と加速度については、109ページ式3・1（速さ＝距離／時間）、124ページ式3・9（加速度＝速さの変化／時間）で説明した。加速、減速いずれの場合も、速度を変化させるためには〝力〟が必要である。120ページ図3－4から直感できるように、物体に加えられた力（F）、物体の質量（m）、加速度（α）とのあいだには「$F = m \cdot \alpha$」（120ページ式3・7）という関係がある。

いま、質量mの物体に加える力Fを徐々に増していく。式3・7に従って、物体は徐々に大きな加速度を得て速度を増していく（125ページ式3・11参照）。つまり、大きな力を加えれば、物体の速さはいくらでも大きくなるはずである。ところが、ここで前項で述べた「光速より速く動くものはない」という原理が大きな壁として立ちはだかることになる。速さに限界があるということは、加速度に限界があるということである。

式3・7を見ればわかるように、力Fをどんどん大きくしていっても、加速度αがある一定の値（秒速30万㎞に達する値）より大きくなれないとすれば、式3・7を満たすために質量mが大きくならなければならない。物体の速さが〝限界の速さ〟である光速に達すると、質量は無限大になってしまう。いい換えれば、運動体の質量がもし、速さが大きくなるにつれて大きくならなければ、運動体の速さがいずれ光速を超えてしまう。つまり、「④動いている物体の質量は大きくなる」。

いったいどの程度、大きくなるのか？ mを移動する物体の質量、m_0を静止しているときの物体の質量とすれば、やはり「特殊相対性効果」を特徴づける因子である$\sqrt{1-v^2/c^2}$の項が含まれる

$$m = m_0 \frac{1}{\sqrt{1-v^2/c^2}} \qquad \text{（式5・3）}$$

で与えられる。「時間の遅れ」や「長さの縮み」と同じように、「質量の増大」もまた、運動体の速さvが光速cに近づいたときに顕著になる。

ニュートン物理学（古典物理学）には、三つの基本的そして絶対的な物理量として「時間」「空間」「質量」があり、物体の運動はすべて、これら三つの物理量を用いて記述できるが、特殊相対性理論によって、そのいずれもが絶対的、普遍的な量ではなく、相対的な量であることが示されたのである。これはまぎれもなく、革命的なことであった。

念のために確認しておかなければならないのは、古典物理学が間違っていたわけではないことである。三つの基本的物理量の〝遅れ〟や〝縮み〟、〝増大〟は、$\sqrt{1-v^2/c^2}$の式で表されるように、運動体の速さが光速に近づいたとき、つまり、$\sqrt{1-v^2/c^2}$の値が1から大きくズレるときにのみ顕著になるのであって、私たちが経験する通常の場面ではvはcに比べて圧倒的に小さく、$v^2/c^2 \approx 0$なので$\sqrt{1-v^2/c^2}=1$とみなすことができる。つまり「特殊相対性効果」は現れず、古典物理学の値となる。

否定された「同時性」

最近はＩＴの発達のおかげで、ニュースはほぼ同時に世界中に伝わるようになった。さまざまな手段でニュースが伝わるのに一定の時間を要したとしても、そのニュースの元になる事件が発生したのは世界中の誰にとっても同時である。また、ある観察者から見て、二つの異なる事件Ａ、Ｂが同時に発生したら、ほかのどんな観察者から見ても、その二つの事件は同時に起きたこ

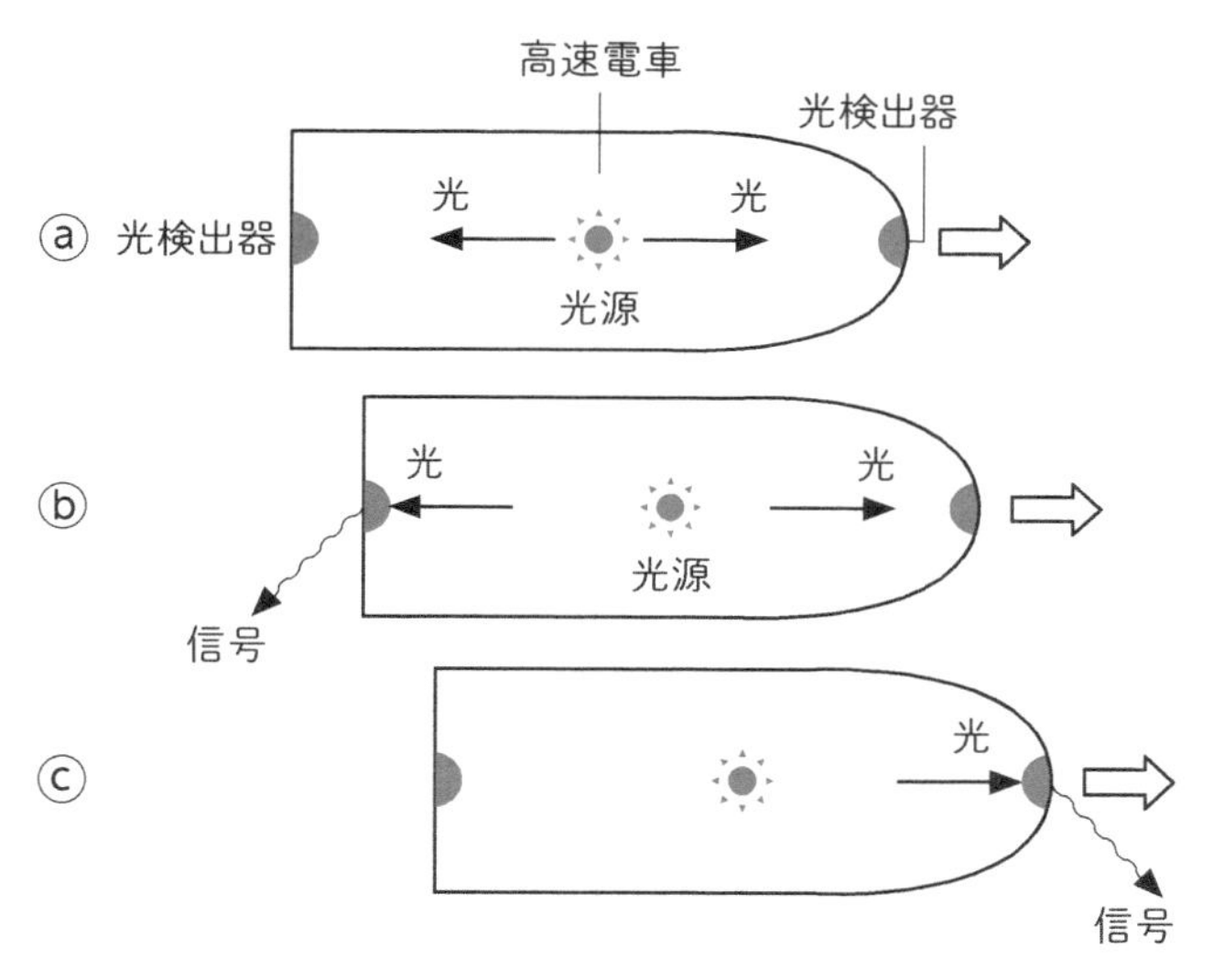

図5−3　光検出器を積んだ電車

とは自明の理である。

ところが特殊相対性理論は、ある人にとっての〝同時〟が他の人にとっても〝同時〟であるとは限らない、と主張する。これもまた、奇妙な話である。

いま、図5－2で考えたような超高速で走行する電車を考える。こんどは、図5－3に示すように、電車の中央に光源、両端に光検出器を置く。光検出器には、光が当たると発光信号が出るしかけが施してある。

電車が止まっているとき、中央から光が発射されれば、光は両端の光検出器に同時に到達するので、両端から発光信号が同時に出る。また、ⓐのように、電車が走っている場合、電車の中の観察者が見れば、やはり「光速不変の原理」に従い、光は両端の光検出器に同時に到達し、発光信号は同時に出る。

ところが、ⓐのようすを電車の外から見る場合は事情が異なる。電車中央の光源から前方、後方同時に光が発せられるが、後方の光検出器は高速で光に向うことになるし、前方の光検出器は向かってくる光から高速で遠ざかろうとする。したがって、ⓑに示すように、後方の光検出器には光が早く達するので早く発光信号が出る。それから少し遅れて、ⓒに示すように、前方から発光信号が出ることになる。

つまり、高速で走行する電車の中にいる者にとっては同時に起こる現象が、電車の外にいる者にとっては同時には起こらない。〝同時刻〟という概念は、観察者に無関係な絶対的概念ではなかったのである。つまり、万人共通の同時性は否定されなければならない！

もちろん、図5‐3で説明したような〝同時性の否定〟あるいは〝同時のズレ〟は、電車の速さが光速に近い場合に顕著に現れるのだが、「ある人にとっての〝同時〟が他の人にとっても〝同時〟であるとは限らない」という原理的な事実に変わりはない。

5-3 「世界一有名な方程式」がわかる！

わずか3ページの革命

1905年の「特殊相対性理論」の論文（「6月論文」）には明記されていないのだが、それからおよそ3ヵ月後に発表されたアインシュタインの論文（「9月論文」）に、衝撃的な方程式が登場する。ほどなく「世界でいちばん有名」になる方程式だ。「9月論文」はわずか3ページではあるが、「特殊相対性理論」の最も重要な帰結が記されている。

アインシュタインの「特殊相対性理論」への興味・関心は、とかく〝時間の遅れ〟や〝長さの縮み〟に向かいがちだが、これらは「光速に近い速さで移動するとき」という、私たちの日常生活とはまったく無縁の話である。ところが、最も衝撃的であり、私たちにとっても身近である最も重要なアインシュタインの発見は、「エネルギーと質量は等価である」ということである。アインシュタイン自身、この発見を「特殊相対性理論の最も重要な結論である」と語っている。

式を導き出す過程は省略するが、特殊相対性理論の帰結として彼が導いたのが

$$E = mc^2 \quad \text{（式5・4）}$$

である（この式の導出に興味がある読者は、章末参考図書5などを読んでいただきたい）。この式を言葉にすれば、

エネルギー＝質量×光速の2乗　（式5・5）

である。異次元のモノであったはずの〝エネルギー〟と〝質量〟が〝＝〟で結ばれているのだから、両者は本質的に同じモノが姿を変えたモノということになる。これらを〝＝〟で結びつけるのが、宇宙の絶対的な定数である光速 c である。

アインシュタインは「9月論文」の中で、「物体の質量は、そのエネルギーの尺度である」といっている。エネルギーと質量は従来、互いに別次元のモノであり、それぞれ個別に「保存（不変）の法則」が成り立っていると考えられていたのだから、「エネルギーと質量は本質的に同じモノ」というのはまさに革命的な発想である。以後、それぞれ独立に成り立っていた「質量保存（不変）の法則」と「エネルギー保存（不変）の法則」は統合され、「質量・エネルギー保存（不変）の法則」となった。

エネルギーと質量もまた、相補的といえるのかもしれない（4-5節参照）。

物質にひそむ巨大なエネルギー

私たちがふだん意識することはないが、原子力発電はもとより、近年、人体の断面を撮影する強力な医療技術として活躍しているPET（陽電子放射断層撮影法）などにも、「$E=mc^2$」が直接的に関係している。現在の最先端物理学、宇宙論の分野から私たちの日常生活にいたるまで、「世界一有名な方程式」が活躍している場面は少なくないが、「$E=mc^2$」の理論的予測が証明されたのは、アインシュタインの発表から30年以上が経過した1938年のことである。

アインシュタインが「$E=mc^2$」を発表した1905年以前から、マリー・キュリー(1867~1934)やピエール・キュリー(1859~1906)らの放射能に関する研究によって、質量とエネルギーの関係は予見されていた。しかし、ハーン(1879~1968)らによって、中性子を照射するとウランの原子核が2個に分裂し、中性子と多くのエネルギーを放出する「核分裂」反応が発見されたのが1938年だった。

核分裂後の総質量は分裂前の総質量より小さく、この質量の欠損分(Δm)によってエネルギー($\Delta E=\Delta mc^2$)が発生していることが明らかにされたのである。一般的に、大きな原子核(重い元素の原子核)は不安定で、外部からの〝刺激〟を受けると2個の原子核に分裂して安定な原子核になろうとする。この過程における質量の欠損分Δmが、ΔEのエネルギーを生むのである。

式5・4を用いた計算によれば、ウランの核分裂によって解放されるエネルギーは、ウラン原子1個あたり約2億eVという量である。「eV(電子ボルト)」という単位にはなじみが薄いので、このエネルギーがどれくらいの大きさなのか見当がつきにくいが、代表的な高性能爆薬として知られるTNT(トリニトロトルエン)分子1個の爆発による解放エネルギーが30eV程度であることを考えると、ウランの核分裂によって解放されるエネルギーの大きさが想像できるだろう。とにかく、莫大なエネルギー量である。核分裂反応によって解放されるこのすさまじいエネルギーを制御し、最初に実用化されたのが広島と長崎に投下された原子爆弾であり、続いて原子力発電である。

重い元素の原子核は不安定であると述べたが、じつは、軽い（質量が小さい）原子もあまり安定とはいえない。結局、質量数が60あたりの28番元素・ニッケル（Ni）付近の原子が最も安定ということになる。

原子核が崩壊する核分裂とは逆に、軽い原子の核が融合合体して、重く、安定した核をつくる反応が「核融合」とよばれるものである。核融合によって全体としては質量が減少するので、この場合もやはり、$\Delta E = \Delta mc^2$に基づくエネルギーが放出されることになる。核融合は、太陽などの恒星の内部で起こっている反応である。

太陽エネルギーの源泉は、水素の核融合である。２個の水素（$^{1}_{1}H$）の原子核（陽子）が融合すると、質量数２の重水素（$^{2}_{1}H$）ができる。さらに、重水素が融合すると１個の中性子と大量のエネルギーを放出してヘリウム３（$^{3}_{2}He$）となる。このとき放出されるエネルギーは、原子１個あたり２６７０万eVである。反応に関与する原子１個についていえば、ウランの核分裂によって得られるエネルギー（２億eV）より少ないが、水素は軽い元素なので、１gあたりのエネルギーで比べれば数倍の大きさになる。

また、核分裂の場合と異なり、核融合物質は放射能を持たないので、私たちのエネルギー源として考えた場合、安全性の点でも非常に魅力的である。基本原料である水素は海水から得られるので原理的に無尽蔵といえ、他の燃料のように枯渇の心配もない。さらに、重水素も海水から容易に得られることに加え、三重水素は3番元素の比較的安価なリチウム（Li）からつくることができる。核融合反応で生じる高速の中性子が核融合炉の内壁にぶつかる際に発生した熱を回収して行う「核融合発電」は、理想的かつ究極の〝夢の発電法〟として期待されている。

ただし、核融合反応を制御しながら進めるためには、超高温状態をつくり出し、それを持続させることが必要である。そのような超高温に耐え得る物理的な容器は存在しないので、さまざまな工夫が要求される。核融合発電の実用化まではこれから先、気が遠くなるような時間と研究、そして多額の費用が必要と思われる。どのような分野であれ、〝夢〟の実現は簡単なことではないのである。

ちなみに、〝制御できない状態の核融合反応〟が最初に実用化されたのが1954年、アメリカが開発した水素爆弾である。

エネルギーから物質が生まれる――そして生命との関わりも？

「質量」は、物質が存在する証（あかし）である。3-4節で述べたエネルギーは抽象的であるが、物質、すなわち質量は具体的である。エネルギーは物質の形や状態を変えることができ、私たちはそのことでエネルギーの存在を知ることができるが、エネルギーそのものを直接、見ることはできない。いずれもすでに述べたことだが、私がここで強調したいのは、物質の源である質量とエネルギーは互いに別次元のモノであるということである。

また、私たちは、化学反応などの過程を経ても、質量は絶対に不変であると信じてきた。たとえば、10gの物質Aと20gの物質Bを反応させた場合、その生成物が何であろうと、何種類あろうと、反応後のすべての生成物を集めて総重量を測れば30gでなければならない。それが「質量保存（不変）の法則」というものである。エネルギーについてもまったく同様に「エネルギー保存（不変）の法則」がある。両者はいずれも、自然界における絶対的な法則だった。

ところが、特殊相対性理論は「動いている物体の質量は大きくなる」「物体の速さが光速に達すると質量が無限大になる」と主張する。このことは、120ページ式3・7に従って、速さの増大に費やされたエネルギーが、その速さが光速に近づくにつれて、どんどん質量を増大させるということを意味している。なんと、エネルギーが質量に変化するということを宣言しているのだ！

さらに特殊相対性理論は、「⑥エネルギーと質量は等価である」ともいう。

日常的な経験から考えても、「物質からエネルギーが生まれる」というのはよくわかる。たとえば、石油や石炭を燃やせば熱エネルギーが生まれるのは日常的に経験することである。特殊相対性理論はこれとは逆に、エネルギーのほうが、別次元であるはずの質量に変化する現象が起こるというのだが、ほんとうにそのようなことがあるのだろうか？　たとえば、電気エネルギーがリンゴという物質に変化することがあり得るのだろうか。常識的には、とうてい考えられないことである。269ページ式5・5を変形すると、確かに

質量＝エネルギー／光速の2乗　（式5・6）

が得られる。これは「エネルギーから質量が、つまり物質が生まれる」ということを意味し、それは究極的には「宇宙の誕生」をも説明することになるだろう。

ちなみに、「宇宙の誕生」とともに「生命の誕生」もまた、いまだ解き明かせない大きな謎であるが、私は「$E=mc^2$」が「物質から生命へ」を解くカギを握っているような気がしている。生物の生物たる根源で、生物と無生物とを分かつものは、いうまでもなく「生命」である。生命とは、「物質を組織し、個体を形成し、種を形成していく力であり、どこまでも自己を創造していこうとする目に見えない意志」だと考えられる。この場合、目に見えない意志とは、すなわちエネルギー（E）であり、そのエネルギーは物質（m）を生み、さらに、そのようにして生まれた物質がまた目に見えない意志であるエネルギー、すなわち生命を生むのではないだろうか。

もちろん、このような考えは科学的に証明されていることではない。しかし、人間の知的産物の極致と思われる特殊相対性理論から導かれた「$E=mc^2$」こそ、「物質から生命へ」を科学的に

理解するための道標、もしくは光明になるのではないか。このあたりの詳しい話に興味がある読者は、章末参考図書3を読んでいただきたい。

ともあれ、アインシュタインは「6月論文」で、従来はまったく別次元のモノと思われていた〝時間〟と〝空間〟とを融合した。そして「9月論文」では、同様に別次元のモノと思われていた〝エネルギー〟と〝質量〟とを結びつけたのである。

21世紀最大の衝撃

本章の冒頭で述べたように、宇宙・自然界は物質とエネルギーの組み合わせでつくり上げられている。私たちは、この物質（第4章）とエネルギー（第3章）についてかなり理解できたと思うし、半信半疑ながらも〝物質（質量）とエネルギーの等価性〟を知った。究極的に、宇宙・自然界は原子によって形成されている。

たったいま、「物質とエネルギーについてかなり理解できたと思う」と書いたばかりだが、じつは、21世紀に入った直後の2003年に、きわめて衝撃的な事実が判明した。「万物は原子からできている」という古代ギリシャ以来の私たちの常識が、いともあっさりと覆（くつがえ）されたのだ。しかも、私たちが知る原子が宇宙に占める割合はたったの4％にすぎず、残る大部分の96％が「原子以外のモノ」だというのだ。つまり、数千年に及ぶ知の蓄積を通して私たちが知った宇宙は、わずか4％にすぎなかったのだ。まさしく「21世紀最大の衝撃的な話」だが、それでは、この宇宙の96％を占めるという「原子以外のモノ」とはいったい何なのだろう?

結論を先にいえば、それはまだ、わかっていない。正体不明なのである。

正体は不明であっても、その「96％の原子以外のモノ」の存在を認めなければ説明できない、辻褄の合わない宇宙現象が、近年になっていくつも発見されているのである。つまり、「96％の原子以外の正体不明のモノ」が間違いなく存在するのだ。その詳細については本書の役割を超えるので、章末参考図書2、6などを参照していただきたいのだが、正体不明のモノの一つは「暗黒物質（ダークマター）」とよばれるものである。暗黒物質には、

①宇宙全体に偏在している
②電磁波（光）を発しない（見えない）
③いかなる物質とも衝突しない
④速度はゼロである
⑤質量がある

などの特徴がある。そして、暗黒物質が宇宙全体の全エネルギーに占める割合は約23％である。つまり、私たちが知る原子（通常の物質）と暗黒物質を合わせても、全宇宙の27％にすぎない。

では残りの73％を占める「正体不明のモノ」とは何なのか? それが、「暗黒エネルギー（ダー

クエネルギー)」である。

暗黒エネルギーの正体は、暗黒物質以上に不明である。暗黒物質が私たちが知る原子とはまったく異なる性質を持つことは明らかだが、それでも、それなりに〝物質〟らしいふるまいを見せるので、ニュートリノを筆頭にいくつかの〝候補〟が考えられている。しかし、暗黒エネルギーについては現時点でまったくお手上げの状態にある。

ところで、4-4節で原子の構造を〝直径100mのピンポン球〟に喩え、直径99・99mの〝空間〟の話をした。暗黒エネルギーの存在を知ったいま、私は、この空間にも暗黒エネルギーが存在しているのではないかと想像している。

ともあれ、いま、暗黒物質と暗黒エネルギーについて、私にはこれ以上の議論はできない。さまざまな自然現象を解き明かしてきた物理学に、まだまだ多くの、そして巨大な謎が残されていることを、楽しんでいただきたい。

宇宙はどのようにして生まれたのか

私たちが知る物質とエネルギーの〝起源〟について、まだ触れていなかった。

いかなる場合も「無から有は生まれない」と思われるので、物質、エネルギーの起源は何か、それはどのようにして生まれたのか、という大問題が残されている。しかし、たとえその〝何〟

がわかったとしても、次には〝その何は何から生まれたのか〟という問題が生じ、ほんとうに「無から有は生まれない」とすれば、この問題は果てしなく繰り返されることになるだろう。

結論をいえば、21世紀初頭の現時点で、「宇宙の起源」については（したがって「物質の起源」についても）はっきりとは解明されていない。とはいえ、科学・技術、観測技術の発達によって、「宇宙の起源」についてはかなりのことがわかってきた。

天文学者や理論物理学者による研究、そしてさまざまな最先端の観測技術を駆使した結果、私たちの宇宙がおよそ150億年前に〝誕生〟し、以来、膨張を続けていることが明らかになっている。事実、近年、ハッブル望遠鏡によって150億光年（1光年は約10兆km）彼方の〝宇宙の果て〟からの画像が得られている。私たちの宇宙には〝始まり〟があり、この膨張宇宙論が正しく、現在の宇宙の大きさを半径150億光年の仮想的な球だとすれば、この150億年間の膨張の過程を逆にたどることで、宇宙空間は収縮し続け、150億年前の〝誕生時〟には体積ゼロの〝点〟なってしまうはずだ。

宇宙の全質量が体積ゼロの点にまで圧縮されれば、それは無限大の密度を持つ状態である。同時に、温度が無限に高い状態でもあろう。この状態は一般に、「初期特異点」（いわゆる〝ビッグバン〟）とよばれる。

現在、私たちが知る物理学では、無限大の密度、無限大の温度を把握できないので「初期特異点」自体について述べることはできないが、その〝直後〟から現在にいたる宇宙の歴史を推測することはできている。現時点で、人類が集めた「証拠」によれば、ほぼ１００％「ビッグバン宇宙論」が確かなようだ。

しかし、「ビッグバン宇宙論」の出発点は、私たちのあらゆる物理法則が適用できない「特異点」であり、それを私たちの科学で説明するのは不可能なのではないか。はっきりいえば、宇宙創成の瞬間、すなわち宇宙の起源を人間が人間の言葉、智慧で説明することはできないのではないかと私は思う。私たちの科学で説明できるのは、あくまでも宇宙創成の瞬間以後のことなのである。

いずれにせよ、宇宙創成を私たちの実験室で再現、実証、確認するのは不可能であり、いくら数式で飾ったとしても、結局のところ形而上学的な「学説」にならざるを得ないのではないだろうか。

科学者のはしくれとして内心忸怩(じくじ)たるものがあるが、私には、宇宙創成、物質創生の〝瞬間〟、つまりそれぞれの〝起源〟については人智を超えた〝何か（something great）〟に委ねなければならないように思われる。

5-4 ニュートンの重力とアインシュタインの重力

一般相対性理論とは何か――「特殊」に欠けていた要素

アインシュタインの代名詞ともいうべき「相対性理論」、特に「特殊相対性理論」についてはすでに紹介したが、この〝特殊〟を〝一般〟に拡大したのが「一般相対性理論」である。

特殊相対性理論が〝特殊〟たるゆえんは、118ページで述べた加速度が加わらない状態、つまり、速度（速さと運動の方向）が変化しない状態（物理用語で「慣性系」「等速直線運動」）のみに成り立つ、という点にある。

私たちは、新幹線や飛行機に乗っているとき、仮に猛スピードで走っていても、速度が同じ（速さも走る方向も変わらない）ならば、静止している場合となんら変わりがない状態であることを日常的に体験している。たとえば、一定速度で走行する列車の中でボールを真上に投げれば、静止しているときとまったく同じように真下に落ちてくる。静止しているときや、静止しているときとなんら変わりがないという特殊な場合にのみ成り立つ「相対性理論」だから、特殊相対性理論なのである。

特殊相対性理論がいかに革命的なものであったかについては、すでに縷々述べた通りだが、アインシュタイン自身は、特殊な場合にしか成り立たないような理論には、十分に満足できなかった。確かに、私たち自身の実際の生活の場を考えてみても、「静止、あるいは静止しているときとなんら変わりがない状態」というのはいかにも〝特殊〟であり、現実的には、たとえ熟睡しているときでさえ、そのような状態は存在しないだろう。事実として、私たち自身や私たちが関係するすべての物体は、自転と公転という二重の円運動をし、つねに速度を変化させている地球の上に乗っているのである。あり得ない状態における理論を構築しても、それにどのような意味があるのか疑わしい。アインシュタインの「不満足」は、当然である。

物理学者としてのアインシュタインにとって何よりも深刻だったのは、等速直線運動しか扱えない「特殊相対性理論」が、重力がはたらく場所では使えないことだった。そして、「特殊相対性理論」は、この宇宙を支配していると考えられる重力を説明できなかった。

すでに述べたように、重力は従来、ニュートンの「万有引力の法則」によって説明されていた。この法則は「宇宙のすべての物体（万有）は、その質量と距離に応じた大きさの力で引き合う」というものである。ニュートンの「万有引力」は、距離がどれだけ離れていても時間に関係なく作用する、つまり、瞬時に伝わる。これは、万有引力が伝わる速さが無限大であることを意味していた。

しかし、アインシュタインの特殊相対性理論によれば、この宇宙に光速以上で伝播するものは存在しない。すなわち、万有引力が伝わる無限大の速さは、特殊相対性理論と矛盾することになる。

このような場合、常人であればニュートンの「万有引力の法則」が正しく、自分の理論が間違っていると考えるだろう。ところが、アインシュタインのアインシュタインたるところは、「万有引力の法則」にこそ欠陥があり、特殊相対性理論は不十分なだけだ、と考えたことである。実際、19世紀の中頃に、惑星の観測をもとにニュートンの重力理論の「正しさ」を証明した天文学者・ルヴェリエ（1811～77）が発見した「水星の近日点がズレる」という難題を、ニュートンの「万有引力の法則」では説明できていなかった。水星は太陽に最も近い惑星で、楕円軌道に乗って周回している。太陽に最接近するポイントを「近日点」とよぶが、「水星の近日点がズレる」というのは、水星の楕円軌道自体がゆっくりとズレていく現象である。

アインシュタインは、自らの特殊相対性理論を発展させて理論の中に重力を取り込み、「水星の近日点がズレる」という難題を正確に解くことができる重力理論を完成させたいと考えた。これがのちに「一般相対性理論」として実を結ぶのであるが、その構築はきわめて困難な作業であり、天才・アインシュタインにして10年を要した。完成したのは、1915年のことである。

図5−4　投げたボールが放物線を描く

「万有引力」と「空間の曲がり」——重力とは何なのか?

万有引力、すなわち重力がいかなるものであるかは、3-2節で述べた。128ページ図3-7を用いて「リンゴの落下」について説明したが、たとえば図5-4に示すように、ボールをやや上に向けて勢いをつけて投げ出せば、ボールは放物線というカーブを描きながら地面に落ちていく。137ページ図3-12に示したように、投げる勢いによって落下地点は異なる。

投げられたボールが落ちるのは、ボールに重力(万有引力)という下向きの力がはたらくためであるとニュートン力学は説明する。万有引力は、128ページ式3・14に示されたように物体の質量によって生じる力であり、この質量(〝重さ〟の源)によって生じる力を重力とよんだのである。

しかし、「物体の質量によって、引力がなぜ生じるのか」はいまだよくわからないし、先ほど述べたように万有引力が伝わる速さは無限大ということになり、特殊相対性理論と矛盾してしまう。

結論を先にいえば、アインシュタインの「一般相対性理論」は、「重力の源は空間の曲がりである」と説明するのである。

いま、ここで、目の前の〝空間〟を見つめていただきたい。この〝空間〟が〝曲がる〟、あるいは〝歪む〟ということを想像できるだろうか？ 常識的には、あるいは常人にはとうてい無理である。なぜなら、私たちの常識における〝空間〟は「物体が存在しない、何もない場所・広がり」であり、それ自体は〝曲がる〟とか〝歪む〟とかの対象外だからである。そもそも〝何もない〟のだから、曲がりようも歪みようもないではないか！

ところがアインシュタインは、１９１５年に発表した「一般相対性理論」の中で、「物質があれば、そのまわりの空間は歪む」と明言した。つまり、物質（質量）が空間を歪めるのだが、そのような「空間を歪める物質の力」が「重力」であると主張したのである。「一般相対性理論」は、「重力に関する理論」なのである。

「空間の曲がり」とは？

ごく普通の頭で、かつ常識的に〝空間の曲がり〟や〝曲がった空間〟というものを想像するのは困難である。しかし、ここでいったん、いままでの「常識」を無視し（そもそも「相対性理論」自体が、いままでの「常識」を超えたものである）、まっさらな柔軟な頭で、以下の説明を素直に、余計な疑問を持たずに読み、状況を想像していただきたい。私自身がそうであったよう

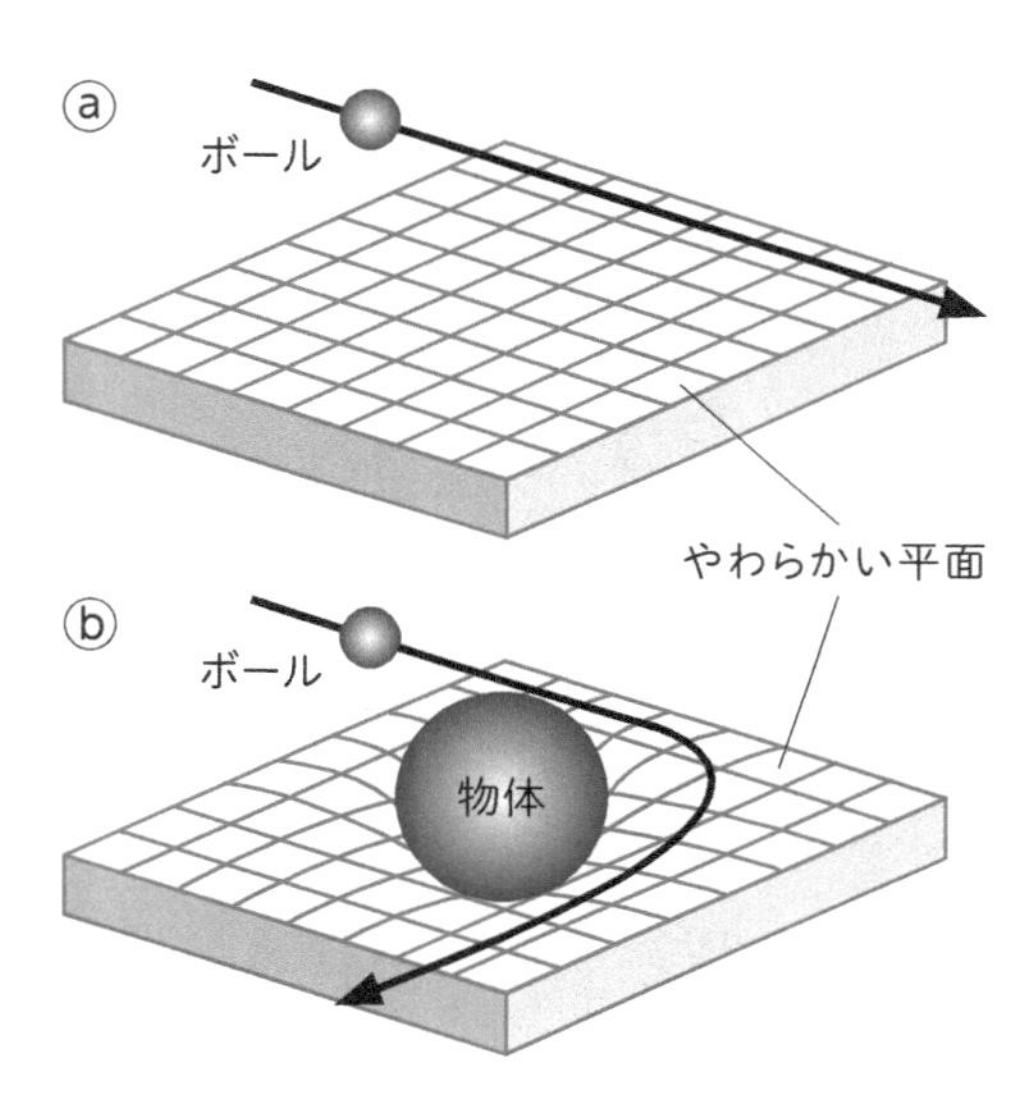

図5−5　「平面空間」とその「曲がり」

に、読者のみなさんも、〝空間の曲がり〟あるいは〝曲がった空間〟というものが容易に理解できるはずである。つまり、「アインシュタインの重力理論」が理解できる。そして結果的に、「ニュートンの重力理論」よりも「アインシュタインの重力理論」のほうがすっきりする清涼感を味わえるだろう。

　三次元の空間の〝曲がり〟を図示するのは困難なので、空間を二次元のやわらかいマットのような平面、あるいはトランポリンのネットのような平面（「平面空間」とよぼう）で考えることにする。図5－5ⓐは「歪んでいない平面」である。この「歪んでいない平面」が平らに置かれているとすれば、ある方向に押し出されたボールは、この平面の上を真っ直ぐに進むだろう。

　このようにやわらかい平面の上に物体（物質）を置けば、図5－5ⓑに示すように平面は凹む

（歪む、曲がる）。平面の凹み（歪み、曲がり）の程度が、物体の質量が大きいほど大きくなることは容易に理解できるだろう。

ボールは、このように曲がった平面の上を真っ直ぐに進むことはできず、ⓑに示すように曲がらざるを得ない。勢いが十分でなければ、ボールは物体を通過することができずに、物体に衝突するだろう。293ページに登場する〝ブラックホール〟は、大質量の物体がつくる深い井戸のような〝穴〟である。

いま、便宜的に空間を二次元の、やわらかいマットのような「平面空間」で説明したが、この二次元の平面を三次元の空間に当てはめて考えれば、図5－5ⓑに示される凹み（歪み、曲がり）が、そのまま空間の凹み（歪み、曲がり）となることに、特別の違和感はないのではないだろうか。

ここでもう一度、図5－4に示した落下するボールが描く放物線を見ていただきたい。この放物線の形状（カーブ）は、ニュートン力学では下向きの重力と水平方向に加えられた力の合力で説明される。しかし、いま図5－5を用いて空間の曲がりをイメージできた読者にとっては、ボールが放物線を描くのは空間が曲がっているからだ、と説明されることに少しも抵抗がないだろう。これで、「一般相対性理論」の概念を理解できたことになる。

262ページで述べた「時空」を思い出してみよう。「特殊相対性理論」によれば、「空間」と「時間」をそれぞれ独立に扱うことはできないのであった。したがって、図5-5で説明した「空間」は、実際は「時空」である。また、同図のⓑに描いた物体は静止しているが、「一般相対性理論」によれば、この物体が運動すれば、周囲の時空に影響を与えずにはおかない。したがって、図5-6に示すように、物体の運動によって、周囲の空間（実際は時空）の凹み（歪み、曲がり）も異なることになる。

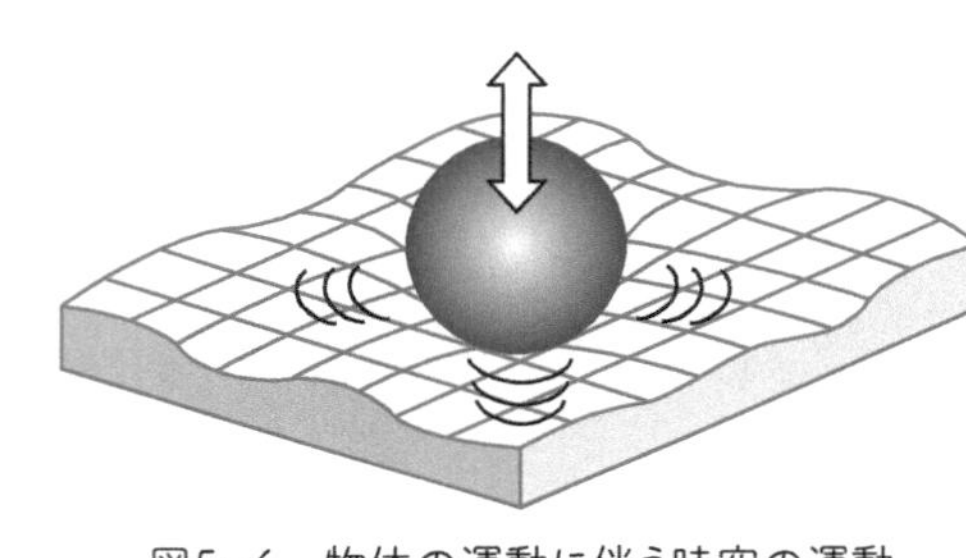

図5-6　物体の運動に伴う時空の運動

ところで、宇宙空間には無数の物体が存在しており、それらはいずれも、「それらが存在する時空」に影響を与えずにはおかない。したがって、現実の時空の曲がり具合は、宇宙に存在するすべての物体の質量とエネルギーの分布に依存することになる。その両者の関係を表したのが「一般相対性理論」の基本式であり、一般に「アインシュタイン方程式」あるいは「重力場の方程式」とよばれる次式である。

$$R_{\mu\nu} - \frac{1}{2} g_{\mu\nu} R = \frac{8\pi G}{c^4} T_{\mu\nu} \quad （式5・7）$$

式5・7中の$R_{\mu\nu}$、$g_{\mu\nu}$、$T_{\mu\nu}$は「テンソル」とよばれるもので、実際には多数の式になる。もちろん、いま、読者はこの方程式の〝中身〟を理解する必要はないし、それを理解するにはかなりの数学的素養が必要である。じつは、私自身も十分な数学的素養を持っておらず、この方程式の詳細を理解しているわけではない。

ここでは、式5・7の左辺は重力に相当する「時空の曲がり」（どれくらい時間が遅れ、どれくらい空間が曲がっているか）を表し、右辺は物質とエネルギーの分布（$8\pi G/c^4$は定数）を表している、ということだけを知っていただければ十分である。

常識に縛られると理解しにくいが、アインシュタイン方程式にまとめられる「一般相対性理論」によって、物質の存在が時空に曲がりを生み、逆に時空の曲がりが物質を移動させるという相互関連（アインシュタイン方程式の等号「＝」に注目していただきたい）が明らかにされ、質量を持つ物体から「万有引力」がはたらくのは、その物体が周囲の時空に曲がり（歪み）を引き起こす結果であるといえる。つまり、「重力」の起源が明快に説明されたのである。そして重力は、「瞬時に伝わる」必要はなく、「特殊相対性理論」との矛盾も解消された。

なお、アインシュタイン方程式の詳細を理解したい読者には、たとえば、アインシュタイン自身が書いた章末参考図書4をお勧めしたい。

光が曲がった！

アインシュタインは「相対性理論」によって、あらゆるものと無関係に存在し、永遠に変わらないという「絶対空間」を否定した。物質の存在と運動によって、空間が歪むことを明らかにしたのである。そして、そのような空間の歪みは、直進するはずの光が曲げられることによって理解できると言明した。

しかし、空間の歪みによって光が曲がる現象は、アインシュタイン方程式によれば、重力が非常に強い場所でないかぎり観察することができないことも明らかである。つまり、重力が弱い地上で、それを検証するのは無理である。そこでアインシュタインは、強い重力場を持つ太陽の縁をかすめてくる遠方の星の光が、どれだけ曲げられるかをアインシュタイン方程式で計算し、それが１・７５秒であることを予言した。

ちなみに、ここでの「秒」は角度の単位で、円の一周が３６０度、１度が60分、１分が60秒である。時間の単位の「秒」とまぎらわしいが、私たちは三角形や分度器で「度」にはなじみがあるから、１秒が３６００分の１度であることを考えれば、１・７５秒がどれだけ微小な角度であるかがわかるだろう。地球の質量の約33万倍とされる太陽の強い重力場によっても、光の曲がり方、とりもなおさず空間の歪み（曲がり）はそれだけ微妙なのだが、アインシュタインは、そのような微小な数値を自らがつくり上げた方程式から導き出したのである。

アインシュタインは、自身の予言に対して絶対的な自信を持っていた。というのも、アインシュタインはそれまでに、前述のルヴェリエが発見した「水星の近日点のズレ」の難題を自らの方程式によって見事に解決していたからである。つまり、アインシュタインは、太陽の周囲の重力による〝空間の歪み〟が「水星の近日点のズレ」の原因であると考え、自身の方程式を用いた計算結果が観測結果と一致することを確認していたのだ。それまでは絶対と考えられていたニュートンの重力理論の〝正しさ〟が疑われ始めたのも、このときだった。

アインシュタインは、「水星の近日点のズレ」を自らが構築した方程式で導き出したときの嬉しさを次のように語っている。

数日の間、私はうれしい興奮で我を忘れました。自分の計算が説明の出来なかった天文学の計算と一致することがわかったとき、自分の中で何かがパチンと音を立てて弾けた気がしたのです。

（NHKアインシュタイン・プロジェクト編『NHKアインシュタイン・ロマン　第二巻』日本放送出版協会、1991）

さて、アインシュタインの予言はどうなったか。

太陽は非常に明るいから、太陽の縁をかすめてくる遠方の星の光を観測するチャンスは皆既日食のときしかない。アインシュタインの予言からほぼ3年半後の1919年5月29日に皆既日食があり、アフリカ、ブラジル、オーストラリアを横切る赤道近傍の一帯で観測が可能であることがわかった。しかも、都合がよいことに、この皆既日食は牡牛座の中心で起こり、その背後には多くの恒星がある。それらの恒星の光は太陽の縁をかすめて地球に達することが予想される。このときの恒星の位置と、夜間（太陽は地球の反対側にあるので太陽の重力場に影響されない）の位置とを比較すれば、その差が太陽の重力場の影響ということになる。

これを、アインシュタイン理論を検証する絶好の機会と考えたイギリスの王立天文台は、アフリカ西海岸のプリンシペ島とブラジル東海岸のソブラルへ観測チームを派遣した。両チームの観測結果の解析には数ヵ月を要したが、アインシュタインの予言は見事に的中した！

アインシュタインの理論的予測値である1・75秒に対し、プリンシペ・チーム、ソブラル・チームが得た観測値はそれぞれ、1・61秒と1・98秒で、いずれも統計誤差の範囲内にあり、アインシュタインの「一般相対性理論」は完全に実証されたのである。それは同時に、ニュートンの重力理論が覆された瞬間でもあった。そして、アインシュタインが、世界的〝超有名人〟になったのはこのときからである。

ところで、人間とはまったく関係のない自然現象が、100％人間が創り出した数式によって説明、予言できるこのような事態に触れるにつけ、なぜ数学にそれほどの力があるのか、私には不思議で仕方がない（章末拙著5参照）。

現代宇宙論の牽引役

「一般相対性理論」は、現代の宇宙論においても決定的な役割を果たしている。

アインシュタインが登場する以前、「空間は永遠不変」と考えられていたが、一般相対性理論によって「空間（厳密には時空）が曲がる」こと、さらには「宇宙が膨張し得る」ことが明らかにされた。実際に、フリードマン（１８８８～１９２５）が一般相対性理論を使って、宇宙が膨張したり収縮したりすることを理論的に示したし、１９２９年にはハッブル（１８８９～１９５３）が天体観測におけるドップラー効果の発見によって、宇宙が膨張していることを確認した。そして、１９４０年代末にはガモフ（１９０４～68）が「宇宙は高温、高密度の灼熱状態から膨張して現在にいたっている」とする「ビッグバン説」を唱えた。

一般相対性理論の最も有名な産物は、「ブラックホール」であろう。ブラックホールは、文字通りに訳せば「暗黒の穴」だが、大質量の星が強大な重力で自ら崩壊するときに生じる天体である。ブラックホールの〝形状〟は、286ページ図５‐５ⓑで底が見えないような深い井戸を想像すればよい。ブラックホールは光すら逃げ出せない「暗黒の天体」なので、どんな高性能の望遠鏡でも直接観測するのは不可能だが、最近、間接的ながら〝断末魔のX線〟の観測によって、白鳥座や大マゼラン銀河などでブラックホールの存在が確認されている。

つまり、宇宙の誕生から終焉までがアインシュタインの「相対性理論」によって説明されるわけだが、アインシュタインが自ら「生涯最大の失敗」と語った「宇宙項」の話を付言して本項を閉じたい。

現在の宇宙論においては「膨張宇宙」も「ブラックホール」も確立されており、アインシュタインはそれらの「父」とよばれている。しかし、興味深いことに彼自身は理論発表の当初、「静止宇宙論」者であり、「膨張宇宙」を否定して「ブラックホール」もあり得ないと考えていた。自ら構築した「アインシュタイン方程式」がまぎれもなく「膨張宇宙」を示していたにもかかわらず、「静止宇宙論」にとらわれていたアインシュタインは、「アインシュタイン方程式」（288ページ式5・7）の左辺に「宇宙項（$-\Lambda g_{\mu\nu}$）」なるものを導入してこれを「補正」し、「宇宙方程式」をつくり上げた。アインシュタインはこの「宇宙項」によって、宇宙を無理やり「静止」させてしまったのである。

重力波の発見

アインシュタインは「一般相対性理論」から「重力波（時空のさざなみ）」というものの存在

を予言した。いきなり「重力の波」というような話を聞けば、常識的には「そりゃなんだ？」と思うのが普通である。しかし、288ページ図5－6に示された空間（実際は時空）の歪みを知り、これを水面に拡がる波になぞらえて考えてみれば、「重力波」が荒唐無稽のものとは思えないはずである。事実、近年、アメリカの2ヵ所（ハンフォード、リビングストン）と、ドイツで重力波発見のための観測が活発になっていたし、日本の飛驒・神岡に設置した重力波望遠鏡「かぐら」でも２０１６年から観測を開始していた。

しかし、地球の質量の約33万倍といわれる太陽の強い重力場によっても、空間の歪みがきわめて微小であることから考えてもわかるように、想像を絶するような大きさの質量の物体が関与しないかぎり、重力波の観測は困難である。

２０１６年2月11日（日本時間2月12日）、アメリカ・ワシントンで重力波研究チーム（ＬＩＧＯとＮＳＦ）から「重力波発見！」の衝撃的なニュースが発表された。ＬＩＧＯは"Laser Interferometer Gravitational-Wave Observatory（レーザー干渉計重力波天文台）"、ＮＳＦは"National Science Foundation（全米科学財団）"の略である。

発表された重力波は、２０１５年9月14日にハンフォードとリビングストンの2ヵ所で観測されたものである（図5－7）。奇しくも、アインシュタインの予言から、ちょうど１００年目のことだった。

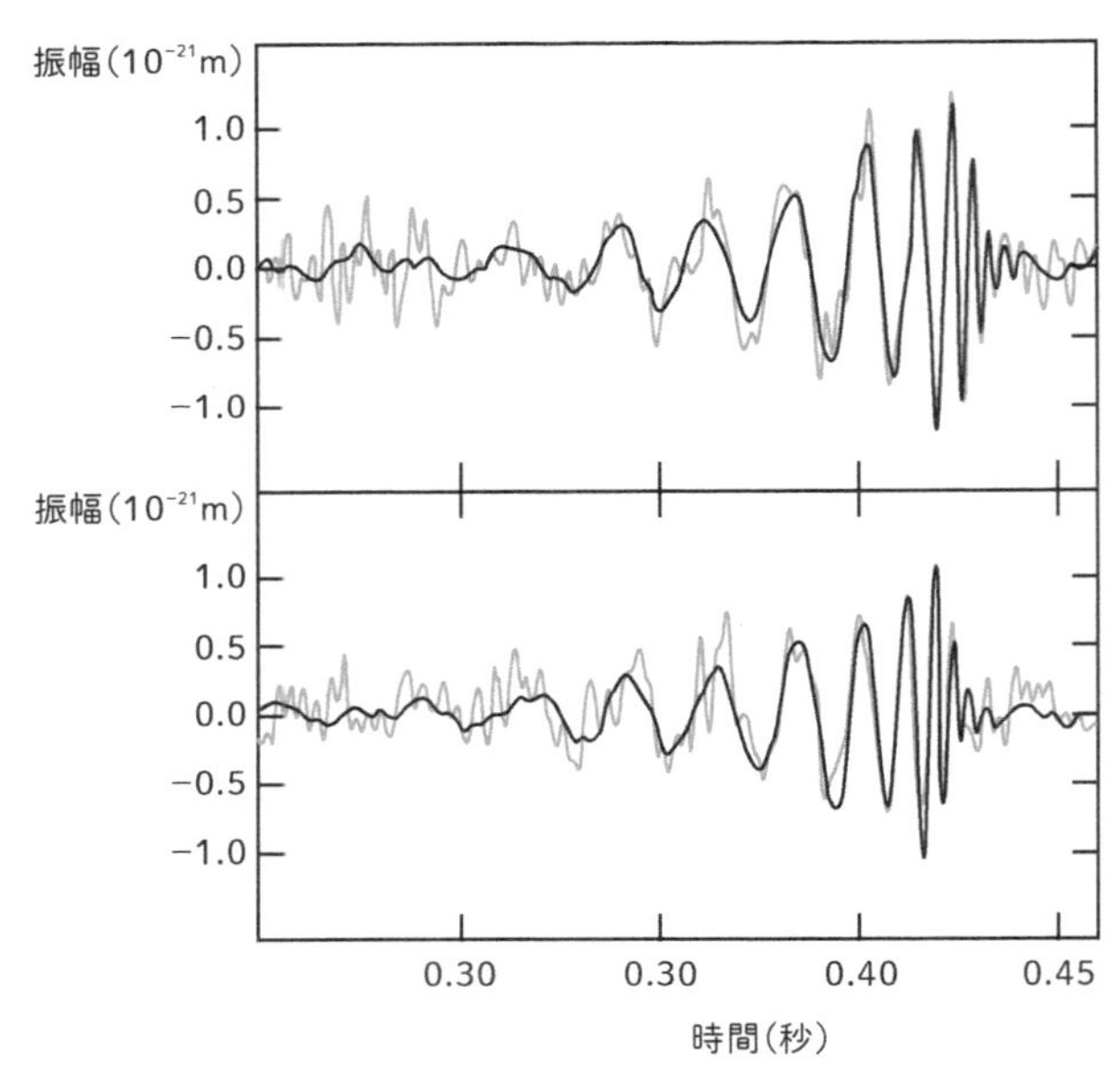

図5−7　初観測された重力波（黒の線は理論予測、グレーの線は観測データ）（章末参考図書8より一部改変）

この重力波は、宇宙の彼方で太陽の36倍と29倍の質量を持つ二つのブラックホール（〝ホール〟とはいえ、れっきとした天体である）がお互いの周囲を回りながら徐々に近づき、衝突、合体したときに発生したものだという。

研究チームのシミュレーションによれば、二つのブラックホールの質量を合計すると、太陽の65倍になる。しかし、合体してできたブラックホールの質量の予測は太陽の62倍で、欠けた太陽3個分の質量によって生じる膨大なエネルギーが、重力波として放射されたらしい。

このような重力波によって、空間にごくわずかな歪みが生じる。図５－７からわかるように、今回観測された空間の歪みは、最大でもわずか０・００００００００００００００００００００１（10^{-21}）ｍだった。また、観測された波形が理論予測の波形とぴったり一致していることに加え、３０００㎞離れた２ヵ所の実験施設で観測された別々のデータの波形がほぼ完全に一致していることから、これが地面などの〝雑音〟によって生じた振動ではなく、同一波源からの波であることが結論づけられた。さらに、２ヵ所の実験施設での観測に０・００７秒のズレがあったことから、重力波の発生源はマゼラン銀河があるあたりの方向で、地球から13億光年離れた場所にあることもわかった。

ところで、先に私は「重力波発見」を衝撃的なニュースと書いたが、「それがどうした！」といわれれば、確かに「重力波発見」による私たちの生活への影響は皆無である（そもそも「相対性理論」自体、その哲学的影響はともかく、私たちの現実的な日常生活に与える影響は皆無である）。昔の天文学は、私たちの農耕・牧畜生活に多大の貢献をしたし、宗教観にも少なからずの影響を与えもしたが、現在の最先端天文学や理論物理学の成果が、私たちの現実的な日常生活になんらかのご利益をもたらすことはほとんどない。

それなのになぜ、莫大なエネルギーと資金を費やして、これらの学問を追究するのかといえば、それはひとえに、人類だけが持つと思われる「知的好奇心」を満たすためであろう。そのことをふまえたうえで、あえて「重力波発見」の意味を述べておきたい。

これまでの天文観測は、光を含むさまざまな電磁波によって行われてきた。特に近年、地上の望遠鏡ばかりでなく、宇宙空間に打ち上げられた天文衛星による観測によって、宇宙の謎を飛躍的に解明してきた。

しかし、２０１５年に発見された重力波は、これら電磁波とはまったく異なるしくみで発生する。重力波は電磁波と異なり、あらゆるものを透過するという特徴を持つ。たとえば、重力波の発生源が観測装置から見て、地球の裏側にあったとしても、地球を透過して観測装置に届くだろう。

また、重力波は〝波〟なので、波ならではの回折現象を通じて、障害物を通り越して届いてくれる。さらに、たとえば超新星爆発の中心部で発生した重力波は、外側のガス層を透過して地球に届くはずだ。重力波はこのように、従来の電磁波による観測では知ることができなかった未知の情報を運んできてくれるのである。「重力波天文学」に期待するゆえんである。

本書を閉じるにあたり、アインシュタインの数々の名言の中から、私が好きな言葉を二つ掲げたい。

想像力は知識より重要です。
知識には限界がありますが、
想像力は世界を包み込むことさえできるからです。

知的成長は、生まれたときに始まり、
死ぬまでずっと続くべきです。

（志村史夫監修・翻訳『アインシュタイン 希望の言葉』ワニ・プラス、２０１１）

●参考図書――さらに深く知りたい人のために

１ 内山龍雄訳・解説『アインシュタイン 相対性理論』（岩波文庫、１９８８）
２ リチャード・パネク著（谷口義明訳）『４％の宇宙』（ソフトバンク クリエイティブ、２０１１）
３ 志村史夫著『こわくない物理学 物質・宇宙・生命』（新潮社、２００２）
４ アルバート・アインシュタイン著（金子務訳）『特殊および一般相対性理論について［新装版］』（白揚社、２００４）

5　志村史夫著『自然現象はなぜ数式で記述できるのか』（ＰＨＰサイエンス・ワールド新書、２０１０）
6　村山斉著『宇宙は何でできているのか』（幻冬舎新書、２０１０）
7　小山慶太著『光と重力』（講談社ブルーバックス、２０１５）
8　高橋真理子著『重力波　発見！』（新潮選書、２０１７）

おわりに

頭のいい人には恋ができない。恋は盲目である。科学者になるには自然を恋人としなければならない。自然はやはりその恋人にのみ真心を打ち明けるものである。

（「科学者とあたま」）

私が敬愛する寺田寅彦の言葉である。

寅彦がいいたいことはよくわかる。これは「科学」のみならず、どのような分野においてもいえることだろうと思う。

大学を出てからずっと、自然から「恋人」と認められるほどの科学者だとはとても思えないし、自然を「恋人」とよべるほどの科学者とも思えないが、私は、少なくとも、自然を「教科書」として生きてきた。若いころは、人間の科学と技術の力に酔いしれたこともあるが、年を経るにしたがって、自然のとてつもない偉大さ、深遠さを知るようになった私は、本書を、私が人生の「教科書」としてきた自然に対する「恩返し」の気持ちを込めてまとめた。

ひとつ、心残りなのは、身近に体験できる現象も多く、面白い話題にも事欠かない「〝波〟や〝音〟の物理学」を紙幅の都合で掲載できなかったことである。しかし、本書の電子版限定の「特別付録」として、「第6章　夜汽車の汽笛はなぜ遠く響く?――「波」の物理学」を収録したので、興味のある読者はそちらに目を通していただければ幸いである。

私事ながら、ブルーバックスに対する私の思い入れを書かせていただきたい。

ブルーバックスが「科学をあなたのポケットに」という「発刊のことば」とともに登場したのは1963年、私が中学3年生のときだった。すでに少なからずあった「新書」の中で、そのブルーを基調にしたカバーデザインの効果もあって、ブルーバックスはまさに颯爽と登場したという印象だった。

私が最初に読んだのは創刊3冊のうちの第3号『小事典　科学の手帖』(崎川範行著)だった。私は、それからちょうど10年後、大学院修士課程1年のときに学会デビューしたのであるが、その会場におられた崎川先生に「ぼくは先生の『科学の手帖』を中学3年のときに読みました」とご挨拶したことをいまでもはっきりと憶えている。

また、ブルーバックス創刊第1号が『人工頭脳時代』であったことはのちに知るのであるが、その著者・菊池誠先生とは、私が半導体の道に入っていた1983年(ブルーバックス創刊20周年の年である）にお会いすることになる。

私は『小事典 科学の手帖』以来現在までの56年間で、多分、少なく見積もっても１００冊以上のブルーバックスを読んでいると思うが、自分が「科学」の分野で仕事をするようになって、さまざまなレベルの科学書、専門書、教科書に触れるにしたがい、ブルーバックスの著者は憧れであった。

このように、中学時代以来現在まで、ブルーバックスに特別の思い入れを持つ私が、さまざまな分野でブルーバックスを書かせていただいたことを心から嬉しく、光栄に思う。

また、「本職」である「物理」という分野に限れば、私の生涯最後の著書になるだろう本書をブルーバックスから上梓できることに、私は特別の感慨を覚える。

最後に、１９９５年以来、現在まで拙著を担当していただいている講談社ブルーバックス出版部の倉田卓史氏に深甚なる感謝の気持ちを捧げたい。

平成最後の年の初春

志村　史夫

〈ま行〉

〈や行〉

〈ら行〉

〈た行〉

〈さ行〉

〈か行〉

さくいん

〈人名〉

〈アルファベット・数字〉

〈あ行〉

N.D.C.420　310p　18cm

ブルーバックス　B-2091

いやでも物理が面白くなる〈新版〉
「止まれ」の信号はなぜ世界共通で赤なのか？

2019年3月20日　第1刷発行
2025年1月14日　第4刷発行

著者　志村史夫
発行者　篠木和久
発行所　株式会社講談社
〒112-8001 東京都文京区音羽2-12-21
電話　出版　03-5395-3524
販売　03-5395-5817
業務　03-5395-3615
印刷所　（本文表紙印刷）株式会社ＫＰＳプロダクツ
（カバー印刷）信毎書籍印刷株式会社
製本所　株式会社ＫＰＳプロダクツ

定価はカバーに表示してあります。

ISBN978-4-06-515514-1

発刊のことば

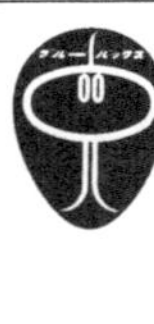

科学をあなたのポケットに

二十世紀最大の特色は、それが科学時代であるということです。科学は日に日に進歩を続け、止まるところを知りません。ひと昔前の夢物語もどんどん現実化しており、今やわれわれの生活のすべてが、科学によってゆり動かされているといっても過言ではないでしょう。

そのような背景を考えれば、学者や学生はもちろん、産業人も、セールスマンも、ジャーナリストも、家庭の主婦も、みんなが科学を知らなければ、時代の流れに逆らうことになるでしょう。

ブルーバックス発刊の意義と必然性はそこにあります。このシリーズは、読む人に科学的に物を考える習慣と、科学的に物を見る目を養っていただくことを最大の目標にしています。そのためには、単に原理や法則の解説に終始するのではなくて、政治や経済など、社会科学や人文科学にも関連させて、広い視野から問題を追究していきます。科学はむずかしいという先入観を改める表現と構成、それも類書にないブルーバックスの特色であると信じます。

一九六三年九月　　野間省一

ブルーバックス　物理学関係書 (I)

- 79 相対性理論の世界　J・A・コールマン　中村誠太郎＝訳
- 563 電磁波とはなにか　後藤尚久
- 584 10歳からの相対性理論　都筑卓司
- 733 紙ヒコーキで知る飛行の原理　小林昭夫
- 911 電気とはなにか　室岡義広
- 1012 量子力学が語る世界像　和田純夫
- 1084 図解　わかる電子回路　加藤　肇／見城尚志／高橋　久
- 1128 原子爆弾　山田克哉
- 1150 音のなんでも小事典　日本音響学会＝編
- 1174 消えた反物質　小林　誠
- 1205 クォーク　第2版　南部陽一郎
- 1251 心は量子で語れるか　ロジャー・ペンローズ／A・シモニー／N・カートライト／S・ホーキング　中村和幸＝訳
- 1259 光と電気のからくり　山田克哉
- 1310 「場」とはなんだろう　竹内　薫
- 1380 四次元の世界（新装版）　都筑卓司
- 1383 高校数学でわかるマクスウェル方程式　竹内　淳
- 1384 マックスウェルの悪魔（新装版）　都筑卓司
- 1385 不確定性原理（新装版）　都筑卓司
- 1390 熱とはなんだろう　竹内　薫
- 1391 ミトコンドリア・ミステリー　林　純一
- 1394 ニュートリノ天体物理学入門　小柴昌俊
- 1415 量子力学のからくり　山田克哉
- 1444 超ひも理論とはなにか　竹内　薫
- 1452 流れのふしぎ　石綿良三／根本光正＝著　日本機械学会＝編
- 1469 量子コンピュータ　竹内繁樹
- 1470 高校数学でわかるシュレディンガー方程式　竹内　淳
- 1483 新しい物性物理　伊達宗行
- 1487 ホーキング　虚時間の宇宙　竹内　薫
- 1509 新しい高校物理の教科書　山本明利／左巻健男＝編著
- 1569 電磁気学のABC（新装版）　福島　肇
- 1583 熱力学で理解する化学反応のしくみ　平山令明
- 1591 発展コラム式　中学理科の教科書　第1分野（物理・化学）　滝川洋二＝編
- 1605 マンガ　物理に強くなる　関口知彦＝原作　鈴木みそ＝漫画
- 1620 高校数学でわかるボルツマンの原理　竹内　淳
- 1638 プリンキピアを読む　和田純夫
- 1642 新・物理学事典　大槻義彦／大場一郎＝編
- 1648 量子テレポーテーション　古澤　明
- 1657 高校数学でわかるフーリエ変換　竹内　淳
- 1675 量子重力理論とはなにか　竹内　薫
- 1697 インフレーション宇宙論　佐藤勝彦

ブルーバックス　物理学関係書(II)

1701 光と色彩の科学　齋藤勝裕
1715 量子もつれとは何か　古澤　明
1716 「余剰次元」と逆二乗則の破れ　村田次郎
1720 傑作！　物理パズル50　ポール・G・ヒューイット=作　松森靖夫=編訳
1728 ゼロからわかるブラックホール　大須賀健
1731 宇宙は本当にひとつなのか　村山　斉
1738 物理数学の直観的方法（普及版）　長沼伸一郎
1776 現代素粒子物語（高エネルギー加速器研究機構）　中嶋　彰／KEK=協力
1780 オリンピックに勝つ物理学　望月　修
1799 宇宙になぜ我々が存在するのか　村山　斉
1803 高校数学でわかる相対性理論　竹内　淳
1815 大人のための高校物理復習帳　桑子　研
1827 大栗先生の超弦理論入門　大栗博司
1836 真空のからくり　山田克哉
1860 発展コラム式　中学理科の教科書　改訂版　物理・化学編　滝川洋二=編
1867 高校数学でわかる流体力学　竹内　淳
1871 アンテナの仕組み　小暮裕明　小暮芳江
1894 エントロピーをめぐる冒険　鈴木　炎
1905 あっと驚く科学の数字　数から科学を読む研究会
1912 マンガ　おはなし物理学史　小山慶太=原作　佐々木ケン=漫画
1924 謎解き・津波と波浪の物理　保坂直紀
1930 光と重力　ニュートンとアインシュタインが考えたこと　小山慶太
1932 天野先生の「青色LEDの世界」　天野　浩／福田大展
1937 輪廻する宇宙　横山順一
1940 すごいぞ！　身のまわりの表面科学　日本表面科学会
1960 超対称性理論とは何か　小林富雄
1961 曲線の秘密　松下泰雄
1970 高校数学でわかる光とレンズ　竹内　淳
1981 宇宙は「もつれ」でできている　ルイーザ・ギルダー　山田克哉=監訳　窪田恭子=訳
1982 光と電磁気　ファラデーとマクスウェルが考えたこと　小山慶太
1983 重力波とはなにか　安東正樹
1986 ひとりで学べる電磁気学　中山正敏
2019 時空のからくり　山田克哉
2027 重力波で見える宇宙のはじまり　ピエール・ビネトリュイ　安東正樹=監訳　岡田好恵=訳
2031 時間とはなんだろう　松浦　壮
2032 佐藤文隆先生の量子論　佐藤文隆
2040 ペンローズのねじれた四次元　増補新版　竹内　薫
2048 $E=mc^2$ のからくり　山田克哉
2056 新しい1キログラムの測り方　臼田　孝

ブルーバックス　物理学関係書（III）

ブルーバックス　宇宙・天文関係書

ブルーバックス　数学関係書（I）

- 116 推計学のすすめ　佐藤 信
- 120 統計でウソをつく法　ダレル・ハフ／高木秀玄＝訳
- 177 ゼロから無限へ　C・レイド／芹沢正三＝訳
- 325 現代数学小事典　寺阪英孝＝編
- 722 解ければ天才！　算数100の難問・奇問　中村義作
- 833 虚数iの不思議　堀場芳数
- 862 対数eの不思議　堀場芳数
- 926 原因をさぐる統計学　豊田秀樹／前田忠彦／柳井晴夫
- 1003 マンガ　微積分入門　岡部恒治／藤岡文世＝絵
- 1013 違いを見ぬく統計学　豊田秀樹
- 1037 道具としての微分方程式　斎藤恭一／吉田 剛＝絵
- 1201 自然にひそむ数学　佐藤修一
- 1243 高校数学とっておき勉強法　鍵本 聡
- 1312 マンガ　おはなし数学史　仲田紀夫＝原作／佐々木ケン＝漫画
- 1332 集合とはなにか　新装版　竹内外史
- 1352 確率・統計であばくギャンブルのからくり　谷岡一郎
- 1353 算数パズル「出しっこ問題」傑作選　仲田紀夫
- 1366 数学版　これを英語で言えますか？　保江邦夫＝著／E・ネルソン＝監修
- 1383 高校数学でわかるマクスウェル方程式　竹内 淳
- 1386 素数入門　芹沢正三
- 1407 入試数学　伝説の良問100　安田 亨
- 1419 パズルでひらめく　補助線の幾何学　中村義作
- 1429 数学21世紀の7大難問　中村 亨
- 1433 大人のための算数練習帳　佐藤恒雄
- 1453 大人のための算数練習帳　図形問題編　佐藤恒雄
- 1479 なるほど高校数学　三角関数の物語　原岡喜重
- 1490 暗号の数理　改訂新版　一松 信
- 1493 計算力を強くする　鍵本 聡
- 1536 計算力を強くするpart2　鍵本 聡
- 1547 広中杯　ハイレベル中学数学に挑戦　算数オリンピック委員会＝監修／青木亮二＝解説
- 1557 やさしい統計入門　田栗正章／藤越康祝／柳井晴夫／C・R・ラオ
- 1595 数論入門　芹沢正三
- 1598 なるほど高校数学　ベクトルの物語　原岡喜重
- 1606 関数とはなんだろう　山根英司
- 1619 離散数学「数え上げ理論」　野﨑昭弘
- 1620 高校数学でわかるボルツマンの原理　竹内 淳
- 1629 計算力を強くする　完全ドリル　鍵本 聡
- 1657 高校数学でわかるフーリエ変換　竹内 淳
- 1677 新体系　高校数学の教科書（上）　芳沢光雄
- 1678 新体系　高校数学の教科書（下）　芳沢光雄
- 1684 ガロアの群論　中村 亨

ブルーバックス　数学関係書（II）

1704	高校数学でわかる線形代数	竹内　淳
1724	ウソを見破る統計学	神永正博
1738	物理数学の直観的方法（普及版）	長沼伸一郎
1740	マンガで読む　計算力を強くする	がそんみほ＝マンガ　銀杏社＝構成
1743	大学入試問題で語る数論の世界	清水健一
1757	高校数学でわかる統計学	竹内　淳
1764	新体系　中学数学の教科書（上）	芳沢光雄
1765	新体系　中学数学の教科書（下）	芳沢光雄
1770	連分数のふしぎ	木村俊一
1782	はじめてのゲーム理論	川越敏司
1784	確率・統計でわかる「金融リスク」のからくり	吉本佳生
1786	「超」入門　微分積分	神永正博
1788	複素数とはなにか	示野信一
1795	シャノンの情報理論入門	高岡詠子
1808	算数オリンピックに挑戦　'08～'12年度版	算数オリンピック委員会＝編
18¨0	不完全性定理とはなにか	竹内　薫
1818	オイラーの公式がわかる	原岡喜重
1819	世界は2乗でできている	小島寛之
1822	マンガ　線形代数入門	鍵本　聡＝原作　北垣絵美＝漫画
1823	三角形の七不思議	細矢治夫
1828	リーマン予想とはなにか	中村　亨
1833	超絶難問論理パズル	小野田博一
1841	難関入試　算数速攻術	松島りつこ＝画　中川　塁
1851	チューリングの計算理論入門	高岡詠子
1880	非ユークリッド幾何の世界　新装版	寺阪英孝
1888	直感を裏切る数学	神永正博
1890	ようこそ「多変量解析」クラブへ	小野田博一
1893	逆問題の考え方	上村　豊
1897	算法勝負！「江戸の数学」に挑戦	山根誠司
1906	ロジックの世界	ダン・クライアン／シャロン・シュアティル　ビル・メイブリン＝絵　田中一之＝訳
1907	素数が奏でる物語	西来路文朗／清水健一
1917	群論入門	芳沢光雄
1921	数学ロングトレイル「大学への数学」に挑戦	山下光雄
1927	確率を攻略する	小島寛之
1933	「P≠NP」問題	野﨑昭弘
1941	数学ロングトレイル「大学への数学」に挑戦　ベクトル編	山下光雄
1942	数学ロングトレイル「大学への数学」に挑戦　関数編	山下光雄
1961	曲線の秘密	松下泰雄
1967	世の中の真実がわかる「確率」入門	小林道正

ブルーバックス　数学関係書（Ⅲ）

1968	脳・心・人工知能	甘利俊一
1969	四色問題	一松　信
1984	経済数学の直観的方法　マクロ経済学編	長沼伸一郎
1985	経済数学の直観的方法　確率・統計編	長沼伸一郎
1998	結果から原因を推理する「超」入門ベイズ統計	石村貞夫
2001	人工知能はいかにして強くなるのか？	小野田博一
2003	素数はめぐる	西来路文朗／清水健一
2023	曲がった空間の幾何学	宮岡礼子
2033	ひらめきを生む「算数」思考術	安藤久雄
2035	現代暗号入門	神永正博
2036	美しすぎる「数」の世界	清水健一
2043	理系のための微分・積分復習帳	竹内　淳
2046	方程式のガロア群	金重　明
2059	離散数学「ものを分ける理論」	徳田雄洋
2065	学問の発見	広中平祐
2069	今日から使える微分方程式　普及版	飽本一裕
2079	はじめての解析学	原岡喜重
2081	今日から使える物理数学　普及版	岸野正剛
2085	今日から使える統計解析　普及版	大村　平
2092	いやでも数学が面白くなる	志村史夫
2093	今日から使えるフーリエ変換　普及版	三谷政昭
2098	高校数学でわかる複素関数	竹内　淳
2104	トポロジー入門	都築卓司
2107	数学にとって証明とはなにか	瀬山士郎
2110	高次元空間を見る方法	小笠英志
2114	数の概念	高木貞治
2118	道具としての微分方程式　偏微分編	斎藤恭一
2121	離散数学入門	芳沢光雄
2126	数の世界	松岡　学
2137	有限の中の無限	西来路文朗／清水健一
2141	今日から使える微積分　普及版	大村　平
2147	円周率 π の世界	柳谷　晃
2153	多角形と多面体	日比孝之
2160	多様体とは何か	小笠英志
2161	なっとくする数学記号	黒木哲徳
2167	三体問題	浅田秀樹
2168	大学入試数学　不朽の名問100	鈴木貫太郎
2171	四角形の七不思議	細矢治夫
2178	数式図鑑	横山明日希
2179	数学とはどんな学問か？	津田一郎
2182	マンガ　一晩でわかる中学数学	端野洋子
2188	世界は「e」でできている	金　重明